Physik für Chemiker I

Olaf Fritsche

Physik für Chemiker I

Physikalische Grundlagen, Mechanik, Thermodynamik

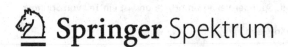 Springer Spektrum

Olaf Fritsche
Mühlhausen, Deutschland

ISBN 978-3-662-60349-9   ISBN 978-3-662-60350-5   (eBook)
https://doi.org/10.1007/978-3-662-60350-5

Die Deutsche Nationalbibliothek verzeichnet diese Publikation in der Deutschen Nationalbibliografie; detaillierte bibliogra-
fische Daten sind im Internet über ► http://dnb.d-nb.de abrufbar.

Planung/Lektorat: Rainer Münz
Springer Spektrum ist ein Imprint der eingetragenen Gesellschaft Springer-Verlag GmbH, DE und ist ein Teil von Springer
Nature.
Die Anschrift der Gesellschaft ist: Heidelberger Platz 3, 14197 Berlin, Germany

Vorwort

Eigentlich wollten Sie nur Chemie studieren, und jetzt müssen Sie sich mit Physik herumschlagen. Im ersten Moment ärgern sich viele Studierende über Nebenfächer, die offenbar nur Zeit und Energie kosten, aber scheinbar kaum relevant für das eigentliche Studienfach sind. Lassen Sie mich daher kurz erzählen, wieso es doch sinnvoll und sogar sehr wichtig ist, dass angehende Chemiker/innen ein gutes Verständnis für die Physik entwickeln, und wie Sie dieses Ziel möglichst mühelos erreichen.

Weshalb sollten Chemiker Physik lernen?

Physik ist überall. Mit ihren Gesetzen beschreiben wir, woher die Sonne, die Erde und der ganze Rest kommen; wieso Eisen an der Luft oxidiert, Gold aber nicht; wie Adrenalin an seine Rezeptoren andockt und uns in Rage bringt oder weshalb der Himmel blau ist. Sobald irgendwo in Natur und Technik irgendetwas geschieht, ist es Physik. Wirklich wahr!

Weil *alles* als Themenfeld für eine einzelne Wissenschaft zu viel ist, um den Überblick zu behalten und die Details in Tiefe zu studieren, haben sich einige Spezialdisziplinen aus der Physik abgespalten: Die Geologie behandelt die Erde und ihre Gesteine, die Biologie das Leben und die Chemie eben den Aufbau und die Eigenschaften chemischer Stoffe sowie deren Reaktionen miteinander. Das macht sich an allen Ecken und Enden bemerkbar. Beispielsweise umfasst die Quantenphysik die Grundlagen für den Atombau und die chemischen Bindungen aller Art. Die Thermodynamik liefert das notwendige Wissen für die Energetik und Kinetik chemischer Reaktionen. Mechanik, Elektrizität, Magnetismus und Optik sind die Basis für die Messverfahren und sonstigen Geräte, die Sie in der Analytik und der Synthese nutzen.

Solange Sie sich nicht in Physik auskennen, wissen Sie deshalb nicht wirklich, was Sie eigentlich tun, wenn Sie eine chemische Reaktion ablaufen lassen. Sie können zwar fertige Anleitungen Schritt für Schritt befolgen, aber Sie sind nicht in der Lage, die standardisierte Vorgehensweise auf Ihr ganz spezielles Experiment anzupassen

oder gar selbst gezielt einen neuen Versuchsaufbau zu entwerfen. Erst die Physik bietet Ihnen das theoretische Rüstzeug für die praktische chemische Arbeit.

Dementsprechend ist die Physik in das Studium eingebettet und mit den anderen Fächern verknüpft. Sie nutzt die Vorarbeit der *Mathematik für Chemiker*, da sich viele Naturgesetze leichter in mathematischen Formeln als in Worten ausdrücken lassen. Die *Physikalische Chemie* führt einige Aspekte vertiefend und speziell an die Bedürfnisse der Chemie angepasst fort. Die chemischen Kernfächer wie *Anorganische Chemie*, *Organische Chemie*, *Analytische Chemie*, *Technische Chemie*, *Biochemie* und *Polymerchemie* setzen allesamt ein physikalisches Verständnis und Wissen voraus.

Wie die beiden Bände *Physik für Chemiker* das Lernen erleichtern

Weil alle Naturwissenschaftler die Physik brauchen, gibt es hervorragende Lehrbücher wie den sogenannten *Tipler*, der offiziell *Physik für Wissenschaftler und Ingenieure* heißt und im Springer Verlag erschienen ist. Mit seinen über 1400 Seiten wirkt er ausgesprochen respekteinflößend, aber dieser Umfang ist nötig, weil der Tipler die gesamte Physik behandelt, inklusive Herleitungen der Formeln sowie Übungen und Beispiele. Der Schwerpunkt liegt dabei auf rein technischen Systemen, die kein Zusatzwissen aus anderen Fächern verlangen. Eine universelle und ausführliche Herangehensweise also, die allerdings den Nachteil hat, dass bei den meisten Themen der Bezug zur Chemie nicht klar wird.

An dieser Stelle setzt *Physik für Chemiker* an. Es konzentriert sich auf die relevanten Aspekte für Chemiker/innen und stellt immer wieder die Verbindung zur Chemie her. So machen Beispiele aus dem Laboralltag oder zu chemischen Prozessen die Bedeutung des jeweiligen physikalischen Vorgangs deutlich. Ab und zu gehen die beiden Bände auch tiefer auf ein Thema ein und bieten Inhalte, die im Tipler nicht zu finden sind. Auf der anderen Seite lassen sie einige Aspekte aus, die in der Chemie ohne Bedeutung sind. Zudem legt *Physik für Chemiker* mehr Gewicht auf ein Verstehen der Zusammenhänge und Prozesse als auf die mathematischen Herleitungen, die darum in den beiden Bänden fehlen. Um die Bücher möglichst kostengünstig auf den Markt bringen zu können, enthalten sie außerdem keine Abbildungen. Stattdessen wird an den entsprechenden Stellen auf den Tipler verwiesen.

Für ein optimales Studium wäre es daher am besten, wenn Sie mit dem Tipler und den beiden Bänden *Physik für Chemiker* arbeiten. Lesen Sie bei einem neuen Thema zuerst die entsprechenden Abschnitte in *Physik für Chemiker* durch, wobei Sie die Abbildungen im Tipler ansehen und anschließend dort die angegebenen Aufgaben lösen. Mit dem so erworbenen Wissen sind Sie bestens gerüstet für die Vorlesungen, Übungen und Klausuren in Ihrem Studiengang. Und im Idealfall macht es Ihnen sogar Spaß, hinter die physikalischen Kulissen von Zentrifugen, Massenspektrometern und Lasern zu schauen.

Die Themen des ersten Bandes

Physik für Chemiker besteht aus zwei Bänden, die aufeinander aufbauen. Der vorliegende erste Band wiederholt die mathematischen und physikalischen Grundlagen. Es folgt die Mechanik, deren Konzepte in fast allen Teildisziplinen immer wieder erscheinen. Die Thermodynamik im letzten Teil ist eines der wichtigsten Gebiete für das Verständnis chemischer Reaktionen.

Zu jedem Teilgebiet gibt es Verständnisaufgaben und eine Rechenaufgabe, deren Lösungen Sie gesammelt am Ende des Buches im Serviceteil finden. Dort finden Sie auch ein Literaturverzeichnis mit spezielleren Lehrbüchern sowie ein Glossar mit wichtigen physikalischen Fachbegriffen zu den Themen aus diesem Band.

Olaf Fritsche

Inhaltsverzeichnis

Teil III   Thermodynamik

Physikalische und mathematische Grundlagen

Inhaltsverzeichnis

- **Voraussetzungen**

Für die Arbeit mit den Büchern *Physik für Chemiker* müssen Sie keine physikalischen Vorkenntnisse mitbringen. Die Bände sind so angelegt, dass Sie den Stoff selbst dann bewältigen können, wenn Sie in der Schule gar keinen Unterricht in Physik gehabt haben. Natürlich fällt es leichter, viele Dinge zu verstehen, wenn Sie diese bereits von früher kennen. Aber auch dann sollten Sie die vertraut erscheinende Passage aufmerksam durcharbeiten. Zum einen gehen die Bände häufig über das Niveau des Schulunterrichts hinaus. Zum anderen behandeln sie die Physik in der Regel nicht als Selbstzweck, sondern stellen immer wieder den Bezug zur Chemie her, was wohl kaum ein Lehrer gemacht hat.

Während des Lernens sollten Sie darauf achten, dass Sie die Konzepte wirklich verstanden haben, und sich die wichtigsten Begriffe merken, denn die späteren Themengebiete setzen das Wissen der vorhergehenden Kapitel voraus.

Weil sich viele physikalische Zusammenhänge sehr gut mathematisch beschreiben lassen, aber nur mit viel Mühe sprachlich auszudrücken wären, werden Naturgesetze in der Physik meistens als mathematische Formeln wiedergegeben. Durch mathematische Umformungen lassen sich häufig aus bekannten Gleichungen neue Gesetzmäßigkeiten herleiten und neue Erkenntnisse gewinnen, auf die ohne Rechnerei niemand gekommen wäre. Es sieht daher ganz so aus, als wäre die Mathematik die Sprache der Naturgesetze.

Obwohl die Bücher *Physik für Chemiker* den Schwerpunkt auf das Verständnis der Physik legen, ist vieles in dieser Sprache formuliert. Daher benötigen Sie für die Arbeit mit den Büchern einige mathematische Kenntnisse wie den Umgang mit Funktionen, ihren Ableitungen und Integralen, die im ersten Teil dieses Bandes kurz wiederholt werden.

Und natürlich sollten Sie einen technisch-wissenschaftlichen Taschenrechner oder eine entsprechende App besitzen und mit deren Bedienung vertraut sein.

- **Lernziele**

Im erste Buchteil lernen Sie die grundlegende Vorgehensweise der Physik bei der Erforschung neuer Gesetzmäßigkeiten und die Schreibweisen physikalischer Größen und Formeln kennen sowie den Umgang mit diesen kennen.

Nach dem Durcharbeiten sollten Sie sowohl mit den Zahlwerten als auch mit den Einheiten sinnvoll umgehen, sie miteinander kombinieren und ineinander umwandeln können. Sie sollten in der Lage sein, Ihre Berechnungen anhand einer Dimensionsanalyse und einer Abschätzung der Größenordnung auf Plausibilität zu überprüfen. Ihre mathematischen Fähigkeiten sollten so weit entwickelt sein, dass Sie mit Potenzen, Logarithmen und Vektoren rechnen können und in der Lage sind, Funktionen abzuleiten und zu integrieren und einfache Differentialgleichungen aufzustellen.

Physikalische Grundlagen

© Springer-Verlag GmbH Deutschland, ein Teil von Springer Nature 2020
O. Fritsche, *Physik für Chemiker I*, https://doi.org/10.1007/978-3-662-60350-5_1

1

Wie die Chemie ist die Physik eine Naturwissenschaft, und allen Naturwissenschaften ist gemeinsam, dass sie auf eine der ureigensten Eigenschaften des Menschen zurückgehen: die Neugier. Naturwissenschaftler wollen wissen, wie die Natur funktioniert. Sie fragen sich, was passiert und wie es passiert, und versuchen anschließend, möglichst viele Phänomene mit möglichst wenigen grundlegenden Regeln zu beschreiben. Damit ihr mühsam erworbenes Wissen nicht verloren geht und nicht jeder Forscher ganz von vorne anfangen muss, geben sie ihre Erkenntnisse weiter. Dafür mussten sie sich auf eine bestimmte Methode einigen, wie neue Zusammenhänge untersucht und formuliert werden müssen. In der Wissenschaft reicht das Argument „meine Oma spürt es in ihren Knochen" nicht für einen neuen Lehrsatz aus. Und mit der Angabe „so schwer wie ein Dutzend Kieselsteine" kann niemand etwas anfangen.

In diesem Kapitel lernen wir einige der Normen und Standards kennen, die in der Physik und in den anderen Naturwissenschaften dafür sorgen, dass neue Erkenntnisse eine solide Basis haben und Forscher einander verstehen.

1.1 Eine Mischung aus Theorie und Experiment

Tipler
Abschn. *1.1 Vom Wesen der Physik*

Der berühmte griechische Philosoph Aristoteles behauptete in seiner *Historia animalium*, dass Männer mehr Zähne als Frauen haben. Er war sich seiner Sache so sicher, dass er es nicht für nötig befand, einfach kurz nachzusehen, obwohl er zweimal verheiratet war. Männer waren für ihn nun einmal höhere Wesen als Frauen und darum ohne jeden Zweifel vollkommener – auch in Hinblick auf die Zahl der Zähne.

Das Erstaunliche an Aristoteles' Aussage ist für uns nicht etwa, dass er vermutlich mit der Zahl der Zähne sogar richtig gelegen hat, denn zu jenen Zeiten verloren die meisten Frauen aufgrund von Schwangerschaften ihre Zähne tatsächlich schneller als Männer. Verwunderlich ist vielmehr, dass Aristoteles ansonsten ein recht moderner Wissenschaftler gewesen ist. Normalerweise beobachtete er genau, was um ihn herum geschah, und leitete daraus eine Regel ab. Auch wenn er dabei nicht immer richtig lag. So folgerte er aus der Beobachtung, dass Dinge zu Boden fallen, dass es für jedes Objekt einen „natürlichen Ort" gibt, zu dem es strebt. Für Dinge, die sich vornehmlich aus den „Elementen" Erde und Wasser zusammensetzen, lag dieser natürliche Ort möglichst weit unten. Über Jahrhunderte reichte diese Deutung aus, um zahllose Prozesse zu erklären.

Schwierig wurde es erst, als Astronomen wie Galileo Galilei begannen, die Planeten als frei im Raum hängende Körper anzusehen. Warum fielen sie nicht auf die Erde, wenn es keine Sphären gab, an denen sie befestigt waren? Erst Isaac Newton fand einen neuen Mechanismus, der nicht nur die Planeten auf ihren Bahnen hielt, sondern auch Äpfel, Birnen und Menschen an eine kugelförmige Erde band. Er erkannte, dass sich Massen gegenseitig über eine Kraft anziehen, die wir Gravitation nennen. Erneut war das Weltbild in schönster Ordnung.

Bis ein Angestellter des Schweizer Patentamts behauptete, die Gravitation würde nicht nur Massen beeinflussen, sondern auch das Licht, von dem man annahm, dass es eine masselose elektromagnetische Welle wäre. Albert Einsteins Allgemeine Relativitätstheorie interpretierte die Gravitationskraft aber neu als eine Krümmung von Raum und Zeit, die alles, was sich im Raum bewegt, auf krumme Pfade lenkt. Eine völlig abwegig und unnötig kompliziert erscheinende Behauptung, die jedoch 1919 bestätigt wurde, als das Licht einiger Sterne bei einer Sonnenfinsternis genau so von der Sonne abgelenkt wurde, wie Einstein vorhergesagt hatte. Dinge fallen also nach dem aktuellen Stand des Wissens herunter, weil die Erde mit ihrer Masse die Raumzeit verbiegt. Aber keine Angst: Für die Zwecke in diesem Studienmodul reicht uns die Erklärung von Newton aus.

Die Entwicklung der Antwort auf die Frage, warum Dinge herunterfallen, zeigt uns, wie auch heutzutage noch Wissenschaft funktioniert:

1. Am Anfang steht eine **Beobachtung.** Wir bemerken einen Prozess, den wir mit dem bisherigen Wissen nicht befriedigend erklären können.
2. Nach einigem Nachdenken stellen wir eine **Hypothese** auf. Es handelt sich dabei um eine Annahme, wie der Prozess zu erklären sein könnte. Noch haben wir keine Beweise, ob unsere Idee zutrifft oder nicht.
3. Auf Grundlage unserer Hypothese entwerfen wir einige **Experimente,** mit denen wir unsere Idee auf den Prüfstand stellen. Dabei sollten wir mindestens ebenso viel Energie in Versuche stecken, die unsere Hypothese widerlegen wie in bestätigende Experimente. In den meisten Fällen erhalten wir das Ergebnis, dass die Hypothese nicht zutrifft. Dann müssen wir sie verändern oder ganz verwerfen und ein neues Modell entwickeln.
4. Bewährt sich die Hypothese in mehreren unterschiedlichen Experimenten, wird sie zur **Theorie.** Sie beschreibt, wie und warum der Prozess, den wir beobachtet haben, abläuft.

In der Wissenschaft gibt es keine größere Sicherheit als eine Theorie, die immer wieder überprüft und bestätigt wurde. Trotzdem zeigt uns das Beispiel von den herabfallenden Dingen, dass sich selbst anerkannte Theorien durch neue Beobachtungen als falsch herausstellen können oder nur unter speziellen Bedingungen zutreffen. Newtons Gravitationsgesetz ist nicht verkehrt, es ist nur beschränkt auf die Anziehungskraft zwischen Massen. Genau daraus besteht der wissenschaftliche Fortschritt: einer Abfolge von immer besseren Theorien, die immer dichter an die wirklichen Hintergründe kommen. Wissenschaft ist ein Prozess, kein Zustand!

1.2 Einheiten machen Angaben vergleichbar

Die Werte der meisten physikalischen Größen bestehen aus einer Zahl und einer Einheit. Nur, wenn wir beides zusammen angeben, können wir unseren Wert mit anderen Werten vergleichen. Das musste auch die NASA im September 1999 feststellen, als ihre rund 125 Mio. US\$ teure Sonde *Mars Climate Orbiter* nicht sanft in eine Umlaufbahn um den roten Planeten einschwenkte, sondern auf dessen Rückseite entweder verglühte oder auf die Oberfläche stürzte. Bei der Suche nach dem Fehler stellte sich heraus, dass die NASA ihre Rechnungen zur Navigation in den internationalen Standardeinheiten des **SI-Systems** (mit Metern, Sekunden, Kilogramm etc.) durchgeführt hatte, während der Hersteller der Sonde sich an das imperiale System (mit Fuß, Meilen, Pfund etc.) gehalten hatte, das in den USA in der Luftfahrt durchaus gebräuchlich ist. Durch das Durcheinander geriet die Sonde zu tief in die Marsatmosphäre, wo sie durch die Reibung zu heiß und zu langsam wurde. Jahrelange Arbeit und Millionen Steuergelder waren buchstäblich in den (Mars-)Sand gesetzt.

Physiker und Chemiker halten sich an die sieben **Grundgrößen** oder **Basisgrößen** des SI-Systems und die dazugehörigen Einheiten: Länge, Masse, Zeit, elektrischer Strom, thermodynamische Temperatur, Stoffmenge und Lichtstärke. Bis vor Kurzem gingen deren Definitionen teilweise auf willkürliche Prototypen wie das Urkilogramm oder komplexe Messungen wie beim Ampere (ein Ampere war die Stromstärke, die beim Fluss durch zwei parallele Leiter mit 1 m Abstand im Vakuum pro Meter Leiter die Kraft von $2 \cdot 10^{-7}$ N hervorrief) zurück. Seit 2019 basieren alle SI-Einheiten auf Naturkonstanten, sodass sie sich nicht mehr verändern können oder aufgrund genauerer Messungen angepasst werden müssen. Die aktuellen Definitionen und Einheiten sind in ◘ Tab. 1.1 zusammengestellt.

Tipler
Abschn. *1.2 Maßeinheiten*

1

◻ **Tab. 1.1**   Die SI-Grundgrößen und ihre Basiseinheiten

SI-Grundgröße	Größen-symbol	Basiseinheit	Einheiten-symbol	Definition
Zeit	t	Sekunde	s	Das 9 192 631 770-fache der Periodendauer eines bestimmten Energieübergangs in ^{133}Cs-Atomen
Länge	l	Meter	m	Strecke, die das Licht im Vakuum in 1/299 792 458 s zurücklegt
Masse	m	Kilogramm	kg	Ergibt sich unter Verwendung von Meter und Sekunde aus dem Planck'schen Wirkungsquantum $h = 6{,}626\,070\,15 \cdot 10^{-34}$ kg m^2 s^{-1}
Elektrischer Strom	I	Ampere	A	über die Elementarladung e und Sekunde aus $e = 1{,}602\,176\,634 \cdot 10^{-19}$ A s, womit ein Ampere einem Fluss von 1 Coulomb (C) pro Sekunde entspricht
Temperatur	T	Kelvin	K	Über die Boltzmann-Konstante k, deren Wert auf $k = 1{,}380\,649 \cdot 10^{-23}$ kg m^2 s^{-2} K^{-1} festgelegt wurde
Stoffmenge	n	Mol	mol	Zahl der Atome in 12 g des Kohlenstoffisotops ^{12}C; entspricht $6{,}022\,140\,76 \cdot 10^{23}$ Teilchen
Lichtstärke	I_V	Candela	cd	Lichtstärke einer monochromatischen Strahlenquelle mit der Frequenz $540 \cdot 10^{12}$ Hz und einer Strahlleistung von 1/683 kg m^2 s^{-3} pro Steradiant (Raumwinkeleinheit)

Durch Kombination mehrerer Basiseinheiten können wir weitere sogenannte **abgeleitete Einheiten** bilden. Beispielsweise verwenden wir in der Chemie für Konzentrationsangaben häufig die Einheit „molar" (M), wobei 1 M = 1 mol/l ist. Mol (mol) ist die Basiseinheit für die Stoffmenge, und Liter (l) geht auf die Grundeinheit Meter (m) zurück (1 l = 0,1 m · 0,1 m · 0,1 m). Statt zu sagen, dass eine Salzlösung 1 M ist, könnten wir also auch von $6{,}022 \cdot 10^{23}$ Teilchen pro 0,001 m^3 sprechen – die Angabe in der abgeleiteten Einheit ist offensichtlich einfacher zu verstehen.

Für manche Größen sind verschiedene Einheiten gebräuchlich. Beispielsweise werden Längenangaben auf der Ebene von Atomen häufig in Ångström (Å) angegeben, da Atome einen Radius in der Größenordnung von 1 Å haben. Für Energien in diesem Bereich verwenden Physiker die Einheit Elektronenvolt (eV), wohingegen im makroskopischen Alltag das Joule (J) die übliche Einheit ist. Wollen wir zwei Werte in unterschiedlichen Einheiten vergleichen, müssen wir sie ineinander umrechnen. Dazu benötigen wir den **Umrechnungsfaktor.** Für unsere beiden Beispiele sind dies:

$$1\,\text{Å} = 10^{-10}\,\text{m}$$
$$1\,\text{eV} = 1{,}602 \cdot 10^{-19}\,\text{J}$$

Wir schreiben dieses Verhältnis nun so als Bruch, dass unsere Zieleinheit oben im Zähler steht und im Nenner unter dem Bruchstrich die Ausgangseinheit, in welcher der Wert angegeben ist, den wir umrechnen wollen. Diesen Bruch multiplizieren wir dann mit dem Wert in der Ausgangseinheit. Die Ausgangseinheit kürzen wir weg, und es bleibt die Zieleinheit übrig:

$$\frac{\text{Faktor der Zieleinheit}}{\text{Faktor der Ausgangseinheit}} \cdot \text{Wert in der Ausgangseinheit}$$
$$= \text{Wert in der Zieleinheit}$$

(1.1)

Wollen wir etwa 4,7 Å in m umrechnen, erhalten wir so:

$$\frac{10^{-10}\,\text{m}}{1\,\text{Å}} \cdot 4,7\,\text{Å} = 4,7 \cdot 10^{-10}\,\text{m}$$

Auf die gleiche Weise wandeln wir 0,0083 J in eV:

$$\frac{1\,\text{eV}}{1,602 \cdot 10^{-19}\,\text{J}} \cdot 0,0083\,\text{J} = 5,181 \cdot 10^{16}\,\text{eV}$$

Beispiel

In alten chemischen Texten und im Zusammenhang mit Lebensmitteln sind Energieangaben häufig in Kalorien (cal) statt in Joule (J) angegeben. Der Umrechnungsfaktor beträgt:

$$1\,\text{cal} = 4,1868\,\text{J} \tag{1.2}$$

Eine Banane von 100 g hat beispielsweise einen Brennwert von 96 kcal oder 402 kJ, die gleiche Menge Schokolade bringt es auf rund 530 kcal oder 2 219 kJ.

Im Lebensmittelbereich kommt erschwerend hinzu, dass so gut wie immer, wenn von „Kalorien" geredet wird, eigentlich „Kilokalorien" (kcal) gemeint sind, also das Tausendfache der normalen Kalorie. ◄

1.3 Großes und Kleines handlicher geschrieben

Die meisten Basiseinheiten sind so gewählt, dass sie einigermaßen handliche Werte liefern, solange wir uns im mittleren makroskopischen Bereich bewegen, in dem wir Dinge mit bloßem Auge sehen können. Weil sich das Gebiet der Physik aber von den Bausteinen der Atome bis zu den Ausmaßen des Kosmos erstreckt, erhalten wir bei Messungen und Experimenten häufig extrem kleine bzw. sehr große Zahlenwerte. Es gibt zwei Methoden, solche Ungetüme besser lesbar zu machen:

— Bei der Exponentialschreibweise bleibt die Einheit unangetastet. Nur der Zahlenwert wird anders als gewöhnlich notiert.
— Mit Maßeinheitenvorsätzen wird der Zahlenteil verkürzt. Wie sehr, gibt ein Buchstabe vor dem Einheitensymbol an.

In der **Exponentialschreibweise** setzen wir das Komma hinter die erste Ziffer, die keine Null ist. Dann zählen wir ab, um wie viele Stellen wir es dafür verschieben mussten. Diese Anzahl schreiben wir als Exponenten (Hochzahl) zu der 10 in dem Ausdruck „10^{Exponent}", den wir hinter die Zahl mit dem Komma schreiben. Bei Werten über 1, für die wir das Komma nach links verschoben haben, bekommt der Exponent ein positives Vorzeichen, bei Werten unter 1, bei denen das Komma nach rechts gerutscht ist, stellen wir ein Minuszeichen voran.

$$123\,456\,789\,000\,000 = 1,23 \cdot 10^{14}$$
$$0,00\,000\,000\,000\,000\,047 = 4,7 \cdot 10^{-16}$$

Am oberen Beispiel sehen wir, dass wir in der Regel nicht alle Stellen einer Zahl angeben, sondern wir runden nach zwei oder drei Nachkommastellen.

Tipler

Abschn. *1.2 Maßeinheiten* und *1.4 Signifikante Stellen und Größenordnungen* sowie Beispiele 1.3 bis 1.5

1

Sehr grob runden wir, wenn wir uns nur die **Größenordnung** eines Werts über-
legen. Diese Vorgehensweise ist sehr hilfreich, wenn wir eine Überschlagsrechnung
im Kopf durchführen. Wir runden dann einen Wert auf den nächstliegenden Wert,
den wir als 10^x schreiben können. Beispielsweise beträgt der Atomradius von Kohlenstoff $7,7 \cdot 10^{-11}$ m. Aufgerundet ist dies etwa 10^{-10} m. Der Radius liegt damit
in der Größenordnung von 10^{-10} m. In der gleichen Größenordnung finden wir
die Radien von Stickstoff ($7,0 \cdot 10^{-11}$ m), Sauerstoff ($6,6 \cdot 10^{-11}$ m) und Fluor
($6,4 \cdot 10^{-11}$ m). Wasserstoff ist mit $3,2 \cdot 10^{-11}$ m hingegen eine Größenordnung
kleiner, nämlich 10^{-11} m. Wir Menschen befinden uns mit Größen zwischen einem und zwei Metern in der Größenordnung von 10^0 m und überragen die Atome
damit um zehn bis elf Größenordnungen. Tab. 1.3 im Tipler listet die Größenordnungen einiger Objekte im Universum auf.

Statt mit Exponenten können wir sehr große oder sehr kleine Werte auch mit
Maßeinheitenvorsätzen handlicher machen. Dazu versehen wir das Einheitensymbol mit einem kennzeichnenden Buchstaben. Bei Längen entstehen auf diese
Weise Kilometer, Millimeter oder Mikrometer. Bis auf die Ausnahmen *Zenti-* in
„Zentimeter" und *Dezi-* in „Dezimeter" liegen die Vorsätze jeweils um den Faktor
1000 auseinander. Ist das Symbol für den Vorsatz ein Kleinbuchstabe, ist der Wert
geringer als die Ausgangsgröße. Großbuchstaben weisen auf höhere Werte hin.
Die Ausnahme hierbei bildet das Kilo, dessen Symbol ein kleines k ist, obwohl es
für den Faktor 1000 steht.

Praktischerweise wählen wir den Maßeinheitenvorsatz so, dass der Zahlenteil
vor dem Komma ein, zwei oder drei Stellen hat. Wenn wir mit anderen Werten
vergleichen oder weiterrechnen wollen, darf ausnahmsweise auch mal eine Null
vor dem Komma stehen:

$$123\,456\,789\,000\,000\,\text{m} = 1{,}234 \cdot 10^{14}\,\text{m} = 123{,}4\,\text{Tm}$$

$$0{,}00\,000\,000\,000\,000\,047\,\text{A} = 4{,}7 \cdot 10^{-16}\,\text{A} = 0{,}47\,\text{fA} = 470\,\text{aA}$$

In ◘ Tab. 1.2 sind die gebräuchlichsten Maßeinheitenvorsätze aufgeführt.

◘ **Tab. 1.2**   Vorsätze bei großen oder kleinen Zahlenwerten

Faktor	Vorsatz	Symbol	Faktor	Vorsatz	Symbol
10^{-18}	Atto	a	10^{18}	Exa	E
10^{-15}	Femto	f	10^{15}	Peta	P
10^{-12}	Piko	p	10^{12}	Tera	T
10^{-9}	Nano	n	10^{9}	Giga	G
10^{-6}	Mikro	μ	10^{6}	Mega	M
10^{-3}	Milli	m	10^{3}	Kilo	k

> **Beispiel**
> Bei einem chemischen Kraftmikroskop wird die Messspitze gezielt mit einer chemischen Gruppe beladen und über eine Oberfläche geführt. Nur an Stellen, an denen sich eine zur Sonde passende chemische Endgruppe befindet, registriert das Gerät eine Anziehungskraft in der Größenordnung einiger Nanonewton (nN). Ein Nanonewton entspricht etwa dem milliardstel Teil der Gewichtskraft einer Tafel Schokolade. ◄

1.4 Dimensionen jenseits von Raum und Zeit

Bei den vielen Rechnungen, die wir in der Physik durchführen müssen, passiert es durchaus ab und zu, dass wir uns nicht sicher sind, ob wir zwei Größen miteinander addieren dürfen, ob vielleicht ein Parameter quadriert werden muss oder ob ein Ergebnis überhaupt stimmen kann. In solchen Fällen ist es oft hilfreich, wenn wir als Test eine **Dimensionsanalyse** durchführen.

Unter einer **Dimension** in diesem Sinne verstehen Physiker nicht die üblichen drei Raumdimensionen und die Zeit, sondern einfach die Eigenschaften, die eine betrachtete Größe hat. Dabei handelt es sich um die gleichen Parameter, deren Werte wir mit Einheiten angeben, die wir oben kennengelernt haben. Mit dem Unterschied, dass wir nicht quantitativ mit Zahlen und Einheiten arbeiten, sondern lediglich qualitativ prüfen, wodurch sich unsere Größe überhaupt auszeichnet.

Beispielsweise hat ein Strich, den wir auf ein Blatt Papier zeichnen, eine Länge. Diese Länge ist eine Dimension, die wir mit dem Symbol L darstellen. (Der Tipler weicht hier von der üblichen Schreibweise mit Großbuchstaben ab und verwendet für die Dimensionen Kleinbuchstaben.) Ein Kreis erstreckt sich in zwei Richtungen, die beide die Dimension Länge haben. Seine Dimension ist daher L^2. Ein Volumen hat die Dimension L^3.

◻ Tab. 1.3 zeigt uns die Dimensionen der SI-Basisgrößen. Jede Grundgröße hat ihre eigene Dimension, die völlig unabhängig ist von den anderen Dimensionen. Wie bei den abgeleiteten Einheiten können wir auch hier Dimensionen kombinieren und damit neue Größen beschreiben. Eine Geschwindigkeit besteht beispielsweise aus einer Strecke mit der Dimension L, die wir in einer Zeit mit der Dimension T zurücklegen. Die Dimension einer Geschwindigkeit ist daher L/T. Auf die gleiche Weise hat eine molare Konzentration die Dimension N/L^3, eine Kraft $M \cdot L/T^2$ und Energie $M \cdot L^2/T^2$. Tab. 1.2 im Tipler führt einige weitere Größen und ihre Dimensionen auf.

Tipler
Abschn. *1.3 Dimensionen physikalischer Größen* und Beispiel 1.1

◻ **Tab. 1.3** Die Dimensionen der SI-Basisgrößen

SI-Grundgröße	Größensymbol	Dimensionssymbol
Länge	*l*	L
Masse	*m*	M
Zeit	*t*	T
Elektrischer Strom	*I*	I
Temperatur	*T*	Θ
Stoffmenge	*n*	N
Lichtstärke	*I*ᵥ	J

1

Anhand der Dimensionen können wir schnell erkennen, ob eine physikalische Gleichung überhaupt korrekt sein *könnte*. Dafür muss sie folgende Bedingungen erfüllen:

— Größen dürfen nur dann addiert oder subtrahiert werden, wenn sie die gleiche Dimension haben.
— Bei Gleichungen müssen links und rechts die gleichen Dimensionen stehen.

$$A = B + C \tag{1.3}$$

geht also nur, wenn A, B und C alle die gleiche Dimension haben. Trifft dies nicht zu, stimmt grundsätzlich etwas mit der Formel nicht. Sie ist bei unserer Dimensionsanalyse durchgefallen.

Allerdings bedeutet eine bestandene Dimensionsanalyse nicht, dass eine Gleichung korrekt ist! Sie kann immer noch aus zahlreichen Gründen verkehrt sein. Die Prüfung der Dimensionen kann nur verhindern, dass wir „Äpfel mit Birnen vergleichen" oder versehentlich Kraft mit Impuls.

Beispiel

Für die Größe *Druck* sind zahlreiche unterschiedliche Einheiten im Umlauf: Pascal, Bar, physikalische Atmosphäre, technische Atmosphäre, Torr, Millimeter Quecksilbersäule …Sie alle haben aber die Dimension $M/(L \cdot T^2)$ gemeinsam. Im Gegensatz dazu zeigt die Dimensionsanalyse sofort, dass eine Angabe in Kilopond, die wir manchmal ebenfalls für einen „Druck" lesen können, mit der Dimension $M \cdot L/T^2$ in Wahrheit keinen Druck, sondern eine Kraft bezeichnet.   ◄

1.5 Auf welche Zahlen es wirklich ankommt

Tipler
Abschn. *1.4 Signifikante Stellen und Größenordnungen* sowie Beispiele 1.2 bis 1.5

Die meisten technisch-wissenschaftlichen Taschenrechner haben Anzeigen mit zehn oder zwölf Stellen. Das verleitet beim Rechnen zu Angaben wie Längen von 3,987348583 mm oder Geschwindigkeiten von 124,987345385 km/h. Da wir wohl kaum mit einer Genauigkeit von 0,000000001 mm bzw. 0.000000001 km/h gemessen haben, sind solch scheinbar exakte Werte unsinnig.

Im Idealfall geben wir unsere **Messwerte** mit dem eigentlichen Wert und dazu dem Messfehler an. Bei einer Längenmessung könnte das so aussehen:

$$x = (17,3 \pm 0,1)\,\text{cm} \tag{1.4}$$

Bei Rechnungen kommt es auf die Anzahl der Nachkommastellen und der signifikanten Stellen der Daten, mit denen wir arbeiten, an. **Signifikante Stellen** sind alle Ziffern, auf die wir uns verlassen können, also alle Ziffern bis zur Rundungsstelle. Ein Sonderfall ist dabei die Null. Steht sie mitten in der Zahl, gilt sie als signifikante Stelle. Hat sie aber lediglich die Funktion, das Komma festzulegen, ist sie nicht signifikant. Gibt eine Null am Ende aber einen tatsächlich exakten Wert an, ist sie erneut signifikant. Wir können das deutlich machen, indem wir eine weitere Null anhängen, die dann nicht signifikant ist.

Dazu sehen wir uns ein paar Beispiele an:

— 1234 – vier signifikante Stellen.
— 12,34 – vier signifikante Stellen.
— 12304 – fünf signifikante Stellen (die Null befindet sich mitten in der Zahl).
— 0,00123 – drei signifikante Stellen (hier positionieren die Nullen nur das Komma).

- 1230 – drei signifikante Stellen (auch hier gibt die Null nur die Lage des Kommas an).
- 1230 – auch möglich: vier signifikante Stellen, wenn die Null anzeigt, dass die Zahl exakt ist und nicht 1229,9 oder 1230,1 gemeint sind.
- 1230,0 – vier signifikante Stellen (die Null hinter dem Komma zeigt die Signifikanz der anderen Null an).

Es macht also einen Unterschied, ob wir 2,3 oder 2,30 schreiben. Im ersten Fall könnte die Zahl gerundet sein, und es sind in Wahrheit 2,28. Im zweiten Fall wissen wir sicher, dass es 2,30 sind.

Für die **Genauigkeit bei Rechnungen** gelten folgende Regeln:
- Wenn wir mehrere Angaben addieren oder subtrahieren, bekommt das Ergebnis so viele Nachkommastellen, wie die Zahl mit den wenigsten Nachkommastellen hat.
  Beispiel: $12,3456 + 23,45 + 34,567 = 70,36$
- Wenn wir mehrere Angaben multiplizieren oder dividieren, bekommt das Ergebnis so viele signifikante Stellen, wie die Zahl mit den wenigsten signifikanten Stellen hat.
  Beispiel: $1,23 \cdot 0,034 \cdot 78,9321 = 3,3$

Runden sollten wir so spät wie möglich, damit sich die Rundungsfehler nicht während der Rechnung verstärken.

Beispiel

Manche Naturkonstanten sind exakt bekannt, weil ihre Werte per Definition festgelegt sind. Dazu zählt die Lichtgeschwindigkeit, die 1983 auf der 17. Generalkonferenz für Maß und Gewicht auf genau 299 792 458 m/s festgelegt wurde. Alle Messungen, die in der Zukunft eine exaktere Bestimmung möglich machen, verändern nicht den Wert der Lichtgeschwindigkeit, sondern jenen des Meters.

Andere Naturkonstanten sind experimentell bestimmt und haben daher Werte, die im Bereich der Nachkommastellen ab einer gewissen Stelle unsicher sind. So beläuft sich der aktuelle Wert der Avogadro-Konstanten, die angibt, wie viele Teilchen in einem Mol enthalten sind, auf $N_A = 6,022\,141\,29 \cdot 10^{23}$ mol^{-1}. Die Ungenauigkeit liegt bei $0,000\,000\,27 \cdot 10^{23}$ mol^{-1}. Die beiden letzten Ziffern sind also nicht wirklich sicher.   ◄

1.6 Wie genau ist genau?

Wenn wir nicht nur theoretische Rechnungen durchführen, sondern in Experimenten praktische Werte messen, erhalten wir keine exakt zutreffende Ergebnisse. Egal, wie sorgfältig wir arbeiten – es wird immer ein kleiner Fehler bleiben. Das hat zwei verschiedene Ursachen:
- **Systematische Fehler** sind gewissermaßen der „Teufel im Detail". In diese Kategorie fallen Unzulänglichkeiten der Messapparatur (beispielsweise kann man mit einem Lineal Längen nicht genauer als 0,2 mm bestimmen) und Fehler bei der Durchführung (etwa, wenn man beim Anrühren der Lösungen das Wägepapier mitwiegt). Auf systematische Fehler werden wir aufmerksam, wenn jemand Anderes mit einem anderen Gerät und idealerweise mit einer anderen Methode zu einem abweichenden Ergebnis kommt.
- **Statistische Fehler** entstehen durch zufällige Schwankungen. Sie lassen sich minimieren, indem wir eine möglichst große Zahl von Messungen durchführen und statistisch auswerten.

Tipler
Abschn. *1.5 Messgenauigkeit und Messfehler* sowie Beispiele 1.6 bis 1.8

1

Für die **statistische Auswertung mehrerer Messungen,** die alle gleich durchgeführt wurden, haben sich bestimmte Angaben bewährt. Im Tipler werden sie anhand der Ergebnisse einer Klausur erklärt. Wir wählen als Beispiel pH-Messungen an einer Lösung. Bei insgesamt 20 Messungen haben wir folgende Resultate erhalten:

1-mal pH 9,4,
4-mal pH 9,5,
10-mal pH 9,6,
3-mal pH 9,7 und
2-mal pH 9,8.

- Eine **Verteilungsfunktion** gibt uns für jeden Wert an, bei welchem Anteil der Messungen wir ihn ermittelt haben. So haben wir nur ein einziges Mal von insgesamt 20 Messungen pH 9,4 erhalten. Der Anteil beträgt damit $1/20 = 0,05$. Für pH 9,5 waren es vier Messungen und damit ein Anteil von $4/20 = 0,2$. Allgemein erhalten wir für jedes Messergebnis mit der durchlaufenden Nummer i den Anteil f_i, wenn wir die Anzahl der Messungen mit diesem speziellen Ergebnis n_i durch die Gesamtzahl der Messungen n teilen:

$$\sum_i f_i = \sum_i \frac{n_i}{n} = \frac{1}{n} \sum_i n_i \tag{1.5}$$

Dabei müssen wir darauf achten, dass die Summe aller Anteile 1 ergibt, was praktisch bedeutet, dass bei jeder Messung überhaupt ein Wert herausgekommen sein muss und wir bei unserer Rechnung alle Werte berücksichtigt haben. Mathematisch bezeichnen wir dies als die **Normierungsbedingung:**

$$\sum_i f_i = 1 \tag{1.6}$$

- Das **arithmetische Mittel** oder kurz den **Mittelwert** $\langle s \rangle$ unserer Ergebnisse erhalten wir, wenn wir alle Werte s_i zusammenzählen und durch die Anzahl der Messungen teilen:

$$\langle s \rangle = \frac{1}{n} \sum_i n_i\, s_i = \sum_i s_i\, f_i \tag{1.7}$$

In unserem Beispiel beträgt der pH-Wert im Mittel 9,6.

- Führen wir eine Messreihe durch, bei welcher es vereinzelt Spitzenwerte gibt, die deutlich aus den übrigen Messergebnissen herausragen, aber für die Messung wichtig sind, können wir sie stärker berücksichtigen, indem wir das **quadratische Mittel** $\langle s^2 \rangle$ (im Tipler als **mittleres Ergebnisquadrat** bezeichnet) und dessen Wurzel, den **quadratischen Mittelwert** s_{rms} (im Tipler: das **quadratisch gemittelte Ergebnis**) bestimmen:

$$\langle s^2 \rangle = \frac{1}{n} \sum_i s_i^2\, n_i = \sum_i s_i^2\, f_i \tag{1.8}$$

$$s_{\mathrm{rms}} = \sqrt{\langle s^2 \rangle} \tag{1.9}$$

Der Index $_{\mathrm{rms}}$ steht für *root mean square*.

Da wir keine „Ausreißer" in unserer Messreihe haben, liegt auch der quadratische Mittelwert bei pH 9,6.

Für die **statistische Auswertung von sehr vielen Messwerten** geht die diskrete Verteilung, die in Abb. 1.2 im Tipler als Balkendiagramm dargestellt ist, in eine glatte Kurve über, wie es Abb. 1.3 im Tipler zeigt. Statt mit einzelnen Werten arbeiten wir nun mit der Funktion einer Kurve für diese Verteilung. Häufig wissen wir nicht, wie diese Funktion aussieht. Viele Messungen, deren Werte x mit gleicher

Wahrscheinlichkeit zufällig größer oder kleiner als der Mittelwert $\langle x \rangle$ sind, folgen aber der **Normalverteilung** oder **Gaußverteilung**:

$$f(x) = \frac{1}{\sigma \sqrt{2\pi}} \, e^{-\frac{(x-\langle x \rangle)^2}{2\sigma^2}} \qquad\qquad (1.10)$$

Den Verlauf der typischen Glockenkurve der Normalverteilung sehen wir in Abb. 1.4 im Tipler (dort ist die Variable x teilweise wegen eines Beispiels durch h ersetzt). Die drei Kurven sind unterschiedlich breit und hoch. Weil die Flächen unter den Kurven normiert sind (wieder muss es immer irgendeinen Messwert gegeben haben), sind breite Kurven niedriger. Bei ihnen verteilen sich die Messwerte über einen größeren Bereich und weichen häufiger vom Mittelwert ab als bei den schmalen, hohen Kurven. Das Maß für die Breite der Streuung sind die **Varianz** und deren Wurzel, die **Standardabweichung** σ:

$$\sigma = \sqrt{\langle x^2 \rangle - \langle x \rangle^2} \qquad\qquad (1.11)$$

Je kleiner die Standardabweichung ist, desto enger liegen die Messwerte beieinander. Bei einer Normalverteilung gilt:
68,3 % aller Werte befinden sich im Intervall $\langle x \rangle \pm 1\,\sigma$,
96,5 % aller Werte befinden sich im Intervall $\langle x \rangle \pm 2\,\sigma$ und
99,7 % aller Werte befinden sich im Intervall $\langle x \rangle \pm 3\,\sigma$.

In einer **realen Messreihe** führen wir eigentlich nicht ausreichend viele Messungen durch, um eine echte Normalverteilung aus unendlich vielen Punkten zu erhalten. Stattdessen machen wir lediglich eine **Stichprobe vom Umfang** n, mit der wir versuchen, möglichst dicht an die idealen Parameter heranzukommen:

— Als Näherung für den wahren Mittelwert nehmen wir das arithmetische Mittel:

$$\langle x \rangle = \frac{1}{n} \sum_{i=1}^{n} x_l = \frac{1}{n}(x_1 + x_2 + x_3 + \cdots + x_n) \qquad\qquad (1.12)$$

Für unsere pH-Messungen erhalten wir pH 9,6.

— Wie weit dieses arithmetische Mittel unserer Stichprobe vom wahren Mittelwert abweichen könnte, geht aus der **Standardabweichung des Mittelwerts** oder dem **mittleren Fehler des Mittelwerts** hervor:

$$\Delta x = \frac{\sigma}{\sqrt{n}} = \sqrt{\frac{1}{n(n-1)} \sum_{i=1}^{n} (x_i - \langle x \rangle)^2} \qquad\qquad (1.13)$$

Der Fehler für unseren mittleren pH-Wert liegt bei 0,02. Der wahre Mittelwert ist demnach wahrscheinlich im Bereich von pH $9,6 \pm 0,02$ zu finden.

Je mehr Messungen n eine Stichprobe umfasst, desto näher kommen wir damit an den wahren Mittelwert der Verteilung. Neben der Größe der Stichprobe kommt es aber auch auf die Streuung der Einzelwerte an.

— Wie breit die Messwerte streuen, verrät uns die **Standardabweichung** σ, die für jeden einzelnen Messwert nachprüft, wie weit er vom Mittel abweicht:

$$\sigma = \sqrt{\frac{1}{n-1} \sum_{i=1}^{n} (x_i - \langle x \rangle)^2} \qquad\qquad (1.14)$$

Die Standardabweichung der pH-Daten beträgt 0,1. Es liegen also 68,3 % aller Werte im Intervall pH $9,6 \pm 0,1$. (Tatsächlich sind es bei unserem Beispiel sogar 85 %. Der Unterschied kommt daher, dass unsere 20 Werte eigentlich zu wenig für diese Art der Auswertung sind.)

1

Wollen wir das Ergebnis einer Messung vollständig angeben, müssen wir den Mittelwert und die Standardabweichung aufführen:

$$x = (\langle x \rangle \pm \sigma)\,[\mathrm{x}] \tag{1.15}$$

$[x]$ steht hier für die Einheit der Größe x.

In einer anderen Schreibweise werden die signifikanten Stellen der Standardabweichung in Klammern direkt an den Mittelwert gehängt:

$$x = \langle x \rangle(\sigma)\,[\mathrm{x}] \tag{1.16}$$

Korrekt wären beispielsweise:

$$s = (4{,}7 \pm 0{,}2)\,\mathrm{m} \text{ oder } s = 4{,}7(2)\,\mathrm{m}$$
$$m = (12{,}53 \pm 0{,}04)\,\mathrm{kg} \text{ oder } m = 12{,}53(4)\,\mathrm{kg}$$
$$v = (127 \pm 3)\,\mathrm{km/h} \text{ oder } v = 127(3)\,\mathrm{km/h}$$

Beispiel

Der aktuelle Wert der Boltzmann-Konstante, über welche die Temperatur und die thermische Energie eines Teilchens verknüpft sind, beträgt $k_B = 1{,}3806488 \cdot 10^{-23}$ J/K mit einer Standardabweichung von $0{,}0000013 \cdot 10^{-23}$ J/K. Wir können diese Angaben auf zwei Weisen zusammenfassen:

$$k_B = (1{,}3806488 \cdot 10^{-23} \pm 0{,}0000013 \cdot 10^{-23})\,\text{J/K}$$

oder

$$k_B = 1{,}3806488(13) \cdot 10^{-23}\,\text{J/K}$$

◄

Häufig können wir eine Größe Y nicht direkt messen, sondern müssen sie indirekt mit Hilfe einer Formel aus anderen Messungen (X_1, X_2, X_3, ...) berechnen. Jeder der eingehenden Werte ist aber mit einem Fehler ΔX_i behaftet, sodass auch unser berechnetes Y um ΔY neben dem wirklichen Wert liegt. Wir sprechen hier von einer **Fehlerfortpflanzung,** weil sich der Messfehler in der Rechnung auf nachfolgende Größen überträgt.

Die **Fehlerrechnung,** mit der wir versuchen können, ΔY abzuschätzen, verläuft recht kompliziert und je nach den Abhängigkeiten der verschiedenen Messgrößen untereinander nach verschiedenen Verfahren. Das Fehlerfortpflanzungsgesetz von Gauß, das im Tipler aufgeführt ist, gilt beispielsweise nur dann, wenn die einzelnen Messgrößen unabhängig voneinander sind.

Verständnisfragen

1. Wie lassen sich Angaben in Metern und in Yards miteinander vergleichen?
2. Worin unterscheiden sich Basiseinheiten und abgeleitete Einheiten?
3. Liegt das Gewicht von Menschen (etwa 70 kg) und Elefanten (etwa 3 t) in der gleichen Größenordnung?

Mathematische Grundlagen

© Springer-Verlag GmbH Deutschland, ein Teil von Springer Nature 2020
O. Fritsche, *Physik für Chemiker I*, https://doi.org/10.1007/978-3-662-60350-5_2

2

Wenn Physiker sagen, dass Physik die exakteste aller Naturwissenschaften sei, dann haben sie meistens das Ideal vor Auge, dass die Physik die Vorgänge in der Natur nicht nur mit Worten qualitativ beschreibt, sondern diese mit mathematischen Modellen simuliert und quantitative Angaben zu den verschiedenen beteiligten Größen macht. Für die Physik bewegen sich Wassermoleküle bei einer Temperatur von 300 K nicht einfach „ziemlich schnell", sondern mit 370,8 m/s. Die Knallgasreaktion ist nicht nur exotherm, sondern gibt 286 kJ pro Mol entstandenen Wassers frei. Und die Atomorbitale eines Atoms sind nicht mehr als Wahrscheinlichkeitsdichten, die sich für jeden Punkt im Raum mit Hilfe komplizierter Formeln wie der Schrödingergleichung und der Dirac-Gleichung ausrechnen lassen.

Die Beispiele zeigen, dass einerseits in der Physik viel gerechnet wird und andererseits viele dieser Rechnungen chemische Abläufe genauer beschreiben und uns häufig sogar erlauben, eine zutreffende Vorhersage zu machen, wie ein Experiment ausgehen wird. Wer ernsthaft Chemie betreiben und verstehen will, kommt deshalb nicht um die Physik und ihre mathematischen Formeln herum.

Für das Verständnis der mathematischen Formeln und Gleichungen müssen wir unser Schulwissen aus dem Mathematikunterricht reaktivieren oder die entsprechenden Abschnitte in den Studienunterlagen zur Mathematik zu Hilfe nehmen. In diesem Kapitel wiederholen wir kurz und knapp einige mathematische Grundlagen, auf die wir in diesem Studienmodul angewiesen sein werden. Mit ihrer Hilfe werden wir viele physikalische Formeln besser verstehen und mit ihnen rechnen können. Häufig wird uns sogar ein Blick auf eine Gleichung genügen, um ihre wesentlichen Eigenschaften zu erfassen – ganz ohne Rechnung.

2.1 Rechnen mit Potenzen und Logarithmen

Tipler
Abschn. 41.6 *Potenzen und Logarithmen* sowie Beispiele 41.6 und 41.7

Eine fast schon typische Komponente in physikalischen Formeln sind Zahlen oder Variablen in **Exponentenschreibweise** wie beispielsweise t^2 oder e^{-x}. Die unten stehende Angabe nennen wir die Basis, die hochgestellte Angabe den Exponenten oder die Potenz:

$$\text{Basis}^{\text{Exponent}} \tag{2.1}$$

Besonders häufig begegnen uns solche Konstrukte bei der Exponentialschreibweise für besonders große oder kleine Zahlen (siehe ▶ Abschn. 1.3). Hier ist die Basis 10. Oft stoßen wir auch auf die Euler'sche Zahl e als Basis. Sie tritt unter anderem dann auf, wenn eine Größe exponentiell anwächst oder fällt, also innerhalb des gleichen Zeitraums ihren Wert verdoppelt oder halbiert. Den ersten Fall können wir beispielsweise beim Wachstum von Bakterienkolonien beobachten, das andere Szenario liegt beim radioaktiven Zerfall vor:

$$N = N_0 \cdot e^{\lambda t} \quad \text{(Bakterienwachstum)} \tag{2.2}$$
$$N = N_0 \cdot e^{-\lambda t} \quad \text{(radioaktiver Zerfall)} \tag{2.3}$$

Wir sehen, dass ein Prozess, bei dem der Wert zunimmt, einen Exponenten mit einem positiven Vorzeichen hat, nimmt der Wert ab, ist der Exponent negativ.

Für Rechnungen mit Termen in Exponentenschreibweise gibt es einige wichtige Regeln:

– Ist der Exponent gleich 0, ist der Term gleich 1:

$$x^0 = 1 \tag{2.4}$$

– Ist der Exponent negativ, können wir auch den Kehrwert des Terms mit einem positiven Exponenten schreiben:

$$x^{-n} = \frac{1}{x^n} \tag{2.5}$$

- Werden zwei Terme mit der gleichen Basis multipliziert, können wir sie zusammenfassen, indem wir ihre Exponenten addieren:

$$x^n \cdot x^m = x^{n+m} \tag{2.6}$$

- Werden zwei Terme mit der gleichen Basis durcheinander geteilt, müssen wir ihre Exponenten beim Zusammenfassen voneinander abziehen:

$$\frac{x^n}{x^m} = x^{n-m} \tag{2.7}$$

- Potenzieren wir einen Ausdruck mitsamt seines Exponenten noch einmal, werden die beiden Exponenten miteinander multipliziert:

$$\left(x^n\right)^m = x^{n \cdot m} \tag{2.8}$$

- Ist der Exponent ein Bruch, können wir den Term auch als Wurzelausdruck schreiben. Der Zähler des Bruchs bleibt dabei weiterhin als Exponent erhalten, während der Nenner angibt, welche Wurzel wir ziehen müssen:

$$x^{n/m} = \sqrt[m]{x^n} \tag{2.9}$$

> **Beispiel**
> Mit der Wellenfunktion können wir bestimmen, wo das Elektron des Wasserstoffatoms vermutlich anzutreffen ist. Die Funktion enthält einen Term mit der Basis e und einem negativen Exponenten, in dem der Abstand zum Kern enthalten ist. Wir erkennen daran auch ohne Rechnung, dass die Wahrscheinlichkeit, das Elektron zu finden, mit zunehmendem Abstand dramatisch abfällt.   ◄

Drehen wir die Rechnung mit Basis und Exponent um, kommen wir zu den **Logarithmen.** Der Logarithmus einer Zahl ist der Exponent, mit dem wir die Basis potenzieren müssten, um die Zahl zu erhalten.

$$\log_{\text{Basis}} \text{Zahl} = \text{Logarithmus} \tag{2.10}$$

$$\log_{10} x = y \tag{2.11}$$

$$10^y = x \tag{2.12}$$

In Beispielen:

$$\log_{10} 1000 = \log 1000 = 3$$

$$\log 100 = 2$$

$$\log 50 = 1{,}699$$

$$\log_e 1000 = \ln 1000 = 6{,}91$$

$$\ln 100 = 4{,}61$$

Im Prinzip können wir zu jeder Basis den Logarithmus einer Zahl berechnen. In der Physik und in der Chemie begnügen wir uns aber mit zwei Basen, die sich in ihren Symbolen unterscheiden:

- Der **dekadische Logarithmus** hat die Basis 10 und das Symbol log, manchmal auch lg.

2

— Der **natürliche Logarithmus** hat die Basis e und das Symbol ln.

Wir können die beiden Varianten ineinander umrechnen, indem wir mit $\ln 10 \approx 2{,}3$ multiplizieren oder dividieren:

$$\ln x = \ln 10 \cdot \log x \approx 2{,}3 \cdot \log x \tag{2.13}$$

$$\log x = \frac{\ln x}{\ln 10} \approx \frac{\ln x}{2{,}3} \tag{2.14}$$

Unabhängig von der Basis gelten für das Rechnen mit Logarithmen ähnliche Regeln wie bei Potenzen:
— Der Logarithmus von 1 ist 0:

$$\log 1 = 0 \tag{2.15}$$

— Der Logarithmus zur jeweiligen Basis ist gleich 1:

$$\log 10 = 1 \tag{2.16}$$

$$\ln e = 1 \tag{2.17}$$

— Statt Zahlen miteinander zu multiplizieren, können wir ihre Logarithmen addieren und dann als Exponenten zur Basis setzen:

$$x \cdot y = 10^{\log x + \log y} \tag{2.18}$$

Beispielsweise: $100 \cdot 1000 = 10^{\log 100 + \log 1000} = 10^{2+3} = 10^5$.
— Umgekehrt können wir den Exponenten einer potenzierten Zahl, die wir logarithmieren wollen, in Summanden zerlegen und die Logarithmen miteinander addieren:

$$\log x^y = \log x^{n+m} = n + m \tag{2.19}$$

Beispielsweise: $\log 10^5 = \log 10^{3+2} = 3 + 2 = 5$.
— Wir können den Exponenten einer potenzierten Zahl, die logarithmiert werden soll, vor den Logarithmus ziehen und mit dem Logarithmus der Zahl multiplizieren:

$$\log x^n = n \cdot \log x \tag{2.20}$$

Beispielsweise: $\log 10^3 = 3 \cdot \log 10 = 3 \cdot 1 = 3$.

Beispiel
Der pH-Wert einer Lösung ist rechnerisch der negative dekadische Logarithmus der Wasserstoffionenaktivität (bei verdünnten Lösungen oder starken Säuren dürfen wir auch mit der Konzentration statt der Aktivität rechnen).   ◄

2.2 Rechnen mit Vektoren

Manche physikalischen Größen haben nicht nur einen skalaren Wert, der aus einer Zahl und gegebenenfalls einer Einheit besteht, wie beispielsweise $m = 10\,\text{kg}$, sondern darüber hinaus eine Richtung. Wenn sich ein Körper bewegt, kommt es nicht nur darauf an, wie weit oder wie schnell er vorwärts kommt, oft müssen wir auch wissen, wo dieses „vorwärts" eigentlich ist. Solche Angaben können wir in einem **Vektor** vereinen.

- Ein **Skalar** besteht aus einem Zahlwert und eventuell einer Einheit.
  Beispiele: 10; 27,4; 13/19; π; 2,5 m; 3,7 J/(m s^2)
- Ein **Vektor** besitzt zusätzlich eine Richtung.
  Beispiele werden wir im Laufe dieses Abschnitts besprechen.

Zeichnerisch lässt sich ein Vektor am besten als Pfeil darstellen wie in Abb. 2.2 im Tipler gezeigt. Zeichnen wir ein Koordinatensystem so, dass dessen Ursprung am Beginn des Vektors liegt, können wir an der x- und der y-Achse ablesen, wie weit sich der Vektor in die jeweilige Richtung erstreckt. Weil er vom Ursprung auf einen Punkt in der Ebene deutet, bezeichnen wir ihn als **Ortsvektor.**

Wir haben zwei verschiedene **Schreibweisen,** um einen Vektor von einem Skalar (einer normalen Zahl mit oder ohne Einheit) zu unterscheiden:

- Mit einem kleinen Pfeil über dem Symbol: $\vec{r}$.
  Diese Möglichkeit ist bei handschriftlichen Rechnungen sinnvoll.
- Durch Fettdruck: $\boldsymbol{r}$.
  Diese Variante wird im Tipler verwendet, und wir benutzen sie in diesem Band.

Wollen wir den Wert eines Vektors angeben, gibt es auch dafür zwei äquivalente Schreibweisen:

- Wir schreiben die Koordinaten entlang jeder Achse des Koordinatensystems hintereinander, durch Leerzeichen, Kommas oder senkrechte Striche voneinander getrennt. Diese Schreibweise nennen wir Zeilenvektor.
  Beispiel: $\boldsymbol{r} = (3 \quad 4)$, $\boldsymbol{r} = (3,\ 4)$ oder $\boldsymbol{r} = (3|4)$.
- Für die Schreibweise als Spaltenvektor setzen wir die Koordinaten übereinander in eine Matrize.
  Beispiel: $\boldsymbol{r} = \begin{pmatrix} 3 \\ 4 \end{pmatrix}$.

Die **Länge eines Vektors** erhalten wir nach dem Satz des Pythagoras. Sie entspricht dem Betrag des Vektors:

$$|\boldsymbol{r}| = \left| \begin{pmatrix} x \\ y \end{pmatrix} \right| = \sqrt{x^2 + y^2} = \sqrt{\boldsymbol{r}^2} \tag{2.21}$$

Im Prinzip können sich Vektoren in beliebig viele Dimensionen erstrecken. Die Länge eines **dreidimensionalen Vektors** errechnet sich nach:

$$|\boldsymbol{r}| = \left| \begin{pmatrix} x \\ y \\ z \end{pmatrix} \right| = \sqrt{x^2 + y^2 + z^2} = \sqrt{\boldsymbol{r}^2} \tag{2.22}$$

Manchmal erleichtert es uns die Rechnung, wenn wir den Zahlenwert eines Vektors und seine Einheit voneinander trennen. Die Einheit trägt dann ein **Einheitsvektor,** der genau eine Einheit lang und im Tipler mit einem Dach über dem Symbol gekennzeichnet ist: $\hat{\boldsymbol{x}}$. In Abb. 2.2 im Tipler ist diese Trennung für die x- und die y-Achse durchgeführt. Liegt der Punkt etwa bei 3,5 cm nach rechts und 3,5 cm nach oben und ist der jeweilige Einheitsvektor genau 1 cm lang, dann müssten wir den x-Zahlenwert und den Einheitsvektor direkt hintereinander schreiben und mit der y-Komponente genauso verfahren:

$$\boldsymbol{r} = x\,\hat{\boldsymbol{x}} + y\,\hat{\boldsymbol{y}} \tag{2.23}$$

Manche Vektoren gelten aus physikalischen Gründen für einen ganz bestimmten Punkt im Raum, weshalb wir sie als **gebundene Vektoren** bezeichnen. Die elektrische Feldstärke ist solch ein gebundener Vektor, weil sie an verschiedenen Orten im Raum unterschiedlich stark ist und in verschiedene Richtungen weist. Zusammen

2

ergeben die Vektoren ein **Vektorfeld,** eben das elektrische Feld. Die Abb. 18.21 bis 18.25 im Tipler zeigen Schemazeichnungen des elektrischen Felds, in denen zwar nicht die Feldvektoren eingetragen sind, sondern Feldlinien, die entstehen, wenn man die Vektoren grafisch miteinander zu längeren Linien verschmelzen lässt.

Im Gegensatz zu gebundenen Vektoren dürfen wir **freie Vektoren** im Raum verschieben, weil es bei ihnen nicht auf die genaue Position ankommt. Bei einer Parallelverschiebung bleiben der Betrag und die Richtung des Vektors gleich, so-dass eigentlich alle Vektoren mit gleicher Länge und Ausrichtung den gleichen freien Vektor darstellen.

> **Beispiel**
> Viele physikalische Größen sind Vektorgrößen, darunter Weg, Geschwindigkeit, Impuls und Kraft aus der Mechanik, das elektrische und magnetische Feld sowie Lichtwellen.   ◄

Für das **Rechnen mit Vektoren** gelten besondere Rechenregeln, von denen wir uns die wichtigsten einmal ansehen werden.

Durch die **Multiplikation eines Vektors mit einem Skalar** wird der Betrag des Vektors verändert, also die Länge des Pfeils beeinflusst. Ist der skalare Faktor größer als 1, wird der Vektorpfeil länger, ist er kleiner, wird der Pfeil kürzer. Solange der Faktor positiv ist, behält er aber seine Richtung bei. Ein negativer Faktor dreht die Richtung des Pfeils um. Rechnerisch müssen wir jede Komponente des Vektors mit dem Faktor multiplizieren. Das Ergebnis ist wieder ein Vektor.

Beispiel:

$$3 \cdot \begin{pmatrix} 3{,}5 \\ 4 \end{pmatrix} = \begin{pmatrix} 3 \cdot 3{,}5 \\ 3 \cdot 4 \end{pmatrix} = \begin{pmatrix} 10{,}5 \\ 12 \end{pmatrix} \tag{2.24}$$

Die Multiplikation eines Vektors mit 1 verändert ihn nicht (neutrales Element). Nehmen wir den Vektor mit -1 mal, drehen wir nur seine Richtung um (inverses Element). Eine Multiplikation mit 0 ergibt auch bei Vektoren als Ergebnis 0.

Für die skalare Multiplikation gilt das Distributivgesetz, wonach wir bei Multiplikation von mehreren Skalaren mit einem Vektor oder einem Skalar mit mehreren Vektoren die Klammern ausmultiplizieren dürfen:

$$(a + b) \cdot \boldsymbol{r} = a \cdot \boldsymbol{r} + b \cdot \boldsymbol{r} \tag{2.25}$$

$$a \cdot (\boldsymbol{r} + \boldsymbol{s}) = a \cdot \boldsymbol{r} + a \cdot \boldsymbol{s} \tag{2.26}$$

Auch das Assoziativgesetz ist gültig, wenn nur eine der Größen ein Vektor ist:

$$(a \cdot b) \cdot \boldsymbol{r} = a \cdot (b \cdot \boldsymbol{r}) = b \cdot (a \cdot \boldsymbol{r}) \tag{2.27}$$

Die **Addition zweier Vektoren** ergibt ebenfalls einen neuen Vektor. Zeichnerisch setzen wir den zweiten Vektor mit seinem Anfangspunkt an die Spitze des ersten Vektors, wie es in Abb. 2.2 im Tipler zu sehen ist. Die beiden schwarzen Vektoren entlang der x- und y-Achse ergeben zusammen den roten Vektor. Rechnerisch addieren wir dafür die entsprechenden Komponenten:

$$\begin{pmatrix} 3{,}5 \\ 4 \end{pmatrix} + \begin{pmatrix} 2 \\ 7{,}4 \end{pmatrix} = \begin{pmatrix} 3{,}5 + 2 \\ 4 + 7{,}4 \end{pmatrix} = \begin{pmatrix} 5{,}5 \\ 11{,}4 \end{pmatrix} \tag{2.28}$$

Die Reihenfolge der Vektoren ist bei der Addition egal. Es gilt das Kommutativgesetz:

$$a + b = b + a \tag{2.29}$$

Außerdem dürfen wir uns nach dem Assoziativgesetz bei mehr als zwei zu addierenden Vektoren die Reihenfolge, in der wir die Rechnung durchführen, aussuchen:

$$(a + b) + c = a + (b + c) \tag{2.30}$$

Durch Addition eines **Verschiebevektors** zu einem Ortsvektor verschieben wir den Punkt, auf den der Ortsvektor zeigt, an eine andere Stelle. Abb. 2.3 im Tipler gibt hierfür ein Beispiel. Indem wir zum Ortsvektor r_1 den Verschiebevektor Δr addieren, wandert der Punkt P auf einen neuen Platz, von P_1 auf P_2. Der Ortsvektor r_2, den wir durch die Addition erhalten haben, weist auf diesen Punkt. Wir führen diese Prozedur durch, wenn wir Bewegungen durch Vektoren beschreiben wollen.

Häufig nutzen wir die Regeln zur Vektoraddition aber nicht, um mehrere Vektoren zu einem neuen Vektor zu kombinieren, sondern zur Zerlegung eines Vektors in verschiedene Komponenten. Ein Beispiel für solch eine **Vektorzerlegung** sehen wir in Abb. 2.35 im Tipler. Die Geschwindigkeit eines geworfenen Gegenstands können wir für jeden Punkt mit einem Vektor zeigen. Während der Flugphase ändert der Gegenstand durch die Gravitationskraft seine Richtung und seine Geschwindigkeit. Die Wirkung der Gravitation können wir berechnen. Allerdings zeigt sie lotrecht nach unten und wirkt deshalb nur auf die y-Komponente des Geschwindigkeitsvektors. Für die Berechnung der Flugbahn zerlegen wir deshalb den Geschwindigkeitsvektor in einen Vektor entlang der x-Achse und einen parallel zur y-Achse. In der Abbildung ist dies an mehreren Stellen durch die hellblauen Pfeile angedeutet. Addiert ergeben sie stets den zugehörigen dunkelblauen Geschwindigkeitsvektor. Den y-Komponenten-Vektor können wir nun mit dem jeweiligen Vektor für die Gravitation kombinieren – und schon beschreibt der Gegenstand einen schönen Bogen.

Beispiel
Vektoradditionen begegnen uns unter anderem bei Geschwindigkeiten, die zwei Komponenten haben wie in den Beispielen 2.6 und 2.10 im Tipler, bei Pendelschwingungen, bei Kreisbewegungen und besonders häufig beim gleichzeitigen Wirken mehrerer Kräfte, wie in Kap. 3 im Tipler.　　　　◄

Die **Multiplikation zweier Vektoren** ergibt das sogenannte **Skalarprodukt** oder innere Produkt. Mit ihm müssen wir arbeiten, wenn zwei Vektorgrößen zusammenwirken, wie beispielsweise bei der Arbeit W, die von der Kraft F und dem Weg s abhängt:

$$W = F \cdot s \tag{2.31}$$

Das Skalarprodukt ist kein Vektor, sondern ein Skalar – eine Zahl mit oder ohne zugehöriger Einheit.

Im Idealfall weisen beide Vektoren in die gleiche Richtung wie in Abb. 5.2(a) im Tipler. Meistens zeigen sie aber in mehr oder weniger voneinander abweichende Richtungen und schließen den Winkel θ zwischen sich ein. Dann gelten nur diejenigen Komponentenanteile, die beiden Vektoren gemeinsam sind. In Abb. 5.2(b) im Tipler wäre dies die Kraftkomponente entlang der x-Achse, wohingegen alle Kraftanteile in y-Richtung verfallen. Rechnerisch lösen wir dies, indem wir die Beträge der Vektoren mit dem Kosinus des Winkels multiplizieren:

2

$$W = |\boldsymbol{F}| \cdot |\boldsymbol{s}| \cdot \cos\theta \tag{2.32}$$

Allgemein formuliert ist das Skalarprodukt:

$$\boldsymbol{a} \cdot \boldsymbol{b} = |\boldsymbol{a}| \cdot |\boldsymbol{b}| \cdot \cos\theta \tag{2.33}$$

Oder in der Darstellung mit den einzelnen Komponenten (hier für drei Dimensionen):

$$\boldsymbol{a} \cdot \boldsymbol{b} = \begin{pmatrix} a_x \\ a_y \\ a_z \end{pmatrix} \cdot \begin{pmatrix} b_x \\ b_y \\ b_z \end{pmatrix} = a_x b_x + a_y b_y + a_z b_z \tag{2.34}$$

Gesprochen wird $\boldsymbol{a} \cdot \boldsymbol{b}$ als „a Punkt b".

Die Kosinusfunktion liefert uns zwei interessante Spezialfälle:

- Wenn die Vektoren in die gleiche Richtung weisen, ist der Winkel 0° und sein Kosinus 1. Das Skalarprodukt ist dann das Produkt der Beträge der Vektoren:

$$\boldsymbol{a} \cdot \boldsymbol{b} = |\boldsymbol{a}| \cdot |\boldsymbol{b}| \tag{2.35}$$

- Stehen die Vektoren senkrecht aufeinander, ist der Winkel 90°, und es gibt keine Komponenten, die in die gleiche Richtung weisen. Der Kosinus ist deshalb 0, und das Skalarprodukt ist ebenfalls gleich 0.

Für das Skalarprodukt gelten ebenfalls:
- das Kommutativgesetz ($\boldsymbol{a}\,\boldsymbol{b} = \boldsymbol{b}\,\boldsymbol{a}$),
- das Assoziativgesetz bei zwei Vektoren ($(n\,\boldsymbol{a})\,\boldsymbol{b} = \boldsymbol{a}\,(n\,\boldsymbol{b}) = n\,(\boldsymbol{a}\,\boldsymbol{b})$),
- das Distributivgesetz ($\boldsymbol{a}\,(\boldsymbol{b} + \boldsymbol{c}) = \boldsymbol{a}\,\boldsymbol{b} + \boldsymbol{a}\,\boldsymbol{c}$),
- aber nicht das Assoziativgesetz bei drei oder mehr Vektoren ($\boldsymbol{a}\,(\boldsymbol{b}\,\boldsymbol{c}) \neq (\boldsymbol{a}\,\boldsymbol{b})\,\boldsymbol{c}$).

Außerdem können wir die skalare Multiplikation nicht umkehren, weil es mehr als eine Kombination von Vektoren gibt, um ein Skalarprodukt zu erhalten. Rechnerisch haben wir deshalb keine Möglichkeit um festzustellen, ob eine bekannte Arbeit von einer kleinen Kraft geleistet wurde, die in die passende Richtung gewirkt hat, oder ob eine riesige Kraft am Werk war, von der nur ein kleiner Teil in die Arbeit geflossen ist.

> **Beispiel**
> Wir nutzen das Skalarprodukt häufig, wenn Arbeit nicht auf geradem, sondern auf einem schiefen oder krummen Weg erbracht wird. Beispiel 5.3 im Tipler beschreibt dies anhand einer Kiste, die über eine Rampe geschoben wird. Übung 5.1 im Tipler behandelt ein Teilchen, auf das während seiner Wanderung eine schräg einfallende Kraft wirkt. Obwohl die dabei eingesetzten Werte sehr groß sind, ist der Fall auch für uns relevant: Bei der Massenspektroskopie fliegen Ionen durch ablenkende elektrische Felder, die eine Kraft auf die Teilchen ausüben.   ◄

Ist ein Körper nicht frei beweglich im Raum, sondern an einem Punkt fixiert, wird er von einer Kraft nicht verschoben, sondern gedreht. Abb. 8.21 im Tipler demonstriert dies am Beispiel einer runden Scheibe, die sich im ihre Achse im Punkt O drehen kann. Die Kraft $\boldsymbol{F}$ greift in einem weiter außen liegenden Punkt an, den wir von O aus über den Vektor $\boldsymbol{r}$ erreichen. Im realen Leben begegnet uns solch eine Situation beispielsweise beim Reifenwechsel, wenn wir einen Drehmomentschlüssel verwenden, um die Muttern zu lösen oder festzuziehen. Von der Kraft $\boldsymbol{F}$ weist ein Teil in die Verlängerung von $\boldsymbol{r}$ und zerrt damit nutzlos an der Achse. Diese radiale Komponente $\boldsymbol{F_r}$ verpufft gewissermaßen. Die Rotation wird nur vom tangentialen

Kraftanteil $\boldsymbol{F_t}$ angetrieben, und der kann umso stärker wirken, je weiter außen er ansetzt. Es ist wie beim Hebel: Je länger der Hebelarm ist, desto mehr Effekt hat die eingesetzte Kraft. Die Kombination von wirkungsvollem Kraftanteil und Abstand ergibt das Drehmoment $\boldsymbol{M}$, das Rotations-Pendant zur Kraft bei einer geradlinigen Bewegung. Wir erhalten es über das Vektorprodukt der beiden Vektoren.

Das **Vektorprodukt**, äußere Produkt oder Kreuzprodukt zweier Vektoren ist ein neuer Vektor, der senkrecht auf den beiden Ausgangsvektoren steht (Abb. 8.23 und 8.24 im Tipler). Es wird durch ein Kreuz symbolisiert:

$$\boldsymbol{a} \times \boldsymbol{b} = \boldsymbol{c} \tag{2.36}$$

Gesprochen wird diese Schreibweise als „a Kreuz b".

Für unser Beispiel mit dem Drehmoment ist das Vektorprodukt:

$$\boldsymbol{M} = \boldsymbol{r} \times \boldsymbol{F} \tag{2.37}$$

Das Vektorprodukt hat folgende Eigenschaften:

- Es steht senkrecht auf den Vektoren, aus denen es hervorgegangen ist.
- Die Ausgangsvektoren und ihr Vektorprodukt bilden ein sogenanntes Rechts-system wie beispielsweise das Koordinatensystem mit x-, y- und z-Achse.
- Sein Betrag ist $|\boldsymbol{c}| = |\boldsymbol{a} \times \boldsymbol{b}| = |\boldsymbol{a}| \cdot |\boldsymbol{b}| \cdot \sin\theta$, wobei θ der Winkel zwischen $\boldsymbol{a}$ und $\boldsymbol{b}$ ist.

An der Regel für den Betrag sehen wir, dass das Vektorprodukt gleich 0 ist, wenn …

- einer der Ausgangsvektoren oder beide gleich 0 sind oder
- die Ausgangsvektoren parallel ($\theta = 0°$) oder antiparallel ($\theta = 180°$) zueinander verlaufen.

In unserem Beispiel und Abb. 8.21 im Tipler trifft die zweite Bedingung für den radialen Kraftanteil $\boldsymbol{F_r}$ zu. Der erste Punkt wäre gegeben, wenn es gar keine Kraft gäbe ($\boldsymbol{F} = 0$) oder sie direkt an der Rotationsachse ($\boldsymbol{r} = 0$) ansetzen würde.

Am größten ist das Vektorprodukt, wenn die Ausgangsvektoren ebenfalls senkrecht aufeinander stehen, θ also gleich 90° ist.

Bezüglich der Rechenregeln unterscheidet sich das Vektorprodukt in einem wichtigen Punkt vom Skalarprodukt: Beim Vektorprodukt kommt es auf die Reihenfolge an, in welcher die Vektoren stehen. Im Einzelnen gilt:

- Das Kommutativgesetz trifft nicht für das Vektorprodukt zu! Drehen wir die Reihenfolge der Vektoren um, zeigt das entstehende Vektorprodukt in die entgegengesetzte Richtung. Wir bezeichnen dies als das alternative Gesetz: $\boldsymbol{a} \times \boldsymbol{b} = -(\boldsymbol{b} \times \boldsymbol{a})$.
- Das Assoziativgesetz ist für die Multiplikation mit einem Skalar gültig: $(n\,\boldsymbol{a}) \times \boldsymbol{b} = \boldsymbol{a} \times (n\,\boldsymbol{b}) = n\,(\boldsymbol{a} \times \boldsymbol{b})$.
- Ebenso gilt das Distributivgesetz: $\boldsymbol{a} \times (\boldsymbol{b} + \boldsymbol{c}) = \boldsymbol{a} \times \boldsymbol{b} + \boldsymbol{a} \times \boldsymbol{c}$.

Auch die vektorielle Multiplikation können wir nicht umdrehen, um auf die Ausgangsvektoren oder den Winkel zwischen ihnen zu schließen, da stets mehrere Kombinationen zu einem Vektorprodukt führen.

In Komponentenschreibweise errechnen wir das Vektorprodukt nach:

$$\boldsymbol{c} = \boldsymbol{a} \times \boldsymbol{b} = \begin{pmatrix} a_1 \\ a_2 \\ a_3 \end{pmatrix} \times \begin{pmatrix} b_1 \\ b_2 \\ b_3 \end{pmatrix} = \begin{pmatrix} c_1 \\ c_2 \\ c_3 \end{pmatrix} = \begin{pmatrix} a_2 b_3 - a_3 b_2 \\ a_3 b_1 - a_1 b_3 \\ a_1 b_2 - a_2 b_1 \end{pmatrix} \tag{2.38}$$

2

> **Beispiel**
> Das Vektorprodukt tritt bei vielen Größen in Zusammenhang mit Drehungen auf. Dazu gehört unter anderem auch der Bahndrehimpuls des Elektrons auf seiner Bahn um den Atomkern. Er macht sich in der energetischen Feinstruktur des Atoms bemerkbar.   ◄

Neben Vektoren, deren Komponenten aus Skalaren bestehen, gibt es auch Vektoren, bei denen sich die Werte der Komponenten mit der Zeit oder im Raum verändern. Als Komponenten begegnen uns dann Funktionen:

$$r = \begin{pmatrix} r_1(t) \\ r_2(t) \\ r_3(t) \end{pmatrix} \tag{2.39}$$

Mit solchen **Vektorfunktionen** können wir Kurven in Raum oder Zeit beschreiben, beispielsweise die Flugbahn eines Gegenstands beim schiefen Wurf (Abb. 2.40 im Tipler) oder die Schwingung eines Pendels (Abb. 2.43 im Tipler). Auch das elektrische und das magnetische Feld des Lichts lassen sich auf diese Weise angeben (Abb. 27.12). Im Tipler und in diesem Buch benutzen wir meistens jedoch die gewohntere Methode, den Betrag und den Winkel des Vektors zu trennen und einzeln zu behandeln.

Sind wir gezwungen, eine Vektorfunktion abzuleiten, müssen wir die einzelnen Komponenten ableiten:

$$\frac{dr(t)}{dt} = \begin{pmatrix} \frac{dr_1}{dt} \\ \frac{dr_2}{dt} \\ \frac{dr_3}{dt} \end{pmatrix} \tag{2.40}$$

> **Beispiel**
> Der Poynting-Vektor S einer elektromagnetischen Welle wie beispielsweise Licht benutzt das Vektorprodukt aus dem elektrischen Feldvektor E und dem magnetischen Feldvektor B:
> $$S = \frac{E \times B}{\mu_0} \tag{2.41}$$
> Sowohl die elektrische als auch die magnetische Feldstärke oszillieren mit der Zeit. Deshalb müssen wir den mittleren Betrag des Poynting-Vektors bestimmen und erhalten so die Intensität der Welle, während die Richtung des Vektors anzeigt, wohin sich die Welle ausbreitet.   ◄

2.3 Rechnen mit Winkeln

Tipler
Abschn. 41.8 *Trigonometrie und Vektoren* sowie Beispiel 41.9

Sobald wir einen physikalischen Prozess nicht mehr in nur einer Dimension betrachten können, stoßen wir in den Gleichungen auf Winkelangaben. Beim Rechnen müssen wir aufpassen, denn Winkel können in unterschiedlichen **Winkelmaßen** angegeben werden:
- Im **Gradmaß** hat der Winkel die Einheit Grad mit dem Symbol °. Eine volle Drehung hat 360°. Kleinere Unterteilungen geben wir mit gewöhnlichen

Nachkommastellen oder in Minuten (′) und Sekunden (″) an, wobei 60 min ein Grad sind und 60 s eine Minute:

$$1° = 60′ = 3600″$$
$$45°13′45″ = 45{,}22917°$$

Das Gradmaß ist das gewohnte Winkelmaß. Auf dem Taschenrechner ist es häufig durch die Einstellung *DEG* gekennzeichnet.

In der Physik sind viele Formeln aber auf das **Bogenmaß** mit der Einheit Radiant und dem Symbol rad ausgelegt. Das Symbol wird dabei häufig einfach weggelassen. Außerdem wird der Winkel meist als Vielfaches von π angegeben. Eine volle Umdrehung hat im Bogenmaß 2π rad (oder kurz: 2π). Die Umrechnung von Gradmaß in Bogenmaß erfolgt nach:

$$\text{Winkel in rad} = \text{Winkel in }° \cdot \frac{2\pi\,\text{rad}}{360°} \qquad (2.42)$$

Für Rechnungen im Winkelmaß müssen wir unseren Taschenrechner umstellen auf *RAD*. Sonst gibt es falsche Ergebnisse!

Zum Vergleich einige Werte in Gradmaß und Bogenmaß:

$$360° = 2\pi\,\text{rad}$$
$$1° = 0{,}017\,\text{rad}$$
$$1\,\text{rad} = 57{,}3°$$
$$1\pi\,\text{rad} = 180°$$
$$\sin(2\pi\,\text{rad}) = 0$$
$$\sin(2\pi)° = 0{,}109$$
$$\sin(\pi\,\text{rad}) = 0$$
$$\sin(\pi)° = 0{,}055$$
$$\sin\left(\frac{\pi}{2}\,\text{rad}\right) = 1$$
$$\sin\left(\frac{\pi}{2}\right)° = 0{,}027$$

Wir sehen, dass es für die trigonometrischen Funktionen wie Sinus einen deutlichen Unterschied macht, ob wir einen Winkel im Gradmaß oder Bogenmaß eingeben.

Viele Rechenregeln für **trigonometrische Funktionen,** darunter die Identitäten aus Tab. 41.2, stammen aus einer Zeit, als es noch keine Taschenrechner gab und die Werte mühselig aus Tabellen abgelesen werden mussten. Aber auch heute noch sind einige dieser Zusammenhänge und Vereinfachungen nützlich, um Ergebnisse schnell im Kopf überschlagsmäßig zu überprüfen oder Formeln zu vereinfachen.

Wir merken uns am besten folgende Ergebnisse von trigonometrischen Funktionen:

$$\sin 30° = 0{,}5 \qquad (2.43)$$

$$\sin 45° = \cos 45° = \frac{1}{\sqrt{2}} = 0{,}707 \qquad (2.44)$$

$$\tan 45° = 1 \qquad (2.45)$$
$$\cos 60° = 0{,}5 \qquad (2.46)$$

Viele Gleichungen können wir durch die **Kleinwinkelnäherung** bedeutend vereinfachen, wenn wir dafür eine minimale Abweichung in Kauf nehmen. Wir müssen dafür allerdings Winkel im Bogenmaß angeben. Dann gilt näherungsweise für kleine Winkel θ:

2

$$\sin \theta \approx \theta \qquad\qquad\qquad (2.47)$$

$$\tan \theta \approx \theta \qquad\qquad\qquad (2.48)$$

$$\tan \theta \approx \sin \theta \qquad\qquad\qquad (2.49)$$

$$\cos \theta \approx 1 \qquad\qquad\qquad (2.50)$$

Abb. 41.19 zeigt den Verlauf der Sinus- und Tangenskurve im Vergleich zum zugehörigen Winkel. Wenn wir einen Fehler von einem Prozent akzeptieren, gelten die Kleinwinkelnäherungen bis zu einem Winkel von 1/4 rad (was ungefähr 15° entspricht). Auf diese Weise können wir die sperrigen Sinus-, Kosinus- und Tangensfunktionen aus zahlreichen Formeln „herausnähern".

Schließlich sollten wir den Verlauf der trigonometrischen Funktionen im Kopf haben. Abb. 41.21 zeigt die Graphen. Für uns sind vor allem die Sinus- und Kosinusfunktion interessant:

- Die Sinusfunktion hat den Wert 0 bei Winkeln von 0° (0 rad) und 180° (π rad). Das Maximum von +1 erreicht sie bei 90° ($\pi/2$ rad), ihr Minimum von −1 bei 270° ($3/2\,\pi$ rad).
- Die Kosinusfunktion ist dagegen um −90° ($\pi/2$ rad), also nach links, verschoben. Sie hat bei 0° (0 rad) ihr Maximum von +1, und das Minimum bei 180° (π rad). Die Nulldurchgänge liegen bei 90° ($\pi/2$ rad) und 270° ($3/2\,\pi$ rad). Der Kosinus ist folglich immer dann extrem, wenn der Sinus durch 0 geht, und umgekehrt.

Beispiel

Besonders häufig wird uns die Kleinwinkelnäherung begegnen, wenn wir im Rahmen der geometrischen Optik die Wege von Lichtstrahlen verfolgen. Gleichungen wie das Brechungsgesetz lassen sich damit für Lichtstrahlen, die in einem kleinen Winkel einfallen, bedeutend vereinfachen. ◄

2.4 Keine Angst vor Funktionen

Funktionen sind die beste Methode, um das Verhalten der Natur zu beschreiben. Sie machen nach dem *Wenn-dann*-Prinzip exakte Aussagen über das, was unter bestimmten Bedingungen passieren wird. Das *Wenn* steht dabei meistens rechts vom Gleichheitszeichen und enthält eine Variable, die verschiedene Werte annehmen kann. Die linke Seite verrät uns mit dem Funktionswert, was geschieht, wenn die Variable diesen Wert hat.

Mit einem Beispiel wird das Wechselspiel klarer: Im Teil zur Thermodynamik werden wir erfahren, dass die Geschwindigkeit der Wärmebewegung eines Teilchens $v_{|\text{rms}}$ von der absoluten Temperatur T abhängt:

$$v_{|\text{rms}} = \sqrt{\frac{3\,k_B\,T}{m}} \qquad\qquad\qquad (2.51)$$

k_B ist die Boltzmann-Konstante, die wie alle Konstanten in Gleichungen unter allen Bedingungen den gleichen Wert hat. Die Aufgabe der Konstanten in physikalischen Formeln besteht darin, den Zahlenwert, die Einheit und die Dimensionen der Größen auf beiden Seiten des Gleichheitszeichens aneinander anzugleichen. Die Boltzmann-Konstante tut dies, indem sie dafür sorgt, dass die Wurzel aus dem Bruch einer Temperatur in der Einheit Kelvin (K) und einer Masse in der Einheit Kilogramm (kg) zu einer Geschwindigkeit in der Einheit Meter pro Sekunde (m/s) wird. Um das zu bewältigen, hat sie selbst die Einheit Kilogramm mal Quadratmeter durch Sekundenquadrat und Kelvin $(kg \cdot m^2)/(s^2 \cdot K)$. Die Kilogramm sind wegen der Masse m des Teilchens notwendig.

In der Gleichung ist also die Temperatur der Wert für das *Wenn,* von dem die Geschwindigkeit als *Dann* abhängt. Damit ist $v_{|rms}$ von T abhängig, und wir müssten eigentlich $v_{|rms}(T)$ schreiben, aber den Klammerausdruck sparen wir uns in der Physik meistens.

Betrachten wir nun ein konkretes Teilchen, wie es in der Chemie allgegenwärtig ist: Wasser. Die Masse eines Wassermoleküls liegt bei $m = 3 \cdot 10^{-26}$ kg. Solange wir von Wasser reden, ist dieser Wert ebenfalls konstant, denn das Wasser wird nicht schwerer oder leichter. Seine Masse ist deshalb keine Variable, die sich ständig ändern darf, sondern ein Parameter, der einmal eingestellt wird und dann fix ist.

Wir haben damit drei Arten von Größen, die uns in physikalischen Gleichungen begegnen können:

- Die **(Natur-)Konstanten** sind unumstößlich und immer gleich. Sie passen Zahlenwerte, Einheiten und Dimensionen an.
- **Parameter** passen die Funktion an spezielle Voraussetzungen an, sind unter den gewählten Bedingungen aber ebenfalls konstant.
- Über die **Variablen** nehmen wir die Feinabstimmung innerhalb der Bedingungen vor, die von den Parametern vorgegeben wird.

Damit sind wir soweit, dass wir mit unserer Funktion die Geschwindigkeit des Wassermoleküls für verschiedene Temperaturen berechnen können. Wir setzen die Werte der Konstanten und Parameter in die Gleichung ein und wählen dann einige Temperaturen als Beispiele aus. Damit die *Wenn-dann*-Beziehung deutlicher wird, tauschen wir dieses Mal die beiden Seiten der Gleichung aus:

Wenn ... dann ...

$$\sqrt{\frac{3 k_B T}{m}} = v_{|rms}$$

$$\sqrt{\frac{3 \cdot 1{,}381 \cdot 10^{-23} (kg \cdot m^2)/(s^2 \cdot K) \cdot T}{3 \cdot 10^{-26} kg}} = v_{|rms}$$

Wenn $T = 298$ K $(25\,°C)$ ist, dann hat Wasser die Geschwindigkeit:

$$\sqrt{\frac{3 \cdot 1{,}381 \cdot 10^{-23} (kg \cdot m^2)/(s^2 \cdot K) \cdot 298\,K}{3 \cdot 10^{-26} kg}} = 642\,m/s$$

Wenn $T = 373$ K $(100\,°C)$ ist, dann hat Wasser die Geschwindigkeit:

$$\sqrt{\frac{3 \cdot 1{,}381 \cdot 10^{-23} (kg \cdot m^2)/(s^2 \cdot K) \cdot 373\,K}{3 \cdot 10^{-26} kg}} = 718\,m/s$$

Ja, die Wärmebewegungen von Wasser sind tatsächlich so schnell!

Wichtiger ist aber, dass wir mit einer Funktion jeden beliebigen Wert für die *Wenn*-Annahme einsetzen können und das entsprechende *Dann* erhalten – solange wir uns im Rahmen der Bedingungen halten, für welche die Formel gültig ist. Für gefrorenes Wasser, in dem die Moleküle fest im Kristallgitter verankert sind, gilt unsere Gleichung nämlich nicht mehr. Wenn wir mit physikalischen Gleichungen rechnen, müssen wir deshalb die physikalischen Grenzen der Formeln kennen. Nicht alles, was mathematisch berechenbar ist, ergibt physikalisch einen Sinn!

Bewegen wir uns im Gültigkeitsbereich der Gleichung, können wir uns die Arbeit erleichtern und die Funktion in einen grafischen Taschenrechner oder einen Computer eingeben und ihn so viele Variablen einsetzen lassen, wie wir möchten. Als Ergebnis erhalten wir eine Kurve, in welcher auf der x-Achse die Variable angezeigt wird und auf der y-Achse der zugehörige Funktionswert. So erkennen wir auf einen Blick welches *Dann* wir in etwa bei welchem *Wenn* zu erwarten haben.

2

Tipler

Abschn. 41.11 *Differenzialrechnung* und Beispiel 41.12

2.5 Funktionen ableiten

In vielen Fällen interessieren wir uns nicht nur für einen Funktionswert, sondern für den Vergleich von zwei Werten, die sich bei verschiedenen Einstellungen der Variablen ergeben. Das Weg-Zeit-Diagramm in Abb. 2.5 im Tipler gibt uns beispielsweise an, wie weit ein Objekt zu jedem Zeitpunkt t vom Startpunkt entfernt ist. Anfangs nimmt die Distanz schnell zu, dann langsamer, und schließlich wird sie sogar wieder kleiner. Wenn wir diese Beobachtung quantitativ ausdrücken wollen, müssen wir mehrere Zeiten und die dazugehörigen Entfernungen miteinander vergleichen. Für größere Schritte können wir dies machen, indem wir gemessene oder abgelesene Unterschiede in der Zeit (Δt) und in der Strecke (Δs) aufeinander beziehen:

$$\frac{\Delta s}{\Delta t} \tag{2.52}$$

Sobald wir aber feine Nuancen erkennen oder sogar das Verhältnis der Größen zu einem ganz bestimmten Wert der Variablen genau wissen wollen, müssen wir die Schrittweite der Variablen unendlich klein werden lassen ($\Delta t \to 0$) und die Funktion ableiten (ds/dt):

$$\lim_{\Delta t \to 0} \frac{\Delta s}{\Delta t} = \frac{ds}{dt} = s'(t) \tag{2.53}$$

Die Ableitung ergibt die Steigung der Kurve im jeweiligen Punkt. Bei einem Weg-Zeit-Diagramm entspricht sie der momentanen Geschwindigkeit des Objekts.

Für das Ableiten von Funktionen gibt es einige **Rechenregeln,** die wir unter bestimmten Voraussetzungen anwenden müssen:

— Konstanten, mit denen eine Funktion multipliziert wird, werden nicht abgeleitet. Wir dürfen sie einfach vor die Gleichung ziehen:

$$(a \cdot f(x))' = a \cdot f'(x) \tag{2.54}$$

Beispiel:

$$f(x) = 5 \cdot x^2$$
$$f'(x) = 5 \cdot 2 \cdot x = 10 \cdot x$$

— Werden zwei Funktionen addiert (oder subtrahiert) und dann abgeleitet, können wir sie auch erst ableiten und dann addieren (oder subtrahieren):

$$(f(x) \pm g(x))' = f'(x) \pm g'(x) \tag{2.55}$$

Beispiel:

$$(x^2 + x^3)' = (x^2)' + (x^3)' = 2 + 3\,x^2$$

— Werden zwei Funktionen miteinander multipliziert und dann abgeleitet, wird jede Funktion mit der Ableitung der anderen multipliziert und dann beide Zwischenergebnisse addiert (Produktregel):

$$(f(x) \cdot g(x))' = f'(x)\,g(x) + f(x)\,g'(x) \tag{2.56}$$

Beispiel:

$$(x^2 \cdot x^3) = 2\,x \cdot x^3 + x^2 \cdot 3\,x^2 = 2\,x^4 + 3\,x^4 = 5\,x^4$$

— Werden zwei Funktionen durcheinander geteilt und dann abgeleitet, gilt die Quotientenregel:

$$\left(\frac{f(x)}{g(x)}\right)' = \frac{f'(x)\,g(x) - f(x)\,g'(x)}{g^2(x)} \qquad (2.57)$$

Beispiel:

$$\left(\frac{x^5}{x^2}\right)' = \frac{5\,x^4 \cdot x^2 - x^5 \cdot 2\,x}{x^4} = 3\,x^2$$

Wichtig ist der Spezialfall, in dem wir den Kehrwert einer Funktion ableiten:

$$\left(\frac{1}{f(x)}\right)' = -\frac{f'(x)}{f^2(x)} \qquad (2.58)$$

Beispiel:

$$\left(\frac{1}{x^5}\right)' = -\frac{5\,x^4}{x^{10}} = -\frac{5}{x^6}$$

Dabei darf die Funktion natürlich nicht 0 ergeben.

- Die Kettenregel wenden wir an, wenn zwei Funktionen ineinander verschachtelt sind. Wir leiten die innere und die äußere Funktion ab, wobei wir beim Ableiten der äußeren Funktion so tun, als wäre die innere Funktion insgesamt eine einzige Variable. Die Ableitungen werden anschließend miteinander multipliziert:

$$f'(x(t)) = f'(x) \cdot x'(t) \qquad (2.59)$$

Beispiel:

$$f(x(t)) = (t^2 + 2)^3$$
$$x(t) = t^2 + 2 \qquad \text{(innere Funktion)}$$
$$x'(t) = 2\,t \qquad \text{(Ableitung der inneren Funktion)}$$
$$f(x) = x^3 \qquad \text{(äußere Funktion)}$$
$$f'(x) = 3\,x^2 \qquad \text{(Ableitung der äußeren Funktion)}$$
$$f'(x(t)) = 2\,t \cdot 3\,x^2 = 2\,t \cdot 3\,(t^2+2)^2 = 6\,t\,(t^2+2)^2$$
$$= 6\,t\,(t^4 + 4\,t^2 + 4) = 6\,(t^5 + 4\,t^3 + 4t) = 6\,t^5 + 24\,t^3 + 24\,t$$

Einige Funktionen haben **besondere Ableitungen:**

- Die Ableitung einer Konstanten ist gleich 0:

$$f = C$$
$$f' = 0$$

- Bei den Ableitungen von Sinus- und Kosinusfunktionen tauschen wir die Funktion. Die Ableitung vom Kosinus ändert außerdem das Vorzeichen:

$$\sin' x = \cos x \qquad (2.60)$$
$$\cos' x = -\sin x \qquad (2.61)$$

- Die e-Funktion ändert sich nicht durch die Ableitung. Eine Konstante c im Exponenten kommt wegen der Kettenregel als Faktor zusätzlich vor die e-Funktion:

$$f(x) = \mathrm{e}^{cx} \qquad (2.62)$$
$$f'(x) = c \cdot \mathrm{e}^{cx} \qquad (2.63)$$

2

— Die Ableitung des natürlichen Logarithmus ist der Kehrwert der Variablen. Etwaige Konstanten c im Argument des Logarithmus verfallen wegen der Kettenregel bei der Ableitung:

$$f(x) = \ln(cx) \tag{2.64}$$

$$f'(x) = \frac{1}{x} \tag{2.65}$$

Für den dekadischen Logarithmus müssen wir den Umrechnungsfaktor berücksichtigen:

$$f(x) = \log(cx) \tag{2.66}$$

$$f'(x) = \frac{1}{x \cdot \ln 10} \approx \frac{1}{x \cdot 2{,}3} \tag{2.67}$$

Beispiel
Die Ableitung einer physikalischen Größe nach einer Variablen ist häufig eine neue physikalische Größe. Beispielsweise ist Geschwindigkeit die Ableitung des Weges nach der Zeit, und Beschleunigung ist die Ableitung der Geschwindigkeit nach der Zeit. Kraft können wir als das Produkt aus Masse und Beschleunigung auffassen. Sie ist aber auch die Ableitung des Impulses nach der Zeit und damit anschaulich die Geschwindigkeit, mit welcher der Impuls bei einem Stoß übertragen wird. ◄

2.6 Funktionen integrieren

Tipler
Abschn. 41.12 *Integralrechnung* sowie Beispiel 41.14

Die Integration ist die Umkehrung der Ableitung. Indem wir eine Funktion integrieren, sammeln wir all die winzig kleinen Änderungen zusammen, bis sie einen erkennbaren Unterschied ergeben. So setzt sich der elektrische Strom, der durch eine Fläche fließt, aus den unzähligen kleinen Teilströmen zusammen, die durch die unendlich kleinen Flächenelemente führen (Abb. 22.3 im Tipler). Um ihn zu berechnen, müssen wir diese Flächenelemente aufaddieren, was mathematisch einer Integration über die große Fläche entspricht.

❯ Wichtig
Wir integrieren eine Funktion, wenn wir eine Gleichung für infinitesimal kleine Änderungen kennen und die Auswirkungen im größeren Maßstab untersuchen wollen. ◄

Die Vorgehensweise folgt im Prinzip immer dem gleichen Muster:
1. Für das Sammeln durch Integrieren benötigen wir zunächst eine Funktion, die einen Zusammenhang zwischen den Größen, die uns interessieren, bietet. Beispielsweise ist das Produkt aus dem Druck p und dem Volumen V eines Gases konstant, solange wir kein Gas ablassen oder nachfüllen:

$$p \cdot V = konst.$$

2. Als nächstes setzen wir fest, welche Variable wir ändern wollen und auf welche Größe sich das auswirken wird.
Im Beispiel können wir das Volumen ein kleines bisschen um $\mathrm{d}V$ ändern, wenn wir ein wenig Arbeit $\mathrm{d}W$ investieren:

$$\mathrm{d}W = p\,\mathrm{d}V$$

3. Anschließend bestimmen wir den Anfangspunkt und den Endpunkt des Prozesses.
   Unser Volumen soll beispielsweise von V_A auf V_E gebracht werden.

4. Wir stellen die Gleichung so auf, dass auf der einen Seite die abhängige Größe steht und auf der anderen die Variable. Vor letztere stellen wir das Integralsymbol mit den Angaben der Ober- und Untergrenze. Damit markieren wir unseren Sammelbereich:

$$W = \int_{V_A}^{V_E} p\,\mathrm{d}V \qquad\qquad\qquad \textbf{(2.68)}$$

5. Jetzt suchen wir eine sogenannte Stammfunktion zu unserer Gleichung. Eine Stammfunktion ergibt beim Ableiten genau die zugehörige Funktion. Tab. 41.6 im Tipler listet eine Reihe wichtiger Stammfunktionen für Integrale ohne Grenzen – die unbestimmten Integrale – auf. Für ein bestimmtes Integral mit Grenzen müssen wir zusätzlich die Rechnung „Obergrenze minus Untergrenze" durchführen.
   Unsere Beispielformel passt zum obersten unbestimmten Integral in der Liste:

$$\int A\,\mathrm{d}t = A\,t \qquad (A \text{ steht für eine Konstante.})$$

$$\int p\,\mathrm{d}V = p\,V \qquad (p \text{ entspricht } A \text{ und } V \text{ entspricht } t.)$$

$$W = \int_{V_A}^{V_E} p\,\mathrm{d}V \qquad (\text{Bestimmtes Integral mit Grenzen.})$$

$$W = p\,V_E - p\,V_A = p\,\Delta V \qquad (\text{„Obergrenze minus Untergrenze.")}$$

Mit der integrierten Formel können wir die messbare Änderung berechnen.

Beispiel
Integration ist eine häufige mathematische Operation in der Physik. Vor allem bei Prozessen, die nahe am Gleichgewichtszustand ablaufen müssen, sind nur winzige Manipulationen erlaubt. Beispielsweise bei der Änderung der Entropie durch zugeführte Wärme. Auch wenn wir wie bei den Atomorbitalen mit Wahrscheinlichkeiten rechnen, addieren wir per Integral über unendlich viele Raumelemente.   ◄

2.7 Einfache Differenzialgleichungen

Bei einer ganzen Reihe physikalischer und chemischer Prozesse bestimmt nicht nur der Wert einer Größe den Verlauf, sondern auch die zeitliche oder räumliche Änderung dieser Größe. Mathematisch gesprochen enthält die Gleichung dann neben der Variablen auch die Ableitung einer Funktion, die von dieser Variablen abhängig ist. Wir sprechen von einer **gewöhnlichen Differenzialgleichung**.

Der Tipler zeigt die Vorgehensweise beim Aufstellen und Lösen derartiger Differenzialgleichungen am Beispiel des radioaktiven Zerfalls und des Wachstums einer Population. Deshalb gehen wir die einzelnen Schritte hier am Beispiel der Kinetik einer einfachen chemischen Reaktion durch: Die Spaltung von Distickoxid in Sauerstoff und Stickstoff:

$$2\,N_2O \;\rightarrow\; O_2 + 2\,N_2$$

Tipler
Abschn. 41.11 *Differenzialrechnung* und
Beispiel 41.13

2

Der Prozess läuft mit der reaktionsspezifischen Geschwindigkeitskonstanten k ab. Die Geschwindigkeit v der Reaktion entspricht dann der Geschwindigkeit, mit der sich die Konzentration des Ausgangsstoffs ändert. Je mehr Substanz vorhanden ist, desto mehr wird pro Zeiteinheit gespalten:

$$v = -\frac{1}{2} \frac{d[N_2O]}{dt} = k \cdot [N_2O]$$

Der Faktor 1/2 sorgt dafür, dass wir im Endergebnis die Geschwindigkeit für ein Mol Ausgangssubstanz erhalten, da wir nach der Reaktionsgleichung pro Formeldurchsatz zwei Mol reagieren lassen. Das Minus als Vorzeichen gibt an, dass die Konzentration im Laufe der Reaktion abnimmt.

In dieser Gleichung sind die Variable $[N_2O]$ und ihre Ableitung nach der Zeit $d[N_2O]/dt$ enthalten, es handelt sich deshalb um eine Differenzialgleichung. Wenn wir eine Formel haben möchten, die den Verlauf der Reaktion in der Zeit wiedergibt, müssen wir nach einer Funktion suchen, die sich in die Gleichung einsetzen lässt, sodass das Gleichheitszeichen immer noch stimmt – wir brauchen eine Lösung der Differenzialgleichung.

Für die **Lösung gewöhnlicher Differenzialgleichungen erster Ordnung** (nur die erste Ableitung kommt vor) gibt es ein allgemein gültiges Schema:

1. Im ersten Schritt müssen wir die Differenzialgleichung aufstellen. Dabei erhalten wir auf einer Seite vom Gleichheitszeichen die Ableitung mit der Variablen, die sich verändert, und auf der anderen Seite einen Term, in dem die Variable in Reinform vorkommt:

$$-\frac{1}{2} \frac{d[N_2O]}{dt} = k \cdot [N_2O]$$

2. Es folgt die Trennung der Variablen: Wir formen die Gleichung um, sodass links vom Gleichheitszeichen nur die Änderung der Variablen ($d[N_2O]$) alleine steht, und die Änderung der Größe, von welcher die Variable abhängt (dt), rechts bei der übrigen Formel auftaucht:

$$d[N_2O] = -2\,k \cdot [N_2O]\,dt$$

3. Eine Differenzialgleichung in dieser Form hat als Lösung eine Exponentialfunktion:

$$[N_2O] = [N_2O]_0 \cdot e^{-2kt} \tag{2.69}$$

Darin ist $[N_2O]_0$ die Anfangskonzentration an Distickoxid und $[N_2O]$ die Konzentration zum Zeitpunkt t.

Allgemein müssen wir für die Lösungsfunktion folgende Schritte ausführen:

a) Auf der linken Seite der Gleichung fällt das vorgestellte d weg.
b) Dafür erscheint auf der rechten Seite der Anfangswert der veränderlichen Größe. Er ist durch eine tiefgestellte 0 markiert.
c) Die Variable und die mit ihr durch Multiplikation oder Division verknüpften Faktoren werden mitsamt Vorzeichen Exponenten einer neuen e-Funktion, die mit dem Anfangswert multipliziert wird.

Für eine allgemeine Größe A, die sich mit der Zeit t verändert, lautet die Lösungsfunktion damit:

$$A = A_0 \cdot e^{-kt} \quad \text{(wenn der Wert fällt)} \tag{2.70}$$

$$A = A_0 \cdot e^{+kt} \quad \text{(wenn der Wert steigt)} \tag{2.71}$$

Wir können mit dieser Gleichung für jeden beliebigen Zeitpunkt berechnen, wie viel Ausgangssubstanz noch vorhanden ist. Lassen wir uns vom Computer eine Kurve zeichnen, bekommen wir einen Verlauf wie in Abb. 41.25 im Tipler. Eine ansteigende Kurve wie in Abb. 41.26 erhalten wir für Prozesse, bei denen die berechnete Größe zunimmt. In unserem Beispiel würden die Konzentrationen von Sauerstoff und Stickstoff so verlaufen. Wie schnell die Werte abfallen oder ansteigen, hängt dabei von der jeweiligen Geschwindigkeitskonstanten k und ggf. den weiteren Faktoren ab, die im Exponenten der e-Funktion stehen.

Im Beispiel haben wir eine Differenzialgleichung erster Ordnung behandelt, da die Ausgangsgleichung nur die erste Ableitung enthielt. Kommt auch die zweite Ableitung vor, handelt es sich um eine Differenzialgleichung zweiter Ordnung usw. Je höher die Ordnung ist, desto schwieriger wird es, eine Lösung zu finden.

Außerdem enthielt unser Beispiel nur eine Variable, sodass wir eine gewöhnliche Differenzialgleichung aufstellen konnten. Enthält die Funktion mehrere Variablen und deren Ableitungen, benötigen wir eine partielle Differenzialgleichung – ein Gebiet, das selbst innerhalb der Mathematik noch nicht erschöpfend erforscht ist.

> **Beispiel**
> Differenzialgleichungen sind überall in der Physik und den anderen Naturwissenschaften anzutreffen. Sie beschreiben die Abkühlung eines Körpers, die Vibrationen länglicher Objekte, die Schwingungen eines Federpendels oder einer Saite, die Abläufe beim Einschalten eines elektrischen Stromkreises, die Bahnen von Himmelskörpern, die Wärmeströmungen in Flüssigkeiten, die Beziehung zwischen Räuber und Beute oder zwischen konkurrierenden Arten, die Verbreitung von Infektionskrankheiten, das Wachstum von Tumoren, …Die chemische Reaktionskinetik basiert so gut wie vollständig auf diesen Gleichungstyp. In vielen Fällen sind die Abhängigkeiten dabei so komplex, dass es keine analytischen Lösungen mehr gibt und wir uns stattdessen mit numerischen Näherungen am Computer begnügen müssen.   ◄

> **Verständnisfragen**
> 4. Die Nernst-Gleichung, mit der wir das Elektrodenpotenzial eines Redoxpaares anhand der Konzentrationen berechnen können, lautet:
>
> $$E = E_0 + \frac{R\,T}{z\,F} \cdot \ln \frac{[\text{oxidierte Form}]}{[\text{reduzierte Form}]} \qquad (2.72)$$
>
> Wie lautet die Gleichung mit dem dekadischen Logarithmus anstelle des natürlichen Logarithmus?
> 5. Welche Länge hat das Vektorprodukt der Vektoren $a = (2\,|\,3\,|\,7)$ und $b = (4\,|\,2\,|\,4)$?
> 6. Eine modische Uhr mit einem 24-Stunden-Ziffernblatt zeigt 10.25 Uhr an. Welchen Winkel finden wir zwischen dem Zeiger und der 24/0-Marke in Bogenmaß?
> 7. Gegeben sind die Ortsvektoren
>
> $$r_A = \begin{pmatrix} 1{,}5 \\ 2{,}5 \\ 0 \end{pmatrix} \text{m}$$
>
> $$r_B = \begin{pmatrix} 7{,}5 \\ 2{,}5 \\ 0 \end{pmatrix} \text{m}$$

$$r_C = \begin{pmatrix} 7{,}5 \\ 6{,}5 \\ 0 \end{pmatrix} \text{ m}$$

$$r_D = \begin{pmatrix} 7{,}5 \\ 6{,}5 \\ 3 \end{pmatrix} \text{ m}$$

zu den Punkten A, B, C und D im Raum.

Berechnen Sie …
1. die Abstände der Punkte A, B, C und D vom Koordinatenursprung.
2. die Vektoren $AB = l$ (von A nach B), $BC = b$ (von B nach C), $CD = h$ (von C nach D), $AC = d$ (von A nach D) und $AD = s$ (von A nach D).
3. die Beträge der Vektoren l, b, h, d und s.
4. den Winkel ϕ_{AB} zwischen r_A und r_B und den Winkel ϕ_{CD} zwischen r_C und r_D.
5. die Fläche A_{sd} des Dreiecks $\triangle ACD$ (mit Hilfe von $s = AD$ und $d = AC$).

Zusammenfassung

— Physikalische Modelle entstehen durch Beobachtungen von Phänomenen, zu deren Erklärung Hypothesen aufgestellt werden. In Experimenten werden diese Hypothesen überprüft. Eine Hypothese, die während der empirischen Tests erfolgreich deren Ergebnisse vorhersagt, wird zur Theorie, die so lange gültig ist, bis sie einer neuen Beobachtung widerspricht.

— Die Werte von physikalischen Größen bestehen aus einer Zahl und einer Einheit. Nur beide zusammen sind eine vollständige Angabe.

— Es gibt sieben Grund- oder Basisgrößen: Länge, Masse, Zeit, elektrischen Strom, thermodynamische Temperatur, Stoffmenge und Lichtstärke. Alle anderen physikalischen Größen lassen sich durch Kombinationen dieser Basisgrößen herleiten.

— Zu jeder Basisgröße gehört eine Basiseinheit. Durch Kombination können wir weitere abgeleitete Einheiten schaffen.

— Sehr große und sehr kleine Zahlen werden in Exponentialschreibweise und/oder mit Vorsilben vor ihrer Einheit festgehalten.

— Größenordnungen sind grobe Abschätzungen für schnelle Vergleiche. Zwei aufeinanderfolgende Größenordnungen unterscheiden sich um den Faktor 10.

— Durch eine Dimensionsanalyse können wir prüfen, ob eine physikalische Gleichung formal korrekt sein kann. Nur Gleichungen mit denselben Dimensionen auf beiden Seiten können überhaupt fehlerfrei sein. Als Dimension gilt jede Basisgröße.

— Als signifikante Stellen gelten alle Ziffern mit Ausnahme randständiger Nullen, die lediglich die Lage des Kommas festsetzen.

— Bei Additionen und Subtraktionen darf das Ergebnis maximal so viele Nachkommastellen haben wie die Ausgangszahl mit den wenigsten Nachkommastellen.

— Bei Multiplikationen und Divisionen darf das Ergebnis nicht mehr signifikante Stellen haben als die Ausgangszahl mit den wenigsten signifikanten Stellen.

— Bei praktischen Messungen treten systematische und statistische Fehler auf. Systematische Fehler lassen sich durch sorgfältiges Arbeiten, gute Instrumente und unterschiedliche Messmethoden minimieren. Statistische Fehler heben sich durch Mitteln möglichst vieler Messungen zunehmend auf.

- Messergebnisse mit einer symmetrischen Abweichung vom Mittelwert lassen sich mit der Normalverteilung beschreiben.

- Als Maß für die Größe der Abweichungen gilt die Standardabweichung. Innerhalb der Grenzen von einer Standardabweichung in beide Richtungen liegen knapp über zwei Drittel aller Messwerte.

- Durch Fehlerfortpflanzung beim Rechnen mit mehreren Messwerten können sich Messfehler verstärken. Über eine Fehlerrechnung lässt sich ihr Einfluss abschätzen.

- Potenzen und Logarithmen können zu verschiedenen Zahlen als Basis gebildet werden. Am gebräuchlichsten sind 10 und die Euler'che Zahl e.

- Skalare bestehen nur aus einer Zahl und ggf. einer Einheit. Vektoren haben zusätzlich eine Richtung. Sie werden zeichnerisch als Pfeile dargestellt.

- Das Skalarprodukt zweier Vektoren beschreibt das Zusammenwirken zweier Vektorgrößen. Es ist ein Skalar.

- Beim Vektorprodukt schaffen zwei Vektoren eine neue Vektorgröße, die senkrecht zu den Ausgangsgrößen steht.

- Winkel werden in der Physik nicht nur im Gradmaß angegeben, sondern häufig im Bogenmaß.

- Im Bogenmaß dürfen die trigonometrischen Funktionen kleiner Winkel häufig durch die Winkel selbst genähert werden.

- In Funktionen haben die Konstanten immer einen festen Wert, mit dem sie die Umrechnung zwischen Dimensionen und Einheiten ermöglichen. Über Parameter, denen ein fester Wert zugewiesen wird, findet die Grobabstimmung statt. Die Variablen ändern ihren Wert und bestimmen so den Funktionswert.

- Über die Ableitung einer Funktion erfahren wir, wie schnell sich der Funktionswert in der Zeit oder im Raum verändert.

- Durch Integration sammeln wir unzählige infinitesimal kleine Änderungen einer Größe zu einer messbaren Änderung.

- Differenzialgleichungen enthalten neben einer Variablen auch die Ableitung der Funktion mit dieser Variablen.

- Die e-Funktion ist eine häufige Lösung für gewöhnliche Differenzialgleichungen erster Ordnung.

Mechanik

Inhaltsverzeichnis

■ **Lernziele**

Dieser Buchteil behandelt grundlegende Phänomene der Physik, die Ihnen nicht nur während des gesamten Studiums immer wieder begegnen werden, sondern auch später im Beruf von Bedeutung sind.

Am Ende sollten Sie Bewegungen und deren Änderungen physikalisch korrekt beschreiben und berechnen können. Die Konzepte der Kraft, Arbeit und Energie einschließlich deren Umwandlungen ineinander sollten Ihnen geläufig sein. Ebenso Größen wie Dichte, Druck und Reibung zur Beschreibung der Auswirkungen von Kräften in Festkörpern, Flüssigkeiten und Gasen.

Sie sollten die Eigenschaften mechanischer Schwingungen inklusive der damit verbundenen Energieformen kennen und den Einfluss dämpfender Prozesse kennen. Wie sich Schwingungen als Wellen ausbreiten, überlagern und auf Störungen reagieren, gehört ebenfalls zu den Lernzielen.

Bewegungen

© Springer-Verlag GmbH Deutschland, ein Teil von Springer Nature 2020
O. Fritsche, *Physik für Chemiker I*, https://doi.org/10.1007/978-3-662-60350-5_3

3

Zwei Stoffe können nur dann chemisch miteinander reagieren, wenn ihre Moleküle Kontakt zueinander haben. In der Regel müssen sie sich dafür aufeinander zu bewegen. Die **Kinematik** beschreibt, wie diese Bewegung abläuft, indem sie beispielsweise Angaben darüber macht, mit welcher Geschwindigkeit ein Objekt in welche Richtung unterwegs ist. Mit der **Dynamik** erfassen wir, wie Kräfte und Massen die Bewegung beeinflussen, indem sie etwa die Richtung des Objekts verändern, es abbremsen oder beschleunigen.

3.1 Verschiebungen geben Ortsveränderungen an

Tipler
Abschn. 2.1 *Verschiebung* und Beispiel 2.1

Die Physik versucht stets, Prozesse möglichst exakt zu erfassen und mathematisch zu berechnen. Die Objekte der realen Welt sind dafür jedoch häufig zu komplex. Wenn wir beispielsweise die Geschwindigkeit eines langgestreckten Makromoleküls in einer Trennsäule angeben wollen, dürften wir nicht einfach messen, in welcher Zeit es mit seinem vorderen Ende eine bestimmte Strecke zurückgelegt hat, denn das Molekül könnte sich während der Wanderung gedreht, gebogen, gestreckt oder gestaucht haben. Würden wir alle diese Vorgänge berücksichtigen, bekämen wir eine fürchterlich komplizierte Formel ohne praktischen Wert. Deshalb vereinfachen wir in der Physik die Systeme, deren Verhalten wir erkunden.

In der Kinematik stellen wir uns vor, das Objekt, das wir betrachten, wäre auf einen Punkt konzentriert. Diesen Punkt bezeichnen wir als **Massenpunkt** oder **Teilchen.** Alle weiteren Eigenschaften wie die Form oder Ausdehnung des Objekts beachten wir nicht weiter. Wählen wir als Massenpunkt den Schwerpunkt oder Massenmittelpunkt des Objekts, brauchen wir uns selbst keine Gedanken zu machen, wenn das Objekt frei rotiert, denn die Drehachse verläuft dann durch den Schwerpunkt, und die Bewegung des Massenpunkts wird von der Drehung nicht beeinflusst.

Am einfachsten zu berechnen sind **eindimensionale Bewegungen,** die schnurgerade verlaufen. Für die mathematische Beschreibung legen wir in solchen Fällen die x-Achse so, dass der Startpunkt x_A und der Endpunkt x_E beide auf der Achse liegen. Dann ist die Ortsveränderung oder **Verschiebung** Δx:

$$\Delta x = x_E - x_A \tag{3.1}$$

❯ **Wichtig**
Der griechische Großbuchstabe Δ (Delta) gibt immer einen Unterschied an in der Größe, vor der er steht. Dabei wird „Endwert minus Ausgangswert" gerechnet. ◀

Die Verschiebung kann positive oder negative Werte annehmen. Sie ist positiv, wenn sich unser Teilchen auf der x-Achse von einem kleineren zu einem höheren Wert bewegt hat, was wir bei Zeichnungen als Bewegung von links nach rechts zeichnen. Wandert der Massenpunkt dagegen in die entgegengesetzte Richtung (von rechts nach links), ist die Verschiebung negativ, weil der Startwert x_A größer ist als der Endwert x_E.

Für **Bewegungen in mehreren Dimensionen** wie beispielsweise bei gekrümmten Bahnen berechnen wir die Verschiebung nach dem gleichen Prinzip: Endpunkt minus Ausgangspunkt. Doch bei solchen Bewegungen verändert sich nicht nur der Wert auf der x-Achse, sondern zusätzlich die Koordinaten auf der y- und evtl. der z-Achse. Wir müssen deshalb mit den Ortsvektoren (siehe Tipler) rechnen, die auf den Ausgangspunkt r_1 bzw. Endpunkt r_2 weisen, und erhalten den Verschiebungsvektor Δr:

$$\Delta r = r_2 - r_1 \tag{3.2}$$

Glücklicherweise wandern die Teilchen in der Chemie bei vielen Prozessen annähernd nur in eine Richtung, sodass wir mit den Gleichungen der einfacheren eindimensionalen Bewegung auskommen.

3.2 Es gibt verschiedene Arten von Geschwindigkeit

Meistens interessiert uns nicht nur, wohin sich ein Teilchen bewegt, sondern auch, wie schnell es dabei ist. So hängt beispielsweise von der **Geschwindigkeit,** mit der Substanzen durch ein Gel laufen, ab, wie lange die Trennung oder Reinigung eines Gemisches dauert. Ein **Weg-Zeit-Diagramm** verrät uns stets, wo sich das Teilchen gerade befindet (siehe Tipler Abb. 2.5). Wir zeichnen dafür einen horizontalen Zeitstrahl, bei dem die Zeit t von links nach rechts verläuft und tragen auf der hochgeklappten x-Achse ein, wie weit das Teilchen zu den jeweiligen Messzeiten gekommen ist. Verbinden wir die Messpunkte miteinander, erhalten wir einen Kurvenverlauf, der entweder einigermaßen gerade ist oder sich krümmt. Hinter diesen beiden Varianten stecken unterschiedliche Arten von Bewegung.

- Eine **gleichförmige Bewegung** erzeugt im Weg-Zeit-Diagramm eine Gerade. Das Teilchen bewegt sich von Anfang bis Ende immer mit der gleichen Geschwindigkeit v. Wir können sie berechnen, indem wir die Verschiebung Δx durch die dafür benötigte Zeit Δt teilen:

$$v_x = \frac{\Delta x}{\Delta t} \tag{3.3}$$

Auch hier gibt das Vorzeichen die Richtung an. Im Weg-Zeit-Diagramm entspricht die Geschwindigkeit der gleichförmigen Bewegung der Steigung der Geraden.

- Wird das Teilchen während der Messung mal schneller und mal langsamer, sprechen wir von einer **ungleichförmigen eindimensionalen Bewegung.** Es hat keine andauernd gleichbleibende Geschwindigkeit, sondern wechselt das Tempo. In unserem Beispiel könnte dies etwa durch ein Gel hervorgerufen werden, dass immer fester und damit schlechter durchlässig wird. Wollen wir nur grob wissen, wie schnell das Teilchen war, können wir die **mittlere Geschwindigkeit** $\langle v_x \rangle$ als Durchschnittsgeschwindigkeit für einen Bereich angeben, in dem es die Verschiebung Δx in der Zeit Δt geschafft hat:

$$\langle v_x \rangle = \frac{\Delta x}{\Delta t} \tag{3.4}$$

Die Winkelklammern $\langle \rangle$ zeigen an, dass es sich nur um einen Mittelwert handelt. Möchten wir den genauen Wert zu einem ganz bestimmten Zeitpunkt t wissen, benötigen wir die **Momentangeschwindigkeit** $v(t)$. Falls wir aus irgendeinem Grund eine Funktion haben, die beschreibt, welche Verschiebung das Teilchen nach welcher Zeit bewältigt hat (mathematisch gesprochen also die Funktion $x(t)$), können wir die Momentangeschwindigkeit exakt berechnen, indem wir die Funktion ableiten und den gewünschten t-Wert einsetzen. Im Weg-Zeit-Diagramm entspricht dies der Tangente an der Kurve (siehe Tipler Abb. 2.9). In der Regel kennen wir die gesuchte Funktion allerdings nicht. Bei Experimenten müssen wir uns daher mit der mittleren Geschwindigkeit für ein möglichst kurzes Zeitintervall begnügen.

Tipler
Abschn. 2.2 *Geschwindigkeit* und Beispiele 2.3 bis 2.4

3

> **Beispiel**
>
> Ein Kollege lässt einen Farbstoff durch eine 10 cm lange Chromatografiesäule wandern. Weil er zu seinem Gruppenleiter gerufen wird, bittet er uns, die Chromato|grafie zu beaufsichtigen. Wir haben aber ebenfalls keine Zeit, die Säule ununterbrochen zu beobachten und wollen deshalb ausrechnen, nach welcher Zeit der Farbstoff durchgelaufen ist. Zu Beginn stellen wir fest, dass er bereits 2 cm tief in der Säule steckt. Eine Viertelstunde später ist er schon 4 cm weit. Mit welcher Geschwindigkeit wandert der Farbstoff? Wie lange benötigt er, um die gesamte Säule zu durchqueren? Wie viel Zeit haben wir, bis der Farbstoff am Säulenende anlangt (vom Zeitpunkt der Bitte unseres Kollegen gerechnet)?
>
> Antwort: Wir haben zwei Messwerte ($x_1 = 2$ cm, $x_2 = 4$ cm), die im Abstand von $\Delta t = 15$ min gewonnen wurden. Eingesetzt in Gl. 3.3 ergibt das eine Geschwindigkeit von 0,133 cm/min oder 8 cm/h. Lösen wir die Gleichung nach der Zeit auf und setzen wir diese Geschwindigkeit sowie die volle Länge der Säule von 10 cm ein, erhalten wir eine Laufdauer von 1 h 15 min. Wir selbst brauchten aber nur auf die letzten 8 cm zu achten, die nach rund einer Stunde durchlaufen sind.   ◀

Bislang sind wir davon ausgegangen, dass wir in Ruhe vor unserem experimentellen Aufbau sitzen und sich nur das Teilchen bewegt. In solchen Fällen sprechen wir von einem gemeinsamen Bezugssystem. Als **Bezugssystem** bezeichnen Physiker den Raum im allgemeinen Sinne, in dem sich ein Objekt befindet und bewegt. Das kann ein Reagenzglas sein, ein Labor, die Erde oder die Milchstraße. Diese Aufzählung macht deutlich, dass es einen Unterschied macht, an welches Bezugssystem wir denken, wenn wir die Bewegung eines Teilchens beschreiben. Betrachten wir beispielsweise, wie ein Makromolekül in einem Reagenzglas zu Boden sinkt, dann vollzieht es eine eindimensionale Bewegung nach unten, wenn wir das Glas als Bezugssystem wählen. Wir könnten aber auch mit dem Reagenzglas in der Hand durch das Labor gehen, und ein Kollege, der ruhig auf einem Stuhl sitzt, verfolgt den Weg des Moleküls mit den Augen. Für ihn und sein Bezugssystem „Labor" vollführt das Molekül eine verschlungene Bewegung durch den Raum. Noch komplizierter wird es aus Sicht eines Beobachters auf der Internationalen Raumstation, denn von der ISS aus dreht sich zusätzlich die ganze Erde mit dem Labor darauf.

Wir sehen, dass jedes Bezugssystem seine eigenen Koordinatenachsen besitzt, und es bei der Beschreibung einer Bewegung sehr darauf ankommt, von welchem Bezugssystem wir ausgehen. Mit Worten können wir das angeben, indem wir etwa sagen „relativ zum Labor bewegt sich das Molekül gerade mit folgender Geschwindigkeit". Mathematisch ermitteln wir eine derartige **Relativgeschwindigkeit,** indem wir die einzelnen Geschwindigkeiten miteinander addieren. In unserem Beispiel wären das die Sinkgeschwindigkeit des Makromoleküls im Reagenzglas $v^{(A)}$ (das hochgestellte (A) zeigt an, dass die Angabe für die Bewegung im Bezugssystem A = Reagenzglas gilt) plus unsere Laufgeschwindigkeit im Labor $v_A^{(B)}$ (Bezugssystem B ist das Labor), mit der wir das Bezugssystem A (der tiefgestellte Index) durch den Raum tragen. Oder allgemein ausgedrückt: Die Relativgeschwindigkeit ist gleich der Geschwindigkeit des Teilchens im inneren Bezugssystem plus die Geschwindigkeit des inneren Bezugssystems im äußeren Bezugssystem.

$$v^{(B)} = v^{(A)} + v_A^{(B)} \tag{3.5}$$

Da wir nun kaum noch mit einer Bewegungsrichtung auskommen, müssen wir hier mit Vektoren rechnen.

Tipler
Abschn. 2.3 *Beschleunigung* und *2.4 Gleichförmig beschleunigte Bewegung in einer Dimension* sowie Beispiele 2.7, 2.8 und 2.12

Beispiel
In der chemischen Realität begegnen uns Relativgeschwindigkeiten beispielsweise, wenn sich Teilchen innerhalb eines fließenden Mediums gegeneinander bewegen, wie es bei Reaktionen in Kapillaren der Fall ist. ◄

3.3 Mit Beschleunigung werden Teilchen schneller oder langsamer

ändert sich die Geschwindigkeit eines Teilchens, nennen wir das eine **Beschleunigung.** Im Gegensatz zu der Bedeutung, die das Wort im Alltag hat, wonach eine Beschleunigung immer eine Erhöhung des Tempos bedeutet, kann die physikalische Beschleunigung auch negativ sein. Das Teilchen bremst dann eben ab und wird langsamer. (Genaugenommen gilt dies nur dann, wenn die Geschwindigkeit des Teilchens positiv ist, was aber in den meisten Fällen zutrifft. Ganz richtig bedeutet eine Beschleunigung „schneller werden", wenn Beschleunigung und Geschwindigkeit das gleiche Vorzeichen haben, und „langsamer werden", wenn die Vorzeichen verschieden sind.)

Wie die Geschwindigkeit kann auch die Beschleunigung im Laufe der Zeit unterschiedlich verlaufen:

- Bei einer **gleichförmigen Beschleunigung** nimmt die Geschwindigkeit konstant zu. In einem Geschwindigkeit-Zeit-Diagramm erhalten wir eine Gerade (siehe Tipler Abb. 2.16b). Deren Steigung verrät uns in jedem Abschnitt die Beschleunigung a:

$$\langle a_x \rangle = \frac{\Delta v_x}{\Delta t} \tag{3.6}$$

- **Ungleichförmige Beschleunigungen** begegnen uns bei Bewegungen, die schneller, langsamer oder beides werden. Die exakte Momentanbeschleunigung ist die zweite Ableitung der Funktion des Ortes nach der Zeit und lässt sich als Tangente im Geschwindigkeit-Zeit-Diagramm grafisch darstellen. Die mittlere Beschleunigung können wir praktisch leichter aus dem Unterschied zwischen den Geschwindigkeiten zu zwei unterschiedlichen Zeitpunkten ermitteln:

$$\langle a_x \rangle = \frac{\Delta v_x}{\Delta t} = \frac{v_2 - v_1}{t_2 - t_1} \tag{3.7}$$

Die Einheit der Beschleunigung ist in beiden Fällen m/s^2.

Wenn wir von einem Teilchen wissen, an welchem Ort es sich zu einem bestimmten Zeitpunkt aufgehalten und mit welcher Geschwindigkeit es sich bewegt hat sowie welche Beschleunigung es erfährt, können wir nun im Prinzip für jeden beliebigen Zeitpunkt ausrechnen, wo sich das Teilchen befinden wird. Die Herleitung für die dafür nötigen **kinematischen Gleichungen** sind im Tipler aufgeführt. Der Einfachheit halber behandeln wir nur gleichförmig beschleunigte Bewegungen in einer Dimension, wie sie beispielsweise auftreten, wenn ein Objekt im Gravitationsfeld der Erde fällt oder ein Ion in einem elektrischen Feld beschleunigt wird.

❯ Wichtig
Zusätzlich zu den Symbolen, die wir bereits benutzt haben, tritt in den Gleichungen bei einigen Größen eine 0 als Index auf. Sie weist darauf hin, dass es sich um den Anfangswert zum Zeitpunkt $t = 0$ handelt. ◄

3

x_0 ist also der Startpunkt oder der Ort der ersten Messung und $v_{0,x}$ die Geschwindigkeit des Teilchens in Richtung der x-Achse zu Beginn.

Für die Verschiebung erhalten wir die Funktion:

$$x(t) = x - x_0 = v_{0,x}t + \frac{1}{2}a_x t^2 \qquad (3.8)$$

Der vordere Term im rechten Formeldrittel ($v_{0,x}t$) liefert dabei den Anteil, den das Teilchen mit seiner Ausgangsgeschwindigkeit ($v_{0,x}$) in der Zeit t zurücklegt, wenn die Geschwindigkeit konstant bleibt. Der hintere Term ($\frac{1}{2}a_x t^2$) trägt den Anteil bei, der durch die konstante Beschleunigung (a_x) hinzukommt.

Die Geschwindigkeit des Teilchens, wenn es über die Strecke Δx mit der Beschleunigung a gleichmäßig angetrieben wurde, berechnet sich nach:

$$v_x^2(x) = v_{0,x}^2 + 2a_x \Delta x \qquad (3.9)$$

Auch hier gibt der erste Teil die Anfangsgeschwindigkeit an, zu welcher die Folgen der Beschleunigung im zweiten Term hinzukommen.

Kennen wir anstelle der Beschleunigung nur zwei Messwerte zu den Zeitpunkten 1 und 2, können wir die mittlere Geschwindigkeit errechnen:

$$\langle v_x \rangle = \frac{1}{2}(v_{1,x} + v_{2,x}) \qquad (3.10)$$

Bei einer gleichförmig beschleunigten Bewegung kommt ein Teilchen also genau so weit, wie es gekommen wäre, wenn es ohne Beschleunigung die ganze Zeit über mit der Durchschnittsgeschwindigkeit unterwegs gewesen wäre.

3.4 Bei Kreisbewegungen ändert sich ständig die Richtung

Tipler
Abschn. 2.5 *Gleichförmig beschleunigte Bewegung in mehreren Dimensionen – Die Kreisbewegung* und Beispiel 2.19

Neben geradlinigen Bewegungen begegnen uns in der Chemie häufig Kreisbewegungen. Beispielsweise bei der Arbeit mit Zentrifugen, um Stoffgemische aufzutrennen, Substanzen zu filtern oder Niederschläge schnell aus einer Lösung abzuscheiden. Sobald die Zentrifuge hochgefahren ist, behält sie in der Regel ihre Rotationsgeschwindigkeit bei. Sie vollführt eine **gleichförmige Kreisbewegung.**

Abb. 2.45 im Tipler zeigt einen Ausschnitt einer solchen Kreisbewegung, die im Uhrzeigersinn verläuft. Zum Zeitpunkt t befindet sich das Teilchen am oberen Scheitelpunkt der Bahn. Sein Geschwindigkeitsvektor zeigt nach rechts. Der Geschwindigkeitsanteil nach unten ist dagegen gleich Null. Wie bei einem Kind, das außen an einem Karussell mitfährt und sich nicht richtig festhält, hat es daher die Tendenz, geradlinig nach rechts weiterzufliegen. Damit es stattdessen den Bogen nach unten macht und der Kreisbahn folgt, darf es sich nicht nur nach rechts bewegen, sondern muss zusätzlich nach unten Fahrt aufnehmen. Das Teilchen muss folglich nach unten beschleunigt werden, wenn es sich am obersten Punkt befindet. Nur dann nimmt seine Geschwindigkeit nach unten zu und biegt den Geschwindigkeitsvektor schräg nach unten, wie es in der Abbildung für den Zeitpunkt $t + \Delta t$ gezeigt ist.

Wenn wir diese Überlegungen für einen gesamten Umlauf anstellen, erhalten wir als Ergebnis, dass die Beschleunigung bei einer gleichförmigen Kreisbewegung immer auf den Mittelpunkt – die sogenannte **Zentripetalrichtung** – weist. Der Geschwindigkeitsvektor zeigt dagegen stets in die Tangentialrichtung, weshalb wir auch von der **Tangentialgeschwindigkeit** sprechen. Deren Betrag und damit die Länge des Vektors bleibt so lange gleich, wie die Drehung gleichförmig verläuft.

Mit der Herleitung im Tipler erhalten wir eine Vektorgleichung für die Zentripetalbeschleunigung $\boldsymbol{a}_{ZP}$:

$$a_{ZP} = -\frac{v^2}{r}\widehat{r} \qquad\qquad (3.11)$$

In dieser Gleichung stehen sich die beiden Vektoren a_{ZP} und $\widehat{r}$ gegenüber. $\widehat{r}$ ist der Einheitsvektor des Radiusvektors, also der Maßstab, mit dem die Länge des Bahnradius gemessen wird. Bei Laborzentrifugen könnte er beispielsweise die Länge 1 cm haben, bei großen Zentrifugen, wie sie für das Astronautentraining benutzt werden, wäre 1 m besser geeignet. Zusätzlich hat der Radiusvektor eine Richtung, indem er immer auf das bewegte Teilchen weist. Das Minuszeichen auf der rechten Seite von Gl. 3.11 bewirkt, dass die Zentripetalbeschleunigung auf der linken Seite stets in die entgegengesetzte Richtung weist, nämlich vom Teilchen zum Mittelpunkt.

Welchen Zahlenwert die Beschleunigung erhält, bestimmt der Bruch. An ihm sehen wir, dass die Tangentialgeschwindigkeit gleich quadratisch eingeht (v^2). Eine Verdopplung der Geschwindigkeit steigert die Zentripetalbeschleunigung somit gleich um das Vierfache. Je schneller das Teilchen ist, umso größer ist die Anstrengung, es auf einer Kreisbahn zu halten. Dagegen wirkt sich die Entfernung vom Mittelpunkt (r) viel weniger aus. Es steht unter dem Bruchstrich, was bedeutet, dass die Zentripetalbeschleunigung bei einem großen Kreis schwächer ausfallen darf als bei einem kleinen Rund. Das leuchtet ein, wenn wir uns ein Teilchen vorstellen, dass in Tangentialrichtung 50 cm/s zurücklegt. In einer Tischzentrifuge vollendet es pro Sekunde etwa eine volle Umdrehung. Es muss also recht ordentlich umgelenkt werden. In unserer Astronautenzentrifuge dürfte es in der gleichen Zeit jedoch nur einen winzigen Winkel geschafft haben. Die dafür nötige Richtungsänderung ist auch mit einer minimalen Beschleunigung zu schaffen.

An diesem Vergleich sehen wir, dass die Tangentialgeschwindigkeit häufig nicht sonderlich gut geeignet ist, wenn wir beschreiben wollen, wie schnell eine Kreisbewegung verläuft. Ein weitaus besseres Maß dafür ist die Dauer für eine vollständige Umdrehung – die **Periode** T. In dieser Zeit legt das Teilchen eine Strecke von $2\pi r$ zurück und hat dabei eine Geschwindigkeit von:

$$v = \frac{2\pi r}{T} \qquad\qquad (3.12)$$

Dieses Mal steht der Radius im Zähler des Bruches. Wenn die Periode zweier Zentrifugen gleich sein soll, muss ein Teilchen in einem Apparat mit größerem Abstand zum Mittelpunkt seine ebenfalls größere Bahn also entsprechend schneller ziehen. Oder enger am Laboralltag ausgedrückt: In einem größeren Zentrifugenrotor ist ein Teilchen bei gleicher Umdrehungszahl deutlich schneller unterwegs.

Verständnisfragen

8. Worin unterscheiden sich eine gleichförmige und eine ungleichförmige Bewegung? Für welche können wir mit zwei einfachen Messungen exakt die Geschwindigkeit bestimmen?

9. Was bedeutet es, wenn die Beschleunigung eines Teilchens, das mit einer positiven Geschwindigkeit unterwegs ist, einen negativen Wert hat?

10. Was muss geschehen, damit ein Teilchen sich nicht gerade bewegt, sondern einer Kreisbahn folgt?

Newtons Axiome

© Springer-Verlag GmbH Deutschland, ein Teil von Springer Nature 2020
O. Fritsche, *Physik für Chemiker I*, https://doi.org/10.1007/978-3-662-60350-5_4

4

Wir sind im vorigen Kapitel davon ausgegangen, dass sich Objekte irgendwie in Bewegung setzen, beschleunigen oder abbremsen und ihre Richtung ändern. In diesem Kapitel werden wir sehen, dass für jede Änderung des Bewegungszustands eine Kraft verantwortlich ist. Erst wenn wir das Wechselspiel von Kraft und Bewegung kennen, können wir das Verhalten von Molekülen in Gasen und Flüssigkeiten verstehen. Die grundlegenden Zusammenhänge hat der britische Universalgelehrte Isaac Newton im 17. Jahrhundert aufgestellt. Wir nennen sie daher die **Newton-Gesetze** oder **Newton'sche Axiome**.

4.1 Erstes Newton'sches Axiom: Massen sind träge

Tipler
Abschn. 3.1 *Das erste Newton'sche Axiom: Das Trägheitsgesetz*

Wenn wir uns ein Objekt vorstellen, gehen wir intuitiv davon aus, dass es sich in Ruhe befindet. Selbst ein rollender Ball wird mit der Zeit langsamer und bleibt schließlich liegen. Daher nehmen wir an, dass der Ruhezustand der Normalfall ist, und ein Objekt einen ständigen Antrieb braucht, damit es sich dauerhaft bewegt. Doch erstaunlicherweise ist diese Annahme verkehrt!

Der Trugschluss entsteht dadurch, dass wir bei unserer Vorstellung vergessen, was zwischen unserem Objekt und der Luft sowie mit der Unterlage geschieht. Während der Ball rollt, stößt er ständig mit unzähligen Luftmolekülen zusammen und bleibt mit seiner rauen Oberfläche immer wieder an Unebenheiten des Untergrunds hängen. All dies erzeugt eine Reibung, die der Ball überwinden muss, um weiter zu rollen. Langsam, aber sicher verliert er an Energie, bis die Reibung ihn am Ende ganz stoppt. Wir werden die Reibung am Ende des Kapitels genauer behandeln. An dieser Stelle ist für uns wichtig, dass der Ball von außen zum Anhalten gezwungen wurde. Wie sähe seine Bewegung aus, wenn es keine Reibung gäbe?

Im Labor versuchen Physiker mit Gleitfilmen oder Luftkissen, die Reibung zu vermindern. Aber es geht viel besser! In der Leere des Weltalls gibt es kaum Teilchen, mit denen ein fliegendes Objekt zusammenstoßen kann. Einmal in Bewegung versetzt fliegt es daher ohne weiteren Antrieb für alle Zeiten in gerader Linie durch den Kosmos – oder zumindest so lange, bis es doch auf ein Hindernis stößt oder vom Gravitationsfeld eines Sterns oder Planeten eingefangen wird.

Wir sehen daran, dass Teilchen keineswegs die Tendenz haben, ruhig auf einer Stelle zu verharren, sondern sie neigen dazu, ihren aktuellen Bewegungszustand zu behalten. Ein Objekt, dass sich in Ruhe befindet, wird ohne Krafteinwirkung nicht losfliegen oder -rollen. Aber ein Körper, der sich bereits bewegt, wird diese Bewegung ebenso nicht ohne äußere Kraft verändern, indem er beschleunigt oder abbremst. Diese Treue von Objekten zu ihrem Bewegungszustand bezeichnen wir als **Trägheit**. Sie ist eine der grundlegenden Eigenschaften von Materie, die Newton in seinem ersten Gesetz formuliert hat, das wir deshalb auch als **Trägheitsgesetz** oder **erstes Newton'sches Axiom** bezeichnen:

» Ein Körper bleibt in Ruhe oder bewegt sich geradlinig mit konstanter Geschwindigkeit weiter, wenn *keine* resultierende äußere Kraft auf ihn wirkt.

Anstelle dieser Formulierung aus dem Tipler könnten wir auch sagen, dass ein Objekt seinen Bewegungszustand nur unter Einwirkung einer Kraft ändert. Und es gibt noch viele weitere Möglichkeiten, den gleichen Gedanken auszudrücken, weshalb es in verschiedenen Physikbüchern zahlreiche unterschiedliche Formulierungen für das Gesetz gibt.

4.2 Die Masse bestimmt die Trägheit

Tipler
Abschn. 3.1 *Das erste Newton'sche Axiom: Das Trägheitsgesetz*

Das Maß für die Trägheit eines Objekts ist die **Masse**. Im Alltagsgebrauch reden wir oft vom Gewicht eines Körpers, wenn wir eigentlich seine Masse meinen. Beides ist aber nicht das gleiche!

— Die Masse ist eine innere Eigenschaft des jeweiligen Objekts. Sie hängt nicht von den äußeren Bedingungen ab. Ein Astronaut hat deshalb sowohl auf der Erde als auch auf dem Mond oder im Weltall die gleiche Masse von beispielsweise 80 kg. Um seinen Bewegungszustand zu ändern, müssten wir in jeder Umgebung die Trägheit dieser 80 kg überwinden. Als Einheit für die Masse wurde das **Kilogramm** mit dem Symbol kg gewählt. Seine Definition geht auf das Planck'sche Wirkungsquantum zurück. Für Atome und Moleküle ist es aber zweckmäßiger, die Angaben in der **atomaren Masseeinheit** mit dem Symbol u zu machen. Per Definition ist 1 u ein Zwölftel der Masse eines Atoms des Kohlenstoffisotops ^{12}C. Die Umrechnung zwischen u und kg erfolgt über:

$$1\,\mathrm{u} = 1{,}660\,540 \cdot 10^{-27}\,\mathrm{kg} \tag{4.1}$$

— Das Gewicht ist eigentlich eine Kraft, nämlich die Gewichtskraft, mit der das Objekt vom jeweiligen Himmelskörper angezogen wird. Sein Wert richtet sich daher nach den äußeren Bedingungen. Das Gewicht unseres Astronauten liegt auf dem Mond bei nur rund einem Sechstel seines irdischen Werts. Obwohl wir im Alltag auch für das Gewicht die Einheit kg verwenden, ist die physikalisch korrekte Einheit das Newton (N), mit der Kräfte angegeben werden.

4.3 Zweites Newton'sches Axiom: Kräfte bewirken Aktionen

Wie sehr wir ein Objekt mit der Masse m beschleunigen, wenn wir es einer Kraft F aussetzen, indem wir es beispielsweise anstoßen, verrät uns das **zweite Newton'sche Axiom**, das auch unter dem Namen **Aktionsprinzip** bekannt ist:

$$\boldsymbol{a} = \frac{\boldsymbol{F}}{m} \tag{4.2}$$

Tipler
Abschn. 3.3 *Das zweite Newton'sche Axiom*

Falls mehrere Kräfte gleichzeitig auf das Objekt einwirken, müssen wir für F die Summe der Kräfte einsetzen.

Das zweite Newton'sche Axiom wird auch häufig als das Gesetz von Ursache und Wirkung bezeichnet. Die Kraft ist in dieser Interpretation die Ursache, denn erst sie löst überhaupt ein Ereignis aus, das die Wirkung darstellt. Ein versehentlicher Stoß mit dem Ellenbogen (Ursache) lässt das Glas über die Tischplatte rutschen (Wirkung). Als es über die Kante gerät, zieht die Gravitationskraft der Erde (Ursache) das Glas nach unten, sodass es herabfällt (Wirkung) und beim Zusammenstoß mit dem harten Boden (Ursache) in Scherben zerspringt (Wirkung).

Über das zweite Newton'sche Axiom ist auch die Einheit der Kraft, das **Newton** mit dem Symbol N definiert: 1 N ist die Kraft, die notwendig ist, um eine Masse von 1 kg mit 1 m/s^2 zu beschleunigen.

Wenn wir Gl. 4.2 umstellen, erhalten wir:

$$\boldsymbol{F} = m\,\boldsymbol{a} \tag{4.3}$$

Setzen wir die Einheiten ein, stellen wir fest, dass N keine SI-Einheit ist, sondern eine zusammengesetzte Einheit:

$$1\,\mathrm{N} = 1\,\mathrm{kg} \cdot 1\,\frac{\mathrm{m}}{\mathrm{s}^2} = 1\,\mathrm{kg}\,\mathrm{m}\,\mathrm{s}^{-2} \tag{4.4}$$

Jede Kraft hat eine bestimmte Stärke, die wir über Gl. 4.3 messen können. Umgekehrt können wir auch die Masse oder die Beschleunigung ermitteln, wenn wir eine bestimmte Kraft auf zwei verschiedene Massen einwirken lassen. Denn, wenn $|\boldsymbol{F}_1| = |\boldsymbol{F}_2|$ ist, gilt auch:

$$\frac{m_2}{m_1} = \frac{a_1}{a_2} \tag{4.5}$$

Dieser Zusammenhang ist besonders dann wichtig, wenn zwei Teilchen miteinander kollidieren. Beim Zusammenstoß wirkt auf beide die gleiche Kraft. Solange die Massen aber nicht gleich sind, werden sie unterschiedlich stark beschleunigt.

Beispiel

In der Luft kommt es ständig zu Kollisionen zwischen den einzelnen Molekülen. Betrachten wir vereinfachend ein Sauerstoffmolekül (O_2) und ein Stickstoffmolekül (N_2) als Kügelchen, die auf gerader Linie frontal miteinander zusammenstoßen. Ihre Massen liegen bei $m_{O_2} = 32\,u = 5{,}32 \cdot 10^{-26}\,kg$ und $m_{N_2} = 28\,u = 4{,}65 \cdot 10^{-26}\,kg$. Wenn das Sauerstoffmolekül durch den Zusammenprall auf $a_{O_2} = 300\,m\,s^{-2}$ beschleunigt wird, liegt die Beschleunigung für den Stickstoff nach Gl. 4.5 mit $a_{N_2} = 343\,m\,s^{-2}$ um die rund 15 % höher, die seine Masse geringer ist.   ◀

4.4 Die Kraft, die wir Gewicht nennen

Tipler
Abschn. 3.4 *Gravitationskraft und Gewicht*

Eine ungefähre Vorstellung von der Kraft, die hinter einer gewissen Anzahl von N steckt, erhalten wir, wenn wir uns noch einmal genauer die **Gravitationskraft** oder **Schwerkraft** ansehen, mit der uns die Erde zu ihrem Mittelpunkt zieht. Um sie zu berechnen, benötigen wir neben der Masse eines Objekts einen Wert für die Beschleunigung. In der Nähe des Bodens ist die Fallbeschleunigung a_G betragsmäßig gleich der Erdbeschleunigungskonstanten g:

$$|\boldsymbol{a}_G| = g = 9{,}81\,N \cdot kg^{-1} = 9{,}81\,m \cdot s^{-2}. \tag{4.6}$$

Hält nicht irgendeine Unterlage oder sonstige Vorrichtung das Objekt fest, fällt es zunehmend schneller zu Boden. Wenn dabei keine anderen Kräfte wie etwa die Luftreibung auf das Teilchen einwirken, sprechen wir von einem **freien Fall**. Für kleine Strecken bis zu wenigen Metern können wir aber auch unter realistischen Bedingungen meistens von einer kurzen Phase des freien Falls ausgehen und mit Gl. 4.3 die Gravitationskraft $\boldsymbol{F}_G$ berechnen:

$$\boldsymbol{F}_G = m\,\boldsymbol{a}_G \tag{4.7}$$

Beispiel

Für eine Tafel Schokolade mit einer Masse von 100 g erhalten wir damit eine Gravitationskraft von 0,98 N, also rund 1 N. Diesen Vergleich können wir uns als Daumenregel für die Stärke eines N merken.   ◀

4.5 Kräfte sind Vektoren

Tipler
Abschn. 3.4 *Gravitationskraft und Gewicht* und *3.5. Kräftediagramme und ihre Anwendung* sowie Beispiele 3.2 und 3.3

Kräfte haben neben ihrer Stärke auch immer eine Richtung, in die sie wirken. Mathematisch gesehen handelt es sich also um Vektoren. Wirkt eine Kraft auf ein ruhendes Objekt, beschleunigt sie es in die Richtung, in die ihr Vektor weist. Stößt beispielsweise eine Billardkugel eine andere ruhende Kugel genau zentral an, rollt diese in die gleiche Richtung los.

Häufig wirken mehrere Kräfte gleichzeitig auf ein Teilchen. Zumindest die Gravitationskraft der Erde macht sich bei Objekten ab der Größe eines Makromoleküls praktisch immer bemerkbar. In solchen Fällen überlagern sich die Kräfte und wirken gemeinsam, als gäbe es nur eine Gemeinschaftskraft, die in eine Mischrichtung weist. Abb. 3.6 im Tipler macht dieses **Superpositionsprinzip** anschaulich. Zwei Kräfte F_1 und F_2 ziehen an einer Kugel. Die Längen der blauen Pfeile stellen die unterschiedlichen Stärken der Kräfte dar. Wir können die Stärke und die Richtung der Gesamtkraft F zeichnerisch ermitteln, indem wir die Vektoren addieren, wie es in Teilabbildung 3.6 b gezeigt ist. Dafür verschieben wir die Vektoren der beiden Einzelkräfte so, dass ihre beiden Anfangspunkte aufeinander liegen. Anschließend zeichnen wir die Parallele zu Kraft F_1 an die Spitze des Vektors von F_2 und umgekehrt. Nun können wir den Kraftvektor für die Gesamtkraft ziehen. Er reicht vom gemeinsamen Ursprung zum Schnittpunkt der Parallelen.

Rechnerisch können wir diese Kräfteaddition durchführen, indem wir alle Kraftvektoren aufsummieren, die auf das Teilchen einwirken:

$$F = F_1 + F_2 + \cdots = \sum_{i=1}^{n} F_i \qquad (4.8)$$

4.6 Vier Grundkräfte sind die Basis für alle anderen Kraftarten

Im Alltag, im Labor und in der Produktion begegnet uns eine Fülle unterschiedlicher Kräfte. Doch bei genauerer Betrachtung stellt sich heraus, dass alle Kräfte letztlich auf nur vier verschiedene **Grundkräfte der Natur** oder **fundamentale Wechselwirkungen** zurückgehen. Was auch immer zwischen zwei Teilchen geschieht – es läuft durch eine einzelne oder eine Kombination dieser vier Wechselwirkungen ab.

Tipler
Abschn. 3.2 *Kraft und Masse*

1. Die **Gravitation** bewirkt, dass sich Teilchen mit Masse gegenseitig anziehen. Umgangssprachlich reden wir auch von Schwerkraft. Sie hält beispielsweise uns alle auf der Erde und die Planeten des Sonnensystems auf ihren Bahnen. Im Prinzip reicht die Gravitation unendlich weit, sodass sie auf große Entfernungen zur bestimmenden Kraft wird. Im Alltag müssen wir meistens die Erdanziehung berücksichtigen, während die Gravitation bei den winzigen Distanzen auf atomarer Ebene für gewöhnlich keine Rolle spielt.

2. Über die **elektromagnetische Wechselwirkung** ziehen entgegengesetzte elektrische Ladungen (Plus und Minus) einander an und stoßen sich gleichnamige Ladungen (Plus und Plus oder Minus und Minus) ab. Dieser Kraft verdanken wir es, dass wir beim Hinsetzen nicht durch den Stuhl fallen, denn die Elektronenhüllen unseres Körpers, unserer Kleidung und der Sitzfläche streben so heftig voneinander weg, dass sie damit den gravitatorischen Drang unserer Masse zum Erdmittelpunkt locker übertrumpfen. Bei chemischen Reaktionen ist die elektromagnetische Wechselwirkung fast immer die entscheidende Größe.

3. Die **schwache Wechselwirkung** ist auf den Atomkern beschränkt, wo sie die Umwandlung von Kernteilchen ineinander bewirkt. Nach außen macht sie sich nur bemerkbar, wenn sie ein Neutron in ein Proton und ein Elektron umwandelt und dieses Elektron als radioaktive β-Strahlung den Kern verlässt.

4. Auch die **starke Wechselwirkung** reicht nicht über den Atomkern hinaus. Sie hält die Quarks zusammen, aus denen die Protonen und Neutronen des Kerns aufgebaut sind. Außerdem sorgt sie für die Stabilität der Kerne, zum Verständnis chemischer Prozesse trägt sie jedoch nichts bei.

Obwohl wir mit diesen vier Wechselwirkungen alle Vorgänge begründen könnten, wäre dies in der physikalischen und chemischen Praxis äußerst umständlich.
Leichter geht es, wenn wir Kräfte danach gruppieren, wie sie wirken oder bei welchen Phänomenen sie auftreten.

Eine gängige Unterscheidung richtet sich danach, wie Kräfte ihre Wirkung auf
ein Objekt übertragen:

- **Kontaktkräfte** benötigen dafür eine Berührung. Das kann beispielsweise der
  Zusammenstoß zweier Moleküle sein, aber auch die Reibung an einer Unterlage
  fällt in diese Kategorie.
- **Fernwirkungskräfte** entfalten sich hingegen berührungslos und auch auf eine
  gewisse Distanz. Die Anziehung zwischen elektrisch geladenen Ionen gehört
  ebenso dazu wie die magnetische Kraft und die Gravitation.

Die für uns besonders wichtigen Kräfte zwischen elektrischen Ladungen, die immer auf die elektromagnetische Wechselwirkung zurückgehen, kommen in beiden
Kategorien vor.

Typische Arten von Kräften, die in der Physik ausführlich behandelt werden,
sind:

- Reibungskräfte, die bewirken, dass Objekte aneinander haften bleiben.
- Rückstellkräfte, die bei verformten Objekten in Richtung Ursprungszustand
  wirken. Sie ziehen beispielsweise gedehnte Federn wieder zusammen oder strecken gestauchte Stoßdämpfer.
- Zugkräfte und mechanische Spannung sind recht ähnlich, treten aber bei Objekten auf, die nicht elastisch sind. Seile übertragen auf diese Weise die Kraft
  vom einen Ende an das andere.

4.7 Drittes Newton'sches Axiom: Jede Aktion erzeugt eine Reaktion

Tipler
Abschn. 3.6 *Das dritte Newton'sche Axiom*
und Übung 3.4

Eine Kraft kommt niemals allein. Ein Teilchen, das isoliert durch das Weltall fliegt,
kann noch so schnell sein – es übt dennoch keine Kraft aus. Erst wenn es auf ein
Hindernis prallt, kommen Kräfte ins Spiel: Eine Kraft bremst das Teilchen ab, und
eine zweite Kraft, die genauso groß ist, aber das entgegengesetzte Vorzeichen hat,
beschleunigt den Kollisionspartner. Der Grundsatz, dass Kräfte immer paarweise
auftreten, gilt auch bei ruhenden Objekten wie beispielsweise dem Tisch, der in
Abb. 3.21 im Tipler gezeigt ist. Die Gewichtskräfte des Tisches und des Blocks,
der darauf liegt, werden durch entgegengesetzte Kräfte mit den gleichen Beträgen
aufgehoben, mit denen die Erde zurückdrückt. Jede Aktion in Form einer Kraft
ruft also ohne Verzögerung eine entgegengerichtete Reaktion der gleichen Stärke
hervor. Dementsprechend reden wir auch von einem Aktions-Reaktions-Paar.

Das **dritte Newton'sche Axiom,** das auch den Namen **Reaktionsprinzip** trägt,
lautet in der Formulierung im Tipler:

» Wenn zwei Körper miteinander wechselwirken, ist die Kraft $F_A^{(B)}$, die der Körper B
auf den Körper A ausübt, gleich groß, aber entgegengesetzt gerichtet der Kraft
$F_B^{(A)}$, die der Körper A auf den Körper B ausübt. Somit gilt:

$$F_A^{(B)} = -F_B^{(A)} \tag{4.9}$$

Die Kräfte eines Aktions-Reaktions-Paares wirken immer auf verschiedene Objekte! Bei einer Kollision sind dies die beiden Teilchen, bei einem Tisch, der auf
der Erde steht, das Möbel und der Planet. Greifen zwei äußere Kräfte am selben
Objekt an, bilden sie kein zusammengehörendes Paar, sondern wirken gemeinsam
wie eine einzige Gesamtkraft, wie wir es in Abschn. 4.5 untersucht haben.

4.8 Kräfte halten Objekte auf Kreisbahnen

Da wir aus dem ersten Newton'schen Axiom wissen, dass Objekte, auf die keine Kraft einwirkt, in Ruhe sind oder sich in gerader Linie fortbewegen, müssen bei Teilchen, die sich im Kreis bewegen, ständig Kräfte die Bewegungsrichtung verändern. Abb. 3.23 im Tipler veranschaulicht dies am Beispiel eines Satelliten, der um die Erde kreist, doch die gleichen Prinzipien gelten auch für Proben in Zentrifugen und andere Systeme, in denen es im wörtlichen Sinne „rund geht".

Das kreisende Objekt ist in allen Fällen durch eine Kraft, die wir **Zentripetalkraft** nennen, an den Mittelpunkt der Drehbewegung gebunden. Dabei kann es sich um eine Fernkraft wie die Gravitation handeln, die den Satelliten auf seiner Bahn hält, oder um eine Kontaktkraft, die bei einer Zentrifuge vom Arm oder dem massiven Rotor vermittelt wird.

Die Zentripetalkraft $\boldsymbol{F}_{ZP}$ ist stets auf den Drehmittelpunkt ausgerichtet. Sie ist es, die die Zentripetalbeschleunigung $\boldsymbol{a}_{ZP}$ hervorruft, die wir in ▶ Abschn. 7.4 kennengelernt haben. Mit der Gl. 7.11 für diese Beschleunigung und dem zweiten Newton'schen Axiom 4.3 können wir die Zentripetalkraft $\boldsymbol{F}_{ZP}$ berechnen:

$$\boldsymbol{F}_{ZP} = m\,\boldsymbol{a}_{ZP} = -m\,\frac{v^2}{r}\widehat{\boldsymbol{r}} \qquad (4.10)$$

Die Zentripetalkraft ist keine eigene Art von Kraft, sondern lediglich „die Kraft, die das Objekt auf der Kreisbahn hält". Die Bezeichnung steht gewissermaßen für eine Funktion, die von einer anderen Kraft ausgefüllt wird wie der Gravitationskraft, der Zugkraft eines Fadens oder der elektrischen Anziehungskraft einer Ladung. In einem Kräftediagramm tragen wir deshalb diese ursächliche Kraft ein und nicht die Zentripetalkraft.

Tipler
Abschn. 3.7 *Kräfte bei der Kreisbewegung* sowie Beispiele 3.6 und 3.7

4.9 Reibung bremst Bewegungen ab

In den idealisierten Systemen, mit denen wir uns bislang beschäftigt haben, könnte sich ein Teilchen auf ewig ungebremst fortbewegen. In der Realität wird es jedoch immer langsamer, weil es von **Reibungskräften** abgebremst wird. Wir betrachten in diesem Abschnitt die Reibung eines Objekts auf einer Auflage und untersuchen im nächsten Abschnitt den Widerstand, den Flüssigkeiten und Gase der Bewegung entgegensetzen.

Die Ursache für Reibung an einer Oberfläche liegt im mikroskopischen Aufbau selbst glatt erscheinender Flächen. Zahlreiche winzigste Vertiefungen und Erhebungen am Objekt und der Auflage verhaken sich ineinander, wie Abb. 4.1 im Tipler zeigt. Besonders wichtig ist dabei die Stärke der **Normalkraft.** Darunter verstehen wir die Komponente einer Kraft, die bei der vektoriellen Zerlegung senkrecht zur Auflagefläche zeigt. Je größer sie ist, umso tiefer werden die zerklüfteten Bereiche ineinander gepresst, und desto fester wehren sie sich dagegen, seitlich gegeneinander verschoben zu werden.

Selbst, wenn die Flächen tatsächlich vollkommen glatt wären, würde die Reibung nicht völlig verschwinden. Zwischen den Atomen und Molekülen der beiden Oberflächen bestehen unzählige elektrische Anziehungskräfte. Auch eigentlich ungeladene Materialien weisen durch vorübergehend verschobene Elektronen schwache Ladungen auf und knüpfen damit Van-der-Waals-Bindungen zu eng benachbarten Flächen.

In der Mechanik unterscheiden wir drei Arten von Reibung:

Tipler
Abschn. 4.1 *Reibung* und Beispiele 4.1 bis 4.4

— Die **Haftreibungskraft** hält ein Objekt so lange an Ort und Stelle, wie es sich nicht bewegt. Jede Kraft, mit der wir es zu verschieben versuchen, wird mit einer entgegengesetzten Haftreibungskraft der gleichen Stärke gekontert. Allerdings kann die Haftreibungskraft nur bis zu einem gewissen Maximalwert $\boldsymbol{F}_{R,h,max}$

4

mithalten, der von der Größe der Normalkraft F_n, mit der das Objekt auf die Unterlage gedrückt wird, abhängt:

$$|F_{R,h,max}| = \mu_{R,h} |F_n| \tag{4.11}$$

Der **Haftreibungskoeffizient** $\mu_{R,h}$ enthält alle Eigenschaften der Materialien und Oberflächen, von denen die Haftreibung abhängt.

— Sobald die Haftreibung überwunden ist, gerät das Objekt in Bewegung. Nun hält die **Gleitreibungskraft** $F_{R,g}$ es zurück. Bei einer konstanten Geschwindigkeit ist sie genauso groß wie die antreibende Kraft. Sie berechnet sich ähnlich wie die Haftreibungskraft:

$$|F_{R,g}| = \mu_{R,g} |F_n| \tag{4.12}$$

Der **Gleitreibungskoeffizient** $\mu_{R,g}$ ist kleiner als sein Pendant bei der Haftreibung. Daher fällt es leichter, ein Objekt zu verschieben, wenn es schon in Bewegung ist.

— Noch geringer ist die **Rollreibungskraft** $F_{R,r}$. Sie entsteht bei rollenden Objekten durch die Verformung, und ihr Koeffizient $\mu_{R,r}$ ist zehn- bis hundertmal kleiner als beim Gleiten.

$$|F_{R,r}| = \mu_{R,r} |F_n| \tag{4.13}$$

An den Gleichungen zu den verschiedenen Reibungskräften sehen wir, dass sie nicht von der Geschwindigkeit abhängen, mit der ein Objekt verschoben wird. Ob es nun langsam oder schnell über die Oberfläche gleiten soll, macht keinen Unterschied für die Kraft, die wir aufbringen müssen.

Beispiel

Auch wenn uns Reibung manchmal lästig erscheint, macht sie unser Leben erst möglich. Ohne Reibung könnten wir uns nicht von der Stelle bewegen, weil wir uns nicht vom Fußboden seitlich abstoßen könnten, wenn wir losgehen wollen. Gegenstände würden einfach vom Tisch rutschen, wenn wir sie nicht exakt senkrecht auf eine Unterlage stellen würden und die Ablage nicht genau horizontal ausgerichtet wäre. Pulver würden vom Spatel rieseln, Geräte auseinanderfallen, Stopfen nicht schließen. Ist die Reibung hingegen zu groß, haften Teile, die sich eigentlich bewegen sollten, zu fest aneinander. In solchen Fällen helfen häufig Schmierstoffe und Gleitmittel, die den Abstand zwischen den Oberflächen vergrößern und mit einer Schicht gut verschiebbarer Moleküle auffüllen.   ◄

4.10 Auch Fluide widersetzen sich Bewegungen

Tipler
Abschn. 4.2 *Widerstandskräfte* und Beispiel 4.6

Während in Festkörpern jedes Teilchen seinen festen Platz hat, können sich die Atome oder Moleküle in Gasen und Flüssigkeiten relativ frei bewegen. Wir fassen beide daher mit dem Sammelbegriff **Fluid** zusammen.

Bewegt sich ein Objekt durch ein Fluid, können ihm dessen Bestandteile zwar ausweichen, aber es kommt dennoch zu Kollisionen, zu elektrischen Anziehungs- und Abstoßungskräften, einem Überdruck vor und einem Unterdruck hinter dem Objekt sowie zu Verwirbelungen. Alles zusammen bewirkt, dass das Fluid eine **Widerstandskraft** gegen die Bewegung aufbaut. Die vielen Effekte, die dabei zusammenspielen, machen sich je nach der Geschwindigkeit des Objekts unterschiedlich stark bemerkbar, sodass die Stärke der Widerstandskraft F_W, anders als bei der Reibung, von der Geschwindigkeit abhängt. Außerdem beeinflussen die Form des

Objekts und die Eigenschaften des Fluids die Widerstandskraft. Wir haben deshalb für ihren Betrag F_W nur eine eher vage allgemeine Formel, in der wir die vielen Parameter in die Konstanten b und n verpacken:

$$F_W = b\,|v|^n \tag{4.14}$$

Abb. 4.20 im Tipler zeigt als Beispiel die Kräfte, die auf einen Fallschirmspringer wirken. Die Gravitationskraft beschleunigt ihn so lange, bis die Widerstandskraft des Fluids, die ja mit zunehmender Geschwindigkeit anwächst, genau so groß ist und ihn so stark abbremst, dass er nicht mehr schneller wird. Ein Objekt erreicht demnach trotz eines andauernden konstanten Antriebs in einem Fluid schließlich eine **Endgeschwindigkeit** $|v_E|$:

$$|v_E| = \left(\frac{m\,g}{b}\right)^{1/n} \tag{4.15}$$

Lässt die Beschleunigung nach, wird das Objekt durch den Widerstand des Fluids langsamer. Soll es eine größere Endgeschwindigkeit erreichen, muss die antreibende Kraft erhöht werden.

Beispiel

In der Chemie sind die Widerstandskräfte der Fluide von entscheidender Bedeutung, wenn wir mit geringen Mengen arbeiten. In dünnen Schläuchen und Röhrchen und besonders in hauchfeinen Kapillaren bleiben diejenigen Moleküle, die mit der Wandung in Kontakt stehen, über Adhäsionskräfte haften und bremsen ihrerseits über Kohäsionskräfte den Strom des gesamten Fluids. Das kann den Nachschub mit Reaktanden stören und im Extremfall sogar völlig blockieren. Wir werden uns im Kapitel über Strömungen ausführlicher mit diesem Problem beschäftigen.   ◄

Verständnisfragen

11. Wie verhält sich gemäß erstem Newton'schen Axiom ein Teilchen, auf das keine Kraft wirkt?
12. Welche Eigenschaft eines Teilchens bestimmt dessen Reaktion auf eine von außen einwirkende Kraft?
13. Welche Grundkraft oder fundamentale Wechselwirkung ist für chemische Prozesse am wichtigsten?

Energie und Arbeit

© Springer-Verlag GmbH Deutschland, ein Teil von Springer Nature 2020
O. Fritsche, *Physik für Chemiker I*, https://doi.org/10.1007/978-3-662-60350-5_5

5

Wir haben im vorhergehenden Kapitel gesehen, dass Kräfte Bewegungen verursachen. Auf den folgenden Seiten gehen wir der Frage nach, wo diese Kräfte herkommen und welche Veränderungen sie an den Objekten, auf die sie einwirken, hervorrufen. Dabei lernen wir mit dem Konzept der Energie einen der wesentlichen Grundpfeiler der Physik kennen, der auch für chemische Reaktionen von entscheidender Bedeutung ist. In diesem Kapitel behandeln wir zunächst mechanische Formen von Energie, da sie sich leichter vorstellen lassen. Mit dem Wissen, das wir uns aneignen, können wir dann die chemisch relevanteren Formen der Energie, die wir im Kapitel zur Thermodynamik genauer untersuchen, besser verstehen.

5.1 Arbeit ist das Resultat wirkender Kräfte

Tipler
Abschn. 5.1 *Arbeit* sowie Beispiele 5.1 bis 5.3

Nach dem ersten Newton'schen Axiom bewegt sich ein ruhendes Objekt keinen Millimeter von seinem Platz, solange es nicht von einer Kraft geschoben oder gezogen wird. Die Kraft verpufft dabei nicht einfach, sondern ihre Energie wandert in den neuen Zustand des Objekts hinein: Statt an Ort A befindet es sich nach der Verschiebung am Ort B. Diesen Vorgang bezeichnen wir in der Physik als **Arbeit.** Sie ist ein Maß für die Energie, die von der Kraft auf das Objekt übertragen wurde.

Für das Ausmaß der geleisteten Arbeit W kommt es darauf an, wie groß die Kraft F war, die das Objekt bewegt hat, und wie weit sie es verschoben hat x. Wirkt die Kraft genau in die gleiche Richtung wie die Verschiebung, brauchen wir lediglich ihre Beträge zu multiplizieren:

$$W = |F||\Delta x| \tag{5.1}$$

Wenn noch weitere Kräfte auf das Objekt einwirken, kann es unserer Arbeitskraft manchmal nicht in die gleiche Richtung folgen und bewegt sich stattdessen in einem Winkel θ voran. Abb. 5.2 im Tipler macht dies am Beispiel einer Kiste deutlich, die von der Schwerkraft am Boden gehalten wird, während wir mit einem schräg nach oben führenden Seil an ihr ziehen. In solchen Fällen fließt nur der Anteil der Kraft, der in die Verschiebungsrichtung weist F_x, in die Arbeit. Wir erhalten ihn, indem wir mit dem Cosinus des Winkels multiplizieren. Damit bekommen wir als allgemeine Gleichung für die Arbeit unter Wirken einer konstanten Kraft:

$$W = F_x \Delta x = |F| \cos \theta |\Delta x| \tag{5.2}$$

> **Wichtig**
> Der Merksatz „Arbeit ist gleich Kraft mal Weg" stimmt also nur, wenn Kraft und Weg in die gleiche Richtung weisen. Sonst müssen wir den Winkel zwischen beiden berücksichtigen.   ◄

Wir sehen, dass Arbeit keine vektorielle Größe ist wie die Kraft, sondern eine skalare Größe, die aus einem Zahlwert und einer Einheit besteht. Die Einheit der Arbeit ist das **Joule** mit dem Symbol J. Aus den Gl. 5.1 und 5.2 folgt, die Definition des Joule:

$$1\,\mathrm{J} = 1\,\mathrm{N} \cdot \mathrm{m} \tag{5.3}$$

In der Atom- und Kernphysik begegnet uns auch häufig das Elektronenvolt (eV) als Einheit, und in der Chemie sowie im Lebensmittelbereich stoßen wir manchmal auf die veraltete Einheit Kalorie (cal).

$$1\,\mathrm{eV} = 1{,}602 \cdot 10^{-19}\,\mathrm{J} \tag{5.4}$$
$$1\,\mathrm{cal} = 4{,}187\,\mathrm{J} \tag{5.5}$$

Beispiel

Die Gl. 5.1 und 5.2 bescheren uns aber auch eine Aussage, die im Widerspruch zu unserer Alltagserfahrung zu stehen scheint. Da wir nur dann Arbeit verrichten, wenn wir die Lage eines Objekts verändern, aber nicht, wenn wir es einfach in einer bestimmten Höhe festhalten, ist es aus physikalischer Sicht keine Arbeit, wenn wir ein schweres Gewicht lediglich halten. Mit $\Delta x = 0$ wird eben auch $W = 0$. Für starre technische Geräte wie Regale trifft dies sogar zu. Beim Menschen finden jedoch auf der Ebene der Muskelfasern und der Muskelproteine auch dann, wenn wir einen Gegenstand nur halten, unzählige kleine Bewegungen statt. Was von außen betrachtet statisch erscheint, ist in Wirklichkeit höchst dynamisch – und damit vollführen wir durchaus Arbeit, wenn wir eine Kiste einfach nur hochhalten. ◄

Manche Kräfte sind nicht während der gesamten Verschiebung konstant, sondern verändern sich. Wir sprechen von ortsabhängigen Kräften. Wenn wir beispielsweise an einem Gummiband ziehen, müssen wir immer mehr Kraft aufwänden, je länger das Gummi bereits ist. Eine ortsabhängige Kraft kann mit dem Weg aber auch schwächer werden. So nimmt die Schwerkraft der Erde umso mehr ab, je weiter wir uns von der Oberfläche entfernen. Abb. 5.5 im Tipler zeigt, wie wir den Verlauf der Kraft in winzige Abschnitte unterteilen, die wir zusammenzählen. Lassen wir die Teilstücke schließlich unendlich klein werden, wird die Addition zur Integration, und wir erhalten für die Arbeit einer ortsabhängigen Kraft:

$$W = \int_{x_A}^{x_E} F_x \, dx \tag{5.6}$$

Kennen wir die Funktion, mit der sich die Kraft ändert, können wir sie integrieren und berechnen, welche Arbeit zwischen den Orten x_A und x_E verrichtet wird. Tatsächlich haben Physiker für einige Systeme solche Funktionen ermittelt. Für eine Feder lautet sie beispielsweise nach dem **Hooke'schen Gesetz:**

$$F_x = -k_F \, x \tag{5.7}$$

Hier ist k_F die Federkonstante, in der alle Eigenschaften der speziellen Feder stecken, darunter wie „weich" oder „hart" sie ist. Ziehen wir an der Feder, wie es in Abb. 5.6b im Tipler zu sehen ist, verlängern wir x, das deshalb ein positives Vorzeichen hat. Durch das Minuszeichen in Gl. 5.7 wird die Kraft aber negativ, woran wir eine Zugkraft erkennen. Beim Drücken ist die Kraft dagegen positiv, weil x bei Verkürzung negativ ist.

Integrieren wir Gl. 5.7 und setzen wir das Ergebnis in Gl. 5.6 ein, bekommen wir als Formel für die Arbeit einer Feder:

$$W_{\text{Feder}} = \frac{1}{2} k_F \, x_A^2 - \frac{1}{2} k_F \, x_E^2 \tag{5.8}$$

Beispiel

In der Chemie verrichten Reaktionen häufig Volumenarbeit, wenn die Produkte ein anderes Volumen einnehmen als die Edukte. Beispielsweise nimmt das Wasser, das bei der Knallgasreaktion entsteht, weniger Raum ein als die Gase Wasserstoff und Sauerstoff. Umgekehrt dehnen sich Sprengstoffe auf dramatische Weise aus. Wir werden solche Prozesse im Rahmen der Thermodynamik in einem späteren Kapitel eingehend untersuchen. ◄

5.2 Leistung ist Arbeit pro Zeit

Tipler
Abschn. 5.2 *Leistung* und Beispiel 5.4

Ob ein Prozess schnell oder langsam abläuft, hat keinen Einfluss auf die Arbeit, die währenddessen geleistet wird. Eine Kiste auf einen Sockel zu heben, verlangt die gleiche Arbeit – mag der Vorgang eine Sekunde oder eine Stunde dauern. Wenn wir die Geschwindigkeit mit einbeziehen, gelangen wir zur physikalischen **Leistung** P:

$$P = \frac{\mathrm{d}W}{\mathrm{d}t} = \boldsymbol{F} \cdot \boldsymbol{v} \tag{5.9}$$

Leistung ist demnach „Arbeit pro Zeit" oder „Kraft mal Geschwindigkeit".
Sie ist eine skalare Größe mit der Einheit **Watt** (W).

$$1\,\mathrm{W} = 1\,\frac{\mathrm{J}}{\mathrm{s}} \tag{5.10}$$

Wie bei der Arbeit ist auch für die Leistung noch eine veraltete Einheit gebräuchlich: die Pferdestärke (PS).

$$1\,\mathrm{PS} = 735{,}5\,\mathrm{W} \tag{5.11}$$

5.3 Energie ist gespeicherte Arbeit

Tipler
Abschn. 5.3 *Kinetische Energie*

Wir haben zu Beginn des Kapitels gesagt, dass die Kraft, mit der ein Objekt bewegt wird, als Energie in seinen neuen Zustand wandert. Dabei muss es sich nicht unbedingt um einen neuen Ort handeln. Schon in der geänderten Bewegung steckt die Energie der Kraft. Allgemeiner formuliert, gilt:

» Energie ist die Fähigkeit eines Systems, Arbeit zu verrichten. Sie wird durch Kräfte übertragen.

Wir können die verschiedenen Energieformen vier großen Gruppen zuordnen:
- Die **kinetische Energie** ist die Bewegungsenergie.
- Die **potenzielle Energie** umfasst die Lage eines Objekts.
- Die **chemische Energie** liegt in den Bindungen eines Salzes oder eines Moleküls.
- Die **Wärmeenergie** oder thermische Energie resultiert aus den Zufallsbewegungen der Atome, Ionen und Moleküle eines Systems.

Die Einheit der Energie ist – wie bei der Arbeit – das Joule.
Wir werden im Folgenden die kinetische und die potenzielle Energie aus Sicht der Mechanik abhandeln und uns danach ansehen, wie sie sich ineinander umwandeln. Anschließend werfen wir einen kurzen Blick auf die Einflüsse der chemischen und thermischen Energie.

Beispiel
Bei einem Teilchen im Ruhezustand ist die kinetische Energie im Prinzip gleich Null. Für makroskopische, also mit bloßem Auge sichtbare Objekte, wie wir sie in der Mechanik betrachten, trifft diese Aussage zu. Mikroskopisch kleine Körper, Moleküle und Atome sind allerdings durch die Umgebungswärme ständig in Bewegung. Ihre kinetische Energie geht darum niemals ganz auf Null zurück. ◄

5.4 In Bewegung steckt kinetische Energie

Je stärker wir ein Teilchen beschleunigen wollen, desto mehr Kraft müssen wir aufwenden. Dementsprechend steckt in einer hohen Geschwindigkeit v auch mehr kinetische Energie E_{kin} oder Bewegungsenergie:

$$E_{kin} = \frac{1}{2}\, m\, v^2 \tag{5.12}$$

Tipler
Abschn. 5.3 *Kinetische Energie* und
Beispiele 5.5 bis 5.7

Die Geschwindigkeit geht sogar quadratisch ein und erhöht die kinetische Energie somit gleich um das Vierfache, wenn die Geschwindigkeit verdoppelt wird. Die Richtung, in die sich das Teilchen bewegt, ist dabei unwichtig. Die kinetische Energie ist folglich eine skalare Größe. Die Masse m des Teilchens hat keinen so großen Einfluss auf die Energie.

Solange wir das Teilchen nicht verändern, indem wir beispielsweise Bindungen aufbrechen oder es verformen, fließt die gesamte Arbeit W in die Änderung der kinetischen Energie:

$$W = \Delta E_{kin} \tag{5.13}$$

5.5 Die potenzielle Energie hängt von der Lage ab

Wenn sich ein Teilchen bewegt, ändert es mitunter auch seine Position innerhalb eines Schwerefeldes oder eines elektrischen Feldes. Unter diesen Umständen wandert nicht alle Arbeit in die kinetische Energie. Ein Teil – oder sogar alles – geht in die potenzielle Energie oder Lageenergie.

Tipler
Abschn. 5.4 *Potenzielle Energie* und
Beispiel 5.10

Im Tipler wird dies mit einem Gewicht, das von der Erde angehoben wird (Abb. 5.20), und einer gestauchten Feder (Abb. 5.21) erläutert. In beiden Fällen bewegt sich das Gewicht bzw. die Feder am Ende nicht mehr, die kinetische Energie ist somit gleich Null. Die Arbeit steckt vollständig in der potenziellen Energie als potenzielle Energie der Gravitation bzw. elastische potenzielle Energie.

Die **potenzielle Energie einer Feder** mit der Federkonstanten k_F hängt quadratisch davon ab, wie weit wir sie dehnen oder stauchen (x):

$$E_{pot} = \frac{1}{2}\, k_F\, x^2 \tag{5.14}$$

Die **potenzielle Energie der Gravitation** in der Nähe der Erdoberfläche richtet sich nach der Masse m des Teilchens und der Höhe h gegenüber einem willkürlich gesetzten Nullpunkt:

$$E_{pot} = m\, g\, h \tag{5.15}$$

g ist hier wieder die Erdbeschleunigungskonstante.

> **Wichtig**
>
> Dass es keine absolute Höhe Null gibt, ist an dieser Stelle wichtig. Auch die Meereshöhe „Normal Null (NN)", die wir gerne als Bezugspunkt für geografische Angaben nutzen, ist nur per Konvention festgelegt. Ebenso gut könnten wir vom tiefsten Punkt der Erdoberfläche oder von unserer Schreibtischplatte ausgehen. Letztlich geben wir immer eine Höhendifferenz zwischen Standort und Bezugshöhe an. Damit ist aber auch die potenzielle Energie der Gravitation stets nur der Unterschied zur potenziellen Lageenergie am Vergleichsort. Wir können nicht sagen, wie viel potenzielle Energie absolut aufgrund seiner Lage in einem Teilchen steckt, sondern nur, dass es soundso viel Joule mehr oder weniger als auf der Bezugshöhe sind. In der Praxis bedeutet dies, dass wir uns in einer Aufgabe selbst aussuchen können, wo wir die Nulllinie für

5

unsere Höhenangabe setzen. Wir erhalten dann den Unterschied in der potenziellen Energie der Gravitation bezogen auf diesen Ort. Gerät das Teilchen tiefer als unser Bezugspunkt, kann die potenzielle Energie durchaus negative Werte annehmen, weil wir Arbeit verrichten müssten, um es wieder auf unser gewähltes Nullniveau zu hieven.   ◄

Beispiel

Bei elektrisch geladenen Teilchen wie Ionen kommt es weniger auf die Lage der Teilchen im Gravitationsfeld der Erde als auf die Position in einem eventuell vorhandenen elektrischen Feld an. Die Ionen werden jeweils entgegen ihrer eigenen Ladung in dem Feld beschleunigt, und es kostet Arbeit, sie gegen diesen Sog zu bewegen. Die potenzielle Energie eines Ions in einem elektrischen Feld ist darum umso größer, je weiter wir es gegen seine bevorzugte Richtung im Feld bewegt haben.

Elektrische Felder und Ladungen sind Gegenstand des Kapitels Elektrizität im zweiten Band.   ◄

5.6 Energie bleibt immer erhalten

Tipler
Abschn. 5.5 *Energieerhaltung* und
Beispiele 5.12 bis 5.16

Ein fundamentaler Satz der Physik lautet, dass Energie niemals verloren geht oder aus dem Nichts entsteht. Sie wird stets nur von einer Form in eine andere überführt.

Das **Gesetz zur Erhaltung der mechanischen Energie** lautet daher: Die mechanische Gesamtenergie E_{mech} ist die Summe aus der kinetischen und der potenziellen Energie.

$$E_{\text{mech}} = E_{\text{kin}} + E_{\text{pot}} = \text{konstant} \tag{5.16}$$

Beispiel

Den Wechsel von der einen Energieform in die andere können wir besonders gut an einem Pendel beobachten (Abb. 5.33 im Tipler). Lenken wir den Pendelkörper aus der Ruhelage seitlich aus, erhöhen wir mit der Arbeit, die wir dafür aufbringen, die Energie des Pendels. Solange wir es festhalten, steckt der Zuwachs vollständig in der potenziellen Energie des Pendelkörpers, der sich nun ein wenig höher als in der Ruhelage befindet.

Sobald wir loslassen, zieht die Gravitationskraft den Pendelkörper nach unten. Die potenzielle Energie nimmt durch seine Abwärtsbewegung ab, gleichzeitig steigt aber mit der zunehmenden Geschwindigkeit die kinetische Energie an. Sie erreicht ihren Höchstwert, wenn der Pendelkörper durch die vormalige Ruheposition rauscht. Die gesamte Energie, die wir zugeführt hatten, liegt nun als Bewegungsenergie vor. Die potenzielle Energie ist am tiefsten Punkt der Bahn gleich Null, denn diese Stelle hatten wir als Nullpunkt festgelegt.

Steigt der Pendelkörper auf der anderen Seite wieder auf, wird er langsamer, während er an Höhe gewinnt. Seine kinetische Energie wandelt sich nach und nach in potenzielle Energie.

Ohne Reibung an der Luft und an der Aufhängung könnte dieser Prozess ewig weiterlaufen. Denn die Energie, die wir zu Beginn in das System gesteckt haben, kann nicht einfach verschwinden, sondern ist in dem Wechsel zwischen den beiden Energieformen gefangen.   ◄

In den Beispielen, die wir bisher betrachtet haben, sind wir davon ausgegangen, dass es keine Reibung und keine Stoffumsätze gab. Bei solchen Vorgängen ist es egal, auf welchem Weg wir vom einen Zustand in den anderen gelangen. Wollen wir beispielsweise eine Kugel vom Boden auf einen 1 m hohen Tisch legen, können wir das auf dem kürzesten Weg machen oder sie erst bis unter die Zimmerdecke hieven und dann auf dem Tisch ablegen. In beiden Fällen hat sich die potenzielle Energie der Kugel um den gleichen Betrag erhöht.

Dies gilt aber nur für sogenannte **konservative Kräfte.** Bei ihnen ist die Arbeit, die verrichtet wird, unabhängig vom Weg des Teilchens.

Bei **nichtkonservativen Kräften** kommt es dagegen durchaus auf den Weg an. Beispielsweise wandeln Reibungskräfte einen Teil der Energie in Wärmeenergie um, die sich nicht wieder vollständig in kinetische oder potenzielle Energie zurück wandeln lässt. Dadurch gibt es bei einem langen Weg einen größeren Verlust an mechanischer Energie als bei einem kurzen Weg. Wir sagen, ein Teil der Energie wird „dissipiert", wenn er in eine Form (wie beispielsweise Wärme) überführt wird, die nicht wieder komplett in mechanische Energie umgewandelt werden kann. Sobald nichtkonservative Kräfte beteiligt sind, gilt das Gesetz zur Erhaltung der mechanischen Energie nicht mehr.

Zu den nichtkonservativen Kräften gehören:

- Reibung
- Verformung
- chemische Reaktionen
- Strahlungsenergie
- ...

Beziehen wir diese Kräfte und ihre zugehörigen Energieformen mit ein, gilt der **Energieerhaltungssatz:**

》 Die Gesamtenergie des Universums ist konstant. Energie kann von einer Form in eine andere umgewandelt und von einem Ort an einen anderen übertragen, jedoch nie erzeugt oder vernichtet werden.

Oder mathematisch formuliert ändert sich die Gesamtenergie E eines System nur um die Energiebeiträge, die dem System zugeführt (E_{ein}) oder von ihm abgegeben (E_{aus}) werden:

$$E_{\text{ein}} - E_{\text{aus}} = \Delta E \qquad (5.17)$$

Wollen wir die Gesamtenergie eines Systems erhöhen, müssen wir also mit äußeren Kräften Arbeit W_{ext} hineinstecken. Soll die Gesamtenergie sinken, können wir das System Arbeit verrichten lassen:

$$W_{\text{ext}} = \Delta E \qquad (5.18)$$

In welcher Form die Energie vorliegt und mit welcher Kraft sie übertragen wird, ist dabei nicht so wichtig. Wir können das System, beispielsweise einen Eimer voll Wasser, dazu anheben, ihn radioaktiv bestrahlen oder erhitzen.

Beispiel

In der Chemie haben wir es meistens mit der chemischen Energie und der Wärmeenergie zu tun, sodass die Gesamtenergie in der Regel die Summe aus diesen beiden Formen ist:

$$E = E_{\text{chem}} + E_{\text{Wärme}} \qquad (5.19)$$

5

Bei chemischen Reaktionen ändert sich mit den Bindungen die chemische Energie und durch die Aufnahme oder Abgabe von Wärme (bei endothermen bzw. exothermen Reaktionen) die Wärmeenergie.   ◄

Im Tipler finden Sie Erläuterungen und Übungsaufgaben zu Prozessen mit Gleitreibung sowie zu chemischer Energie, die Sie nachvollziehen sollten.

Verständnisfragen

14. Verrichten zwei Büffel, die beim Revierkampf Kopf am Kopf drückend auf der Stelle verharren, Arbeit?

15. Macht es einen Unterschied für die Größe der Arbeit, ob ein Gemisch während einer Reaktion innerhalb von einer Zehntelsekunde sein Volumen verhundertfacht oder ob es dafür eine Stunde benötigt? Wie sieht es in beiden Fällen mit der Leistung aus?

16. In welchen Formen liegt die Energie vor, wenn eine Feststoffrakete in die Erdumlaufbahn startet?

Impuls

© Springer-Verlag GmbH Deutschland, ein Teil von Springer Nature 2020
O. Fritsche, *Physik für Chemiker I*, https://doi.org/10.1007/978-3-662-60350-5_6

Kräfte sind physikalische Größen, die Veränderungen schaffen, indem sie Objekte beschleunigen oder verformen. Wollen wir die ungestörte Bewegung eines Teilchens charakterisieren, benötigen wir eine neue physikalische Größe: den Impuls.

Kommt es dann zum Zusammenstoß zweier Teilchen, werden nicht nur Kräfte übertragen und Richtungen geändert – die Kontrahenten können sich durch die Kollision auch verformen. Oder sie nutzen die Energie, um eine chemische Reaktion zu initiieren.

6.1 Impuls ist der Schwung eines Teilchens

Tipler
Abschn. 6.1 *Impulserhaltung* und Beispiele
6.1 bis 6.4

6

Obwohl wir uns seit mehreren Kapiteln mit Bewegungen von Teilchen beschäftigt haben, fehlt uns noch immer eine Größe, mit der wir angeben können, wie viel Bewegung in einem Teilchen steckt – gewissermaßen der „Schwung", mit dem es unterwegs ist. Die Kraft ist hierfür ungeeignet, da sie nur bei Änderungen von Bewegungen auftritt, aber nicht bei ungestörten Bewegungen. Auch die Geschwindigkeit reicht nicht aus, denn bei gleichem Tempo ist ein LKW eindeutig schwieriger zu stoppen als ein PKW.

Die geeignete Größe für die „Bewegungsmenge" eines Teilchens ist sein **Impuls p**:

$$p = m\,v \tag{6.1}$$

In die kinetische Energie fließt der Impuls gleich quadratisch ein:

$$E_{\mathrm{kin}} = \frac{1}{2}\,m\,v^2 = \frac{(m\,v)^2}{2\,m} = \frac{p^2}{2\,m} \tag{6.2}$$

Der Impuls ist eine vektorielle Größe und weist in die gleiche Richtung wie die Geschwindigkeit v, mit der das Objekt unterwegs ist. Je schneller es ist und je mehr Masse m es aufweisen kann, desto größer ist der Impuls – und damit der Schwung, mit dem es in eine Kollision geht. Seine Einheit ist kg · m/s.

Stellen wir Gl. 6.1 für den Impuls und Gl. 4.3 für die Kraft ($F = m\,a$) einander gegenüber, fällt auf, dass sie sich nur darin unterscheiden, dass es bei der Kraft auf die Beschleunigung, also die Änderung der Geschwindigkeit in der Zeit ankommt, während beim Impuls die Geschwindigkeit direkt vorkommt. Indem Kraft die Geschwindigkeit eines Teilchens manipuliert, verändert es auch seinen Impuls. Im Extremfall ruht ein Teilchen zu Beginn und hat somit einen Impuls von Null. Eine Kraft setzt es in Bewegung und verleiht ihm einen Impuls. Prallt das Teilchen gegen ein Hindernis, geht ein Teil des Impulses in die Kraft über, die das Teilchen auf das Hindernis ausübt.

Ohne einwirkende äußere Kraft (F_{ext}) ändert sich der Impuls eines Teilchens also nicht. Dieser **Impulserhaltungssatz** ist eine weitere wichtige Säule der Physik. In Formelschreibweise lautet er:

$$p = \sum_i m_i\,v_i = \text{konstant, wenn } F_{ext} = 0 \tag{6.3}$$

Im Tipler ist er folgendermaßen formuliert:

» Wenn die Summe aller äußeren Kräfte auf ein System null ist, dann bleibt der Gesamt-impuls des Systems konstant.

Der Impulserhaltungssatz erklärt uns, warum Gegenstände nicht plötzlich von selbst anfangen zu schweben, weshalb sich Tische nicht ohne Grund verrücken und warum Teilchenstrahlen in Massenspektrometern ohne magnetische oder elektrische Felder geradeaus fliegen: Ohne Nettokraft bleibt der Impuls und damit die Bewegung unveränderlich.

Der Impulserhaltungssatz gilt nicht nur für einzelne Objekte, sondern auch für Vielteilchensysteme, wie sie in der Chemie normal sind, beispielsweise als Lösungen mit unzähligen Molekülen. In diesen Fällen steht p für den Gesamtimpuls:

$$p = \sum_i m_i \, v_i = \sum_i p_i \qquad\qquad (6.4)$$

Beispiel 6.4 im Tipler zeigt eine typische Anwendung des Impulserhaltungssatzes. Der Impuls eines radioaktiven Nuklids ist vor dem Zerfall gleich Null. Als es ein Alphateilchen ausstößt, fliegt dies mit einem bestimmten Impuls in eine Richtung. Der zurückgelassene Kern erhält dadurch einen gleich großen Impuls in die entgegengesetzte Richtung, sodass der Gesamtimpuls des Systems unverändert bleibt.

6.2 Zusammenstöße fallen in verschiedene Kategorien

In Gasen und Flüssigkeiten kommt es in jeder Sekunde zu unzähligen Kollisionen zwischen den Atomen und Molekülen. Je nach der Geometrie des Zusammenstoßesunterscheiden wir zwischen verschiedenen Stoßarten, wie sie in Abb. 6.7 im Tipler zeichnerisch dargestellt sind. Die sogenannte Stoßlinie ist darin als gestrichelte Linie zu sehen. Sie steht senkrecht auf der Berührungsebene.

Tipler
Abschn. 6.2 *Stoßarten*

- Bei einem **geraden Stoß** liegen die Bewegungsrichtungen parallel zur Stoßlinie.
- Bei einem **schiefen Stoß** bewegen sich die Kontrahenten nicht parallel zur Stoßlinie. Die Objekte prallen mehr oder weniger schräg aufeinander.
- Verläuft die Stoßlinie durch die beiden Schwerpunkte der Objekte, handelt es sich um einen **zentralen Stoß**. Sind die Schwerpunkte versetzt, ist der Stoß exzentrisch.

Wichtiger noch ist die Einteilung der Stöße nach den Folgen der Kollision:

- Nach einem **elastischen Stoß** ist die kinetische Gesamtenergie der beiden Objekte genauso groß wie vor dem Ereignis. Sie sind nur mit einem Richtungswechsel voneinander abgeprallt. Derartige Kollisionen finden in Fluiden ständig zwischen den Atomen und Molekülen statt.
- Während eines **inelastischen Stoßes** wandelt sich ein Teil der kinetischen Energie in eine andere Energieform um. Beispielsweise können sich die Objekte verformen, oder es findet eine chemische Reaktion statt, wobei die kinetische Energie zur chemischen Energie beiträgt.
- Im Extremfall verbinden sich die Kollisionspartner in einem **vollständig inelastischen Stoß** miteinander, indem sie sich verhaken oder chemisch miteinander verbinden. Beide bewegen sich dann gemeinsam in die gleiche Richtung weiter.

6.3 Stöße üben viel Kraft in kurzer Zeit aus

Bei einem Zusammenstoß zwischen zwei Teilchen wird der Impuls p der Bewegung innerhalb sehr kurzer Zeit in Kraft F umgesetzt, mit der die beiden Kontrahenten sich gegenseitig bremsen oder auf neue Bahnen lenken. Abb. 6.8 im Tipler zeigt, dass der Prozess zum Zeitpunkt t_A beginnt, wenn die Teilchen Kontakt zueinander aufnehmen. Je nachdem, wie starr oder elastisch die Körper sind bzw. wie groß die Abstoßung durch die Ladungen ist, steigt die Kraft sehr schnell an, erreicht ein Maximum und fällt wieder ab, sobald die Teilchen zum Zeitpunkt t_E vollständig abgebremst oder auf neue Bahnen gelenkt wurden.

Tipler
Abschn. 6.3 *Kraftstoß und zeitliches Mittel der Kraft* und Beispiel 6.5

6

> **Beispiel**
> Bei kollidierenden Atomen beginnt eine Kollision, sobald die Elektronenhüllen anfangen, die elektrische Ladung ihres Stoßpartners wahrzunehmen. Je näher sich die Hüllen kommen, desto stärker wächst die Abstoßung zwischen ihnen. Im Teil zur Elektrizität werden wir sehen, dass die Kraft mit abnehmender Distanz quadratisch anwächst.   ◄

Die Fläche unter der Kurve entspricht der Gesamtkraft während des Stoßes. Wir können sie berechnen, indem wir das Integral bilden. Da die Kraft aus dem Impuls der Bewegung stammt, gilt beim **Kraftstoß** für die Impulsänderung Δp:

$$\Delta p = p_\mathrm{E} - p_\mathrm{A} = \sum_{t\mathrm{A}}^{t\mathrm{E}} F \, \mathrm{d}t \tag{6.5}$$

Die Indices A und E stehen für den Beginn bzw. das Ende des Stoßes.

Wir können diese Formel auch für einzelne Teilchen aufstellen, die wir mit dem Index i durchnummerieren (Gl. 6.7 im Tipler) oder für für ein ganzes Teilchensystem, indem wir die Kraft als von außen kommende Kraft F_ext ansehen (Gl. 6.8 im Tipler). Solch eine äußere Kraft könnte beispielsweise eine Schockwelle sein.

Da wir die Funktion, nach welcher der Kraftstoß verläuft, in der Regel nicht kennen, rechnen wir in der Praxis meistens nicht mit Gl. 6.5, sondern mit der **mittleren Kraft** $\langle F \rangle$, bei der wir so tun, als wäre die Kraft während der gesamten Stoßdauer Δt konstant:

$$\langle F \rangle = \frac{\Delta p}{\Delta t} \tag{6.6}$$

Aufgelöst nach der Impulsänderung erhalten wir:

$$\Delta p = \langle F \rangle \, \Delta t \tag{6.7}$$

Mit diesen Gleichungen haben wir eine Möglichkeit, die Kraft eines Stoßes für einige Fälle tatsächlich zu berechnen. Wenn beispielsweise das eine Objekt ruht und das andere Objekt durch die Kollision vollkommen zum Stillstand kommt, können wir die Impulsänderung mit Gl. 6.1 aus seiner Masse und seiner Anfangsgeschwindigkeit bestimmen. Die Dauer des Stoßes schätzen wir ab oder folgern sie aus anderen Parametern des Vorgangs.

6.4 Bei elastischen Stößen prallen die Teilchen voneinander ab

Tipler
Abschn. 6.5 *Elastische Stöße* und Beispiele 6.10 und 6.11

Im einfachsten idealen Fall eines **vollkommen elastischen Stoßes** prallen die kollidierenden Objekte voneinander ab und bewegen sich auf neuen Bahnen weiter, ohne dass sich die Summe ihrer Geschwindigkeiten verändert hat. Lediglich die Aufteilung der Geschwindigkeiten ist neu und folgt dem Impulserhaltungssatz (Gl. 6.4). Auch die kinetische Energie bleibt bei vollkommen elastischen Stößen erhalten.

Rechnen wir wie im Tipler mit relativen Geschwindigkeiten, kommen wir für zentrale Stöße in einer Dimension zu dem Ergebnis, dass die Geschwindigkeit $v_\mathrm{Annäherung}$, mit der sich die beiden Teilchen einander annähern, genauso groß ist wie die Geschwindigkeit $v_\mathrm{Entfernung}$, mit der sie sich nach dem Stoß voneinander entfernen, aber das umgekehrte Vorzeichen hat:

$$v_{\text{Annäherung}} = -v_{\text{Entfernung}} \tag{6.8}$$

Für den speziellen Fall, dass eines der Objekte mit der Geschwindigkeit $v_{1,\text{A}}$ auf das ruhende Objekt 2 stößt, erhalten wir für die Endgeschwindigkeiten $v_{1,\text{E}}$ und $v_{2,\text{E}}$:

$$v_{1,\text{E}} = \frac{m_1 - m_2}{m_1 + m_2}\, v_{1,\text{A}} \tag{6.9}$$

$$v_{2,\text{E}} = \frac{2\, m_1}{m_1 + m_2}\, v_{1,\text{A}} \tag{6.10}$$

Für mehr als eine Dimension werden die Rechnungen schnell sehr kompliziert.

Beispiel

Wenn makroskopische Objekte miteinander kollidieren, wird praktisch immer ein Teil der Energie in Wärme umgewandelt und steht damit für die weitere Bewegung nicht mehr zur Verfügung. Deshalb springen Bälle, die auf den Boden prallen, nicht wieder bis zu ihrer Ausgangshöhe zurück.

Bei den Zusammenstößen zwischen den Molekülen eines Fluids begegnen uns dagegen tatsächlich vollkommen elastische Stöße, da Wärme auf atomarer Ebene nichts weiter ist als die Bewegung der Teilchen. Im Teil zur Thermodynamik werden wir dieses Thema genauer betrachten. ◄

6.5 Die Elastizität eines Teilchens bestimmt sein Verhalten bei einem Stoß

Vollkommen elastische Stöße treten bei makroskopischen Objekten nicht auf. Ein Teil ihrer Bewegungsenergie geht immer verloren, indem er beispielsweise eine Verformung oder Erwärmung bewirkt, wie wir es gleich im Abschnitt zu inelastischen Stößen sehen werden. Die Relativgeschwindigkeit v_{rel} der Teilchen zueinander ist deshalb nach einem realen Stoß immer kleiner als vor dem Zusammenprall. Als Maß dafür, wie elastisch ein Stoß abläuft, bietet sich deshalb das Verhältnis der Relativgeschwindigkeiten an, das wir als **Elastizitätskoeffizienten** e bezeichnen:

$$e = \frac{v_{\text{rel, nach}}}{v_{\text{rel, vor}}} = \frac{v_{1,\text{E}} - v_{2,\text{E}}}{v_{2,\text{A}} - v_{1,\text{A}}} \tag{6.11}$$

Je dichter e an 1 liegt, desto größer war der elastische Anteil des Stoßes. Bei $e = 0$ war der Stoß vollständig inelastisch.

6.6 Inelastische Stöße verändern die Teilchen

Das entgegengesetzte Extrem zum vollständig elastischen Stoß ist der vollständig inelastische Stoß, bei dem sich die kollidierenden Teilchen vereinigen und anschließend gemeinsam fortbewegen.

In dem besonderen Fall, dass ein Objekt mit der Masse m_2 ruht und von einem zweiten Objekt mit der Masse m_1 und der Geschwindigkeit v_1 getroffen wird, muss wegen der Impulserhaltung der Impuls p des anfliegenden Teilchens für beide Objekte gemeinsam reichen. Weil sie zusammen mehr Masse haben, werden sie gekoppelt langsamer sein und eine geringere kinetische Energie haben:

$$E_{\text{kin, E}} = \frac{p^2}{2(m_1 + m_2)} \tag{6.12}$$

Tipler

Abschn. 6.4 *Inelastische Stöße* und Beispiele 6.6 und 6.7

6

Beispiel
In der Chemie begegnen uns vollkommen inelastische Stöße beispielsweise in Emulsionen von Lipiden in Wasser, wenn die Lipidtröpfchen miteinander zu größeren Tröpfchen verschmelzen.   ◄

Verständnisfragen
17. Um welche Art von Stoß handelt es sich, wenn Wassermoleküle von der Gefäßwand abprallen? Welche Variante liegt vor, wenn die Moleküle miteinander zusammenstoßen?
18. Welches Molekül hat bei gleicher Geschwindigkeit den größeren Impuls – Wasser oder Sauerstoff?
19. ändert sich der Impuls eines Teilchens, wenn wir seine Richtung, aber weder seine Geschwindigkeit noch seine Masse ändern?

Drehbewegungen

© Springer-Verlag GmbH Deutschland, ein Teil von Springer Nature 2020
O. Fritsche, *Physik für Chemiker I*, https://doi.org/10.1007/978-3-662-60350-5_7

Die Gesetzmäßigkeiten, die wir für lineare Bewegungen kennengelernt haben, gelten analog auch für Objekte, die um ihre eigene Achse rotieren. In der Chemie helfen uns die speziellen Eigenschaften des Drehverhaltens häufig bei der Analyse einer Substanz.

7.1 Bei Drehungen kommt es auf den Winkel an

Tipler
Abschn. 8.1 *Kinematik der Drehbewegung*
und Beispiel 8.1

Wenn wir Rotationen vermessen und vergleichen wollen, hilft es uns die Strecke, die ein Teilchen auf seiner Kreisbahn zurücklegt, wenig, da sie mit zunehmendem Abstand vom Mittelpunkt zunimmt, ohne dass die eigentliche Drehung schneller wird. Wir nutzen deshalb den **Drehwinkel** $d\theta$, um den unser Teilchen vom Mittelpunkt aus gesehen in der Zeit dt weitergewandert ist. Damit erhalten wir für die **Drehgeschwindigkeit** oder **Winkelgeschwindigkeit** ω:

$$\omega = \frac{d\theta}{dt} \tag{7.1}$$

Die vorangestellten Kleinbuchstaben d weisen darauf hin, dass wir einen sehr kurzen Zeitabschnitt betrachten, in dem nur eine winzige Winkelveränderung stattfindet. Auf diese Weise erhalten wir recht genaue Angaben für die aktuelle Winkelgeschwindigkeit anstelle eines Durchschnittwerts für einen längeren Zeitabschnitt.

Wenn wir mit dem Drehwinkel rechnen wollen, dürfen wir seinen Wert nicht in den gewohnten Gradzahlen angeben, bei denen 360° eine volle Umdrehung ergeben. Stattdessen müssen wir in Bogenmaß mit der Hilfseinheit Radiant und dem Symbol rad arbeiten. Eine komplette Umdrehung ist nach 2π rad erreicht. Hier steht „2π" für den Zahlenwert wie die „360" im Gradsystem und „rad" für die Einheit wie das Gradzeichen „°". Die Umrechnung zwischen den beiden Winkeleinheiten erfolgt damit über:

$$\text{Winkel in rad} = \frac{\text{Winkel in}\,°}{360°} \cdot 2\pi \tag{7.2}$$

$$\text{Winkel in}\,° = \frac{\text{Winkel in rad}}{2\pi} \cdot 360° \tag{7.3}$$

Die SI-Einheit der Winkelgeschwindigkeit ist $\text{rad} \cdot \text{s}^{-1}$, was häufig auf s^{-1} verkürzt wird. Im Alltag werden Rotationsgeschwindigkeiten auch gerne in Umdrehungen pro Sekunde $(\text{U} \cdot \text{s}^{-1})$ angegeben. Wir können dies umrechnen mit:

$$1\,\text{U} = 2\pi\,\text{rad} = 360° \tag{7.4}$$

Das Vorzeichen für Drehungen um eine feste Achse ist per Definition so gewählt, dass eine Drehung gegen den Uhrzeigersinn positiv ist, eine Rotation mit dem Uhrzeigersinn negativ. Wollen wir allgemeiner rechnen, weil sich beispielsweise die Drehachse während der Messung verschiebt, müssen wir die Winkelgeschwindigkeit als Vektorgröße $\boldsymbol{\omega}$ behandeln. Sie weist dann nicht mehr mit oder gegen die Drehrichtung, sondern senkrecht zu ihr. Mit der **Rechte-Hand-Regel,** die in Abb. 8.2 im Tipler illustriert ist, können wir die Richtung der Winkelgeschwindigkeit ermitteln. Dafür stellen wir uns vor, wir würden die aktuelle Drehachse so mit der rechten Hand umfassen, dass die Finger in Drehrichtung weisen. Der ausgestreckte Daumen zeigt uns dann die Richtung der Winkelgeschwindigkeit.

Wie lineare Bewegungen können auch Drehbewegungen schneller oder langsamer werden. Die **Winkelbeschleunigung** $\boldsymbol{\alpha}$ ist die Änderung der Winkelgeschwindigkeit in der Zeit:

$$\alpha = \frac{d\omega}{dt} \qquad (7.5)$$

Auch die Winkelbeschleunigung ist eine Vektorgröße. Ihre Einheit ist rad $\cdot$ s^{-2}.

Für einen Zeitraum Δt erhalten wir als Durchschnittswert die **mittlere Winkelbeschleunigung**:

$$\langle \alpha \rangle = \frac{\Delta\omega}{\Delta t} \qquad (7.6)$$

Beispiel

In der chemischen Analytik begegnen uns nicht nur rotierende Substanzen, sondern auch die Drehrichtung der Polarisationsebene des Lichts, das durch eine Lösung fällt, liefert uns wichtige Anhaltspunkte über den Aufbau eines Moleküls. Chirale Verbindungen, bei denen beispielsweise ein Kohlenstoffatom mit vier unterschiedlichen Liganden verknüpft ist, verändern je nach ihrer räumlichen Konfiguration die Drehung in die eine oder die andere Richtung. Wir bezeichnen den Vorgang als optische Aktivität und nennen die Substanzen linksdrehend oder rechtsdrehend. Während bei chemischen Synthesen meistens ein Gemisch aus Molekülen mit beiden Drehrichtungen entsteht, treten biologische Moleküle häufig (fast) nur in einer Variante auf. So sind die Aminosäuren, aus denen sich Proteine zusammensetzen, immer linksdrehend, während das Monosaccharid Glucose rechtsdrehend ist. ◀

7.2 Auch in Drehungen steckt kinetische Energie

Damit wir mit unseren gewohnten Gleichungen arbeiten können, stellen wir uns vor, das Objekt, das sich um seine eigene Achse dreht, bestünde aus unzähligen winzigen Teilchen, die gemeinsam um den Mittelpunkt der Drehung wandern. Um die Eigenschaften des gesamten Körpers zu bestimmen, müssen wir dann die Eigenschaften aller Teilchen addieren. Dabei stellen wir fest, dass sich viele Besonderheiten von Rotationen letztlich auf das Verhalten der Teilchen bei geradlinigen Bewegungen zurückführen lassen.

So ist allen Massenpunkten gemeinsam, dass sie ihre Bewegungsrichtung am liebsten beibehalten möchten. Wie wir es in den vorhergehenden Kapiteln für geradlinige Bewegungen besprochen haben, haben sie aufgrund ihrer Trägheit die Tendenz, geradeaus weiterzufliegen. Nur weil die Bindungskräfte, die das Objekt zusammenhalten, sie ständig zur Drehachse ziehen, halten sie ihre Kreisbahnen ein. Wollten wir die Rotation beschleunigen, verlangsamen oder ihre Richtung ändern, müssten wir auch dafür eine Kraft aufwänden. Auch die Drehung beharrt also auf ihrem aktuellen Zustand. Das Maß, mit dem sie gegen jegliche Änderung Widerstand leistet, nennen wir das **Trägheitsmoment** I oder Massenträgheitsmoment:

$$I = \sum_i m_i r_i^2 \qquad (7.7)$$

Zum Trägheitsmoment tragen alle i Massenpunkte des Objekts bei. Je größer diese Teilmassen m_i sind und je weiter der Abstand zur Drehachse r_i ist, desto größer ist ihr jeweiliger Anteil.

Tipler

Abschn. 8.2 *Die kinetische Energie der Drehbewegung* und Beispiel 8.2

7

> **Wichtig**
> Das Trägheitsmoment einer Drehung entspricht der trägen Masse einer geradlinigen Bewegung, da es diejenige Eigenschaft ist, die am augenblicklichen Bewegungszustand festhält. ◀

Mit dem Trägheitsmoment und der Winkelgeschwindigkeit können wir analog zu Gl. 9.12 die kinetische Energie E_{kin} der Drehbewegung berechnen:

$$E_{kin} = \frac{1}{2}\, I\, \omega^2 \tag{7.8}$$

Da die kinetische Energie ein Skalar ist, reicht es aus, wenn wir hier mit dem Betrag der Winkelgeschwindigkeit arbeiten.

Im Abschn. 8.3 *Berechnung von Trägheitsmomenten* im Tipler sind für verschiedene idealisierte Körper Gleichungen aufgeführt, mit denen sich deren Trägheit ermitteln lässt. Für chemische Moleküle mit ihren unregelmäßigen Formen sind diese Näherungen nur bedingt nützlich. Es genügt daher, wenn wir uns diesen Abschnitt einmal ansehen, ohne intensiv auf die einzelnen Formen einzugehen.

Beispiel
Bei der spektroskopischen Analyse von Substanzen untersuchen wir den Abstand zwischen verschiedenen Energieniveaus der Probe. Welche energetischen Stufen ein Atom oder ein Molekül einnehmen kann, hängt von verschiedenen Parametern ab. Den größten Einfluss hat die Art und Anordnung seiner Orbitale, in denen sich die Elektronen aufhalten können. Bei mehratomigen Molekülen tragen aber auch die Rotationen und Vibrationen zur Gesamtenergie bei. Besonders die Mikrowellenspektroskopie liefert durch Unterscheidung zwischen verschiedenen Rotationsenergieniveaus Informationen zur Molekülstruktur und zu den Bindungslängen. Mehr dazu erfahren wir in der Studieneinheit zur Physikalischen Chemie. ◀

7.3 Drehmomente verändern Rotationen

Tipler
Abschn. 8.4 *Das Drehmoment* und
Beispiele 8.6 und 8.7

Das Gegenstück zur Kraft ist bei Rotationen das **Drehmoment** M. Es versetzt einen ruhenden Körper in Drehung, beschleunigt oder bremst ihn. Damit dies geschieht, muss eine gradlinige Kraft, wie wir sie bereits kennen, ganz oder teilweise in tangentialer Richtung an ihm zerren, wie das in den Abb. 8.18 und 8.19b im Tipler zu sehen ist. Stößt oder zieht sie nur in gerader Verlängerung seines Massenschwerpunkts wie in Abb. 8.19a verschiebt sie lediglich das Objekt als Ganzes, bringt es aber nicht zum Rotieren.

Je weiter außen die Kraft ansetzt – je größer also ihr Abstand r zum Drehzentrum ist –, umso größer ist das Drehmoment. Die Kraft sitzt dann sozusagen „am längeren Hebel" und kann eine größere Wirkung entfalten. Außerdem hängt das Drehmoment von dem Winkel ab, in dem die Kraft angreift. Ideal ist es, wenn die Kraft rein in Richtung der Tangente zur Drehung weist. Sonst bewirkt nur die tangentiale Komponente F_t ein Drehmoment. Abb. 8.20 und 8.21 zeigt an zwei Beispielen, wie wir diesen Anteil durch eine Vektorzerlegung ermitteln können. Nennen wir den Winkel zwischen der Kraftrichtung und der Verlängerung der Verbindungslinie zwischen Drehachse und Angriffspunkt der Kraft θ, erhalten wir als Gleichung für das **Drehmoment bezüglich einer Achse** oder **Kraftmoment**:

$$M = F_t\, r = F\, r\, \sin\theta \tag{7.9}$$

Die Einheit des Drehmoments ist das Newtonmeter N · m.

Mit den Gl. 7.9 und 7.7 können wir nun das **zweite Newton'sche Axiom für Drehbewegungen** aufstellen:

$$M_{\mathrm{ext}} = I\,\alpha \tag{7.10}$$

Ein äußeres Drehmoment M_{ext}, wie wir es beispielsweise mit einem Schraubenschlüssel auf eine Mutter ausüben, bewirkt gegen das Trägheitsmoment I eine Winkelbeschleunigung α. Je mehr Kraft wir in eine Drehung setzen, umso schneller wird sie also.

7.4 Der Schwerpunkt steht für das ganze Objekt

Auf der Erde gibt es eine Kraft, die ständig an allen Objekten zieht: die Gravitationskraft F_G. Während sie auf der Ebene von Molekülen und Atomen hinter andere Einflüsse wie Strömungen und Wärmebewegungen zurückfällt, droht sie in der makroskopischen Welt stets, Körper, die sich nicht im Gleichgewicht befinden, mit einer Drehbewegung umzuwerfen.

Wollen wir das dabei ansetzende Drehmoment berechnen, reicht es bei einem starren Körper, wenn wir anstelle der unzähligen Punkte, die es auf und in dem Körper gibt, alleine seinen **Schwerpunkt** S betrachten. Der Schwerpunkt fällt mit dem Massenmittelpunkt zusammen, und das gesamte Objekt verhält sich beim Wirken eines Drehmoments M genau so, als läge seine ganze Masse in diesem Punkt vereinigt. Ist nun ein bestimmter Punkt O des Körpers fixiert, weil er beispielsweise an ihm aufgehängt ist oder O den Standfuß darstellt, dann hängt das Drehmoment durch die Gravitationskraft davon ab, wie weit entfernt und in welche Richtung sich der Schwerpunkt vom Punkt O befindet. In Vektorschreibweise können wir dies beides gleichzeitig mit dem Vektor r_S ausdrücken und erhalten das Drehmoment:

$$\boldsymbol{M} = \boldsymbol{r}_S \times \boldsymbol{F}_G \tag{7.11}$$

Hier zeigt das Symbol $\times$, dass wir das Kreuzprodukt der beiden Vektoren berechnen müssen. Begnügen wir uns mit den Beträgen und bestimmen wir die Richtung nach der Rechte-Hand-Regel, erhalten wir:

$$M = r_S \cdot F_G \cdot \sin\theta \tag{7.12}$$

In einem **statischen Gleichgewicht** befindet sich der Körper dann, wenn er sich nicht bewegt. Er muss dafür zwei Bedingungen erfüllen:

— Er darf keine äußere Nettokraft auf ihn einwirken:

$$\sum_i \boldsymbol{F}_i = 0 \tag{7.13}$$

Im Gravitationsfeld der Erde muss beispielsweise die Schwerkraft von einer gleich großen, aber entgegengesetzten Kraft des Bodens ausgeglichen werden.
— Es darf kein äußeres Nettodrehmoment auf ihn einwirken:

$$\sum_i \boldsymbol{M}_i = 0 \tag{7.14}$$

Der Körper darf beispielsweise nicht durch die Schwerkraft umkippen.

Je nachdem, wie stabil das Gleichgewicht ist, unterscheiden wir zwischen drei Gleichgewichtszuständen:

Tipler

Abschn. 8.5 *Gleichgewicht und Stabilität* und Beispiel 8.9

— Bei einem **stabilen Gleichgewicht** kippt der Körper wieder in die Gleichgewichtslage zurück, wenn wir ihn ein wenig verdrehen, weil dabei der Schwerpunkt angehoben wird und die potenzielle Energie ansteigt.

— Der Schwerpunkt eines Körpers im **labilen** oder **instabilen Gleichgewicht** liegt bereits recht hoch und tendiert nach unten. Schon leichtes Ankippen reicht aus, um den Körper insgesamt fallen zu lassen. Die potenzielle Energie nimmt ab.

— In einem **indifferenten Gleichgewicht** ändert sich die Lage des Schwerpunkts nicht durch eine Teildrehung. Auch die potenzielle Energie bleibt gleich.

Abb. 8.38 im Tipler verdeutlicht die Varianten am Beispiel eines Kegels. Je tiefer der Schwerpunkt liegt und je größer die Standfläche ist, desto stabiler ist ein Gleichgewichtszustand.

7

Tipler
Abschn. 8.6 *Der Drehimpuls* sowie
Beispiele 8.10 und 8.11

7.5 Der Drehimpuls als Schwung einer Rotation

Wie beim Impuls einer geradlinigen Bewegung haben auch Drehbewegungen eine Art Schwung, den wir als **Drehimpuls L** bezeichnen. Für ein Teilchen mit der Masse m, das sich mit dem Impuls $p = m\,v$ im Abstand r um ein Rotationszentrum bewegt, beträgt er:

$$L = r \times p \tag{7.15}$$

Je weiter außerhalb das Teilchen seine Bahn zieht, je schneller es dabei ist und je mehr Masse es hat, umso größer ist der Drehimpuls.

> **Beispiel**
> Im Bohr'schen Atommodell, in dem sich die Elektronen als Teilchen auf Kugelschalen um den Kern bewegen, entspricht jede Schale einem bestimmten Drehimpuls. Zusammen mit der Anziehungskraft zwischen den elektrischen Ladungen sowie der kinetischen und potenziellen Energie lässt sich mit dem Drehimpuls der Bohr'sche Atomradius a_0 berechnen – der Radius eines Wasserstoffatoms im energetisch niedrigsten Zustand.   ◄

Manche Objekte rotieren auf ihrer Kreisbahn um ein Drehzentrum zusätzlich um ihre eigene Achse. Ein Beispiel hierfür ist die Eigendrehung der Erde während sie um die Sonne wandert. In solchen Fällen addieren sich der Eigendrehimpuls L_{Spin} und der Bahndrehimpuls L_{Bahn} zum Gesamtdrehimpuls:

$$L = L_{\text{Spin}} + L_{\text{Bahn}} \tag{7.16}$$

> **Wichtig**
> Der Spin des Elektrons ist kein Eigendrehimpuls! Der Drehimpuls aus der Mechanik, mit dem wir uns hier beschäftigen, beschreibt eine Drehbewegung und kann nahezu beliebige Werte annehmen. Der quantenmechanische Spin des Elektrons ist dagegen eine Eigenschaft, die wir uns nicht anschaulich vorstellen können. So kann der Spin beispielsweise ausschließlich die Werte $1/2$ und $-1/2$ annehmen.   ◄

Das Bestreben eines Teilchens auf einer Kreisbahn, in gerader Richtung weiterzufliegen, sorgt dafür, dass es ständig an der Drehachse zerrt. Bei einer Zentrifuge kann dadurch schließlich der gesamte Apparat in Bewegung geraten oder gar der

Rotor ausbrechen, wenn die Fliehkräfte zu groß werden. Wir können die Gefahr aber bannen, indem wir auf der gegenüberliegenden Seite zu unserer Probe ein Gegengewicht mit der gleichen Masse und im gleichen Abstand einsetzen, sodass die entgegengesetzten Fliehkräfte einander ausgleichen. Da die Massen dann symmetrisch zur Drehachse liegen, ist sie zur **Symmetrieachse** geworden. Der Gesamtdrehimpuls ist dann die Summe der Drehimpulse aller Einzelteilchen und berechnet sich aus dem Trägheitsmoment I und der Winkelgeschwindigkeit ω:

$$L = I\,\omega \tag{7.17}$$

Im Abschn. 10.1 haben wir gesehen, dass der Impuls einer linearen Bewegung in eine Kraft übergeht, wenn die Bewegung gestoppt wird. Auch der Drehimpuls geht in ein Drehmoment M über, wenn er sich in der Zeit t ändert. Dieser Zusammenhang stellt das **zweite Newton'sche Axiom für Drehbewegungen** dar:

$$M_{\text{ext}} = \frac{\mathrm{d}L}{\mathrm{d}t} \tag{7.18}$$

Der Übergang erfolgt – analog zum Stoß bei linearen Bewegungen – in einem **Drehstoß**. Die gesamte Änderung des Drehimpulses geht in ein Drehmoment über, bzw. jedes Drehmoment, das einwirkt, wird in zusätzlichen Drehimpuls umgewandelt:

$$\Delta L = \int_{t_1}^{t_2} M_{\text{ext}}\,\mathrm{d}t \tag{7.19}$$

Diese Weitergabe von Drehimpuls über das Drehmoment können wir beispielsweise bei Zahnrädern beobachten, die einander antreiben.

Solange kein äußeres Drehmoment beteiligt ist, bleibt der Drehimpuls eines Systems jedoch erhalten.

$$L = \text{konstant für } M_{\text{ext}} = 0 \tag{7.20}$$

Im Tipler ist der **Drehimpulserhaltungssatz** folgendermaßen formuliert:

> Wenn das gesamte auf ein System wirkende äußere Drehmoment bezüglich eines Punktes null ist, dann ist der Drehimpuls des Systems bezüglich dieses Punkts konstant.

Als Kind ist uns dieses Gesetz tagtäglich auf dem Karussell begegnet: Haben wir uns auf einen Platz weit außen gesetzt, hat sich das Karussell langsam gedreht. Sind wir aber weiter nach innen gerutscht, wurde es schneller, obwohl wir nicht zusätzlich am festen Rad in der Mitte gedreht haben.

Tab. 8.2 im Tipler stellt zusammenfassend die verschiedenen Größen von linearen und Drehbewegungen gegenüber.

Verständnisfragen
20. Welchem Winkel in Bogenmaß entspricht ein Winkel von 45°?
21. Warum steht ein Erlenmeyerkolben stabiler als ein Messzylinder, wenn beide die gleiche Auflagefläche haben?
22. Wie müssen wir drei Proben mit gleichen Massen in einer Zentrifuge anordnen, sodass es keine Unwucht gibt?

Mechanik deformierbarer Körper

© Springer-Verlag GmbH Deutschland, ein Teil von Springer Nature 2020
O. Fritsche, *Physik für Chemiker I*, https://doi.org/10.1007/978-3-662-60350-5_8

Wenn Kräfte oder Drehmomente auf ein Objekt einwirken, kann es entweder beschleunigt werden, oder es wird verformt. Auch Moleküle werden häufig gestreckt, gestaucht oder verbogen. Manchmal zur Vorbereitung auf eine chemische Reaktion, in anderen Fällen bleibt das Molekül für einen längeren Zeitraum unter Spannung.

8.1 Zugkräfte machen länger und dünner

Tipler

Abschn. 9.1 *Spannung und Dehnung*
sowie Beispiel 9.1

Wenn wir an entgegengesetzten Enden eines Objekts ziehen, wird es dadurch länger. Selbst so starr wirkende Materialien wie Stahl lässt sich mit genügend Krafteinsatz ein wenig strecken. Die Änderung bezeichnen wir als **relative Längenänderung** oder **Dehnung** ε:

$$\varepsilon = \frac{\Delta l}{l} \tag{8.1}$$

Die Längenänderung ist auf die Ausgangslänge bezogen und ist daher eine relative Angabe. Multiplizieren wir sie mit 100, erhalten wir die Prozentangabe, um wie viel sich die Länge geändert hat. Solche relativen Größen haben den Vorteil, dass wir etwas über die Eigenschaften des Materials erfahren, unabhängig von der Länge des Probestücks. Ob wir beispielsweise von einem Polymer ein Stück von 1 cm auf 1,2 cm dehnen oder einen Block von 2,5 m Länge auf 3 m – die relative Längenänderung liegt in beiden Fällen bei 0,2.

Auf die Länge kommt es bei der Dehnung also nicht an, wohl aber auf die Dicke des Materials. Greift eine Kraft an einem dünnen Faden an, kann sie ihn viel stärker in die Länge ziehen, als ihr das bei einem dicken Quader gelingen würde. Um diesen Unterschied auszugleichen, geben wir nicht die Normalkraft F_n, die senkrecht zur Querschnittsfläche A steht an, sondern wir rechnen mit der **Zugspannung** oder **Spannung** σ, die uns verrät, wie viel Kraft pro Fläche wirkt:

$$\sigma = \frac{F_\mathrm{n}}{A} \tag{8.2}$$

Solange wir mit der Dehnung unterhalb der **elastischen Grenze** oder **Elastizitätsgrenze** bleiben, zieht sich der Körper wieder zu seiner Ausgangsform zusammen, sobald die Kräfte verschwinden. Abb. 9.2 im Tipler zeigt, wie die Länge mit der Spannung anwächst. Bei Überschreiten der Elastizitätsgrenze verändert sich der innere Aufbau des Körpers, sodass er auch ohne Kräfte etwas gedehnt bleibt. Bei einer Zugspannung, die über den Reißpunkt hinausgeht, verlieren die Bausteine des Körpers schließlich den Kontakt zueinander, und er geht kaputt.

Wie dehnbar ein Material im elastischen Bereich ist, verrät uns sein **Elastizitätsmodul** oder **E-Modul** E:

$$E = \frac{\text{Spannung}}{\text{Dehnung}} = \frac{\sigma}{\varepsilon} \tag{8.3}$$

Der E-Modul hat die Einheit $\mathrm{N/m^2}$. Er ist umso größer, je mehr Kraft wir aufwenden müssen, um ein Objekt zu dehnen. Sehr elastische Materialien wie Gummi haben dagegen einen eher kleinen E-Modul-Wert.

> **Beispiel**
> Wir können uns das Verhalten unter Zugspannung am Beispiel eines großen Polymers auf molekularer Ebene so vorstellen, dass sich die langen Molekülfäden im Ausgangszustand wild durcheinander schlängeln. Zwischen ihnen bestehen

intermolekulare Bindungen wie etwa Wasserstoffbrücken, die dem Ganzen seine Form geben. Sobald wir anfangen, den Polymer zu dehnen, richten sich die Fäden in Längsrichtung aus. Innerhalb des elastischen Bereichs werden aber noch keine Bindungen aufgebrochen, sondern allenfalls ein wenig gedehnt. An der Elastizitätsgrenze beginnen jedoch die intermolekularen Bindungen zu reißen. Wasserstoffbrücken brechen und bilden sich an anderen Stellen neu. Fallen die Kräfte nun weg, zieht sich der Polymer zwar wieder zusammen, aber da die intermolekularen Verknüpfungen jetzt an anderen Stellen liegen, erreicht er nicht mehr die anfängliche Form. Dehnen wir noch weiter, halten am Reißpunkt auch nicht mehr die kovalenten Bindungen innerhalb der Moleküle. Die Fäden reißen, wodurch die Zugspannung auf die verbliebenen Fäden noch größer wird. Das ganze Polymer zerfällt dadurch schließlich in zwei oder mehr Stücke.   ◄

Die größere Länge bei einer Dehnung erkauft sich das Material, indem seitlich dünner wird. Wie schon bei der relativen Längenänderung können wir eine relative **Querkontraktion** $\Delta d/d$ definieren. Weil der Querschnitt abnimmt, ist sie bei Dehnung negativ. Das Verhältnis zwischen der Querkontraktion und der Längenänderung nennen wir die **Poisson'sche Zahl** μ:

$$\mu = -\frac{\Delta d/d}{\Delta l/l} \tag{8.4}$$

Der Wert der Poisson'schen Zahl und damit, wie weit sich ein Material bei Dehnung seitlich zusammenzieht, ist typisch für die jeweilige Substanz. Die Querkontraktion gleicht die Dehnung in der Regel nicht ganz aus, sodass das Volumen des Körpers leicht zunimmt.

8.2 Druck bewirkt das Gegenteil von Zug

Wenn wir an einem Körper nicht ziehen, sondern ihn mit Druckkräften F_p komprimieren, wird er kürzer und dicker. Der **Druck** p ist dabei die Druckkraft pro Querschnittsfläche:

$$p = \frac{F_p}{A} = -\sigma \tag{8.5}$$

Unter dem Druck nimmt das Volumen V des Körpers leicht ab. Der **Kompressionsmodul** oder **K-Modul** K beschreibt, wie sehr ein Material auf den Druck reagiert:

$$K = -\frac{\Delta p}{\Delta V/V} = \frac{E}{3\,(1-2\,\mu)} \tag{8.6}$$

Häufig wird auch der Kehrwert des Kompressionsmoduls, die **Kompressibilität** κ verwendet:

$$\kappa = -\frac{1}{K} = \frac{3\,(1-2\,\mu)}{E} \tag{8.7}$$

E ist in diesen Gleichungen wieder der Elastizitätsmodul.

Der Kompressionsmodul drückt aus, wie viel Widerstand ein Material einem äußeren Druck entgegensetzt. Kristalle haben eher hohe Werte (und eine niedrige Kompressibilität), Gele hingegen sehr niedrige (und sind sehr kompressibel).

Tipler
Abschn. 9.2 *Kompression* und Beispiel 9.2

8.3 Scherung verzerrt Körper in sich

Tipler
Abschn. 9.3 *Scherung*

Kräfte können nicht nur senkrecht auf eine Oberfläche einwirken, sondern sie auch seitlich – in tangentialer Richtung – mit sich reißen. Abb. 9.5 im Tipler demonstriert dies an einem Buch, dessen Deckel nach rechts verschoben wird, während die Rückseite fest auf der Stelle liegen bleibt. Diese tangential ansetzende Kraft nennen wir **Scherkraft** F_t. Beziehen wir sie auf die Fläche A, erhalten wir die **Scherspannung** τ:

$$\tau = \frac{F_t}{A} \tag{8.8}$$

Häufig begegnen uns auch Situationen, in denen nicht nur eine Kraft an dem Objekt ansetzt, sondern zwei unterschiedlich starke (siehe Beispiel-Kasten) oder in verschiedene Richtungen weisende (wie bei der Papierschere) Kräfte an gegenüberliegenden Seiten. Die Differenz von ihnen erzeugt dann ebenfalls eine Scherspannung.

Als Maß für die Verzerrung dient uns der Scherwinkel θ, dessen Tangens die **Scherung** γ ist. Wir erhalten sie als Verhältnis der seitlichen Verschiebung Δx zur Höhe des Objekts l:

$$\gamma = \frac{\Delta x}{l} = \tan \theta \tag{8.9}$$

Die Materialkonstante **Schubmodul** oder **Torsionsmodul** G verrät uns, wie formstabil eine Substanz ist. Je größer ihr Wert ist, umso mehr Widerstand setzt das Material einer Verzerrung entgegen.

$$G = \frac{\text{Scherspannung}}{\text{Scherung}} = \frac{\tau}{\gamma} \tag{8.10}$$

> **Beispiel**
> Scherungen treten in der Chemie häufig beim Lösen oder Mixen auf, wenn wir mit dem Spatel oder einem Glasstab umrühren. Die Gefäßwände halten die Flüssigkeit zurück, während der Rührstab sich sehr schnell bewegt. Dadurch gibt es in der Flüssigkeit Bereiche mit unterschiedlichen Geschwindigkeiten, die verschieden stark an den unterschiedlichen Seiten von Molekülen im Grenzbereich zerren und sie damit Scherkräften aussetzen. ◄

8.4 Die Materialkonstanten hängen zusammen

Tipler
Abschn. 9.4 *Zusammenhang zwischen E, K, G und* μ

In Tab. 9.1 im Tipler sind Werte für die verschiedenen Module von unterschiedlichen Materialien aufgeführt. Bei Substanzen, die sich in alle Richtungen gleich verhalten, können wir die Konstanten mit den Gl. 9.19 bis 9.21 im Tipler auch ineinander umrechnen. Materialien wie Holz, bei denen sich die Richtungen beispielsweise aufgrund von Fasern unterscheiden, haben dagegen für jede Richtung eigene Werte für ihre Konstanten.

8.5 In der Verformung steckt Energie

Tipler
Abschn. 9.5 *Elastische Energie und Hysterese*

Mit der Kraft, die wir auf die Körper einwirken lassen, um sie zu dehnen, zu stauchen oder zu verzerren, leisten wir Arbeit, die anschließend als potenzielle

Energie in dem Objekt gespeichert ist. Beispielsweise können wir mit der Energie eines verdrillten Gummibands ein Spielzeugflugzeug durch die Luft fliegen lassen, wobei die potenzielle Energie in kinetische Energie umgewandelt wird, während das Gummi in seinen Ausgangszustand zurückkehrt. Die Menge der gespeicherten Energie pro Volumen des Materials ist die **Energiedichte** ρ_E. Für einen verformten Stab beträgt sie:

$$\rho_E = \frac{E_{pot}}{V} \qquad\qquad (8.11)$$

Im Idealfall gibt der verformte Körper alle eingespeiste Energie wieder ab, sobald die Kräfte nachlassen. In der Realität geht jedoch immer ein gewisser Anteil durch innere Reibung als Wärme verloren. In einem Spannungs-Dehnungs-Diagramm, wie es Abb. 9.8 im Tipler zeigt, verläuft der Weg von der Ausgangsstellung in einen verformten Zustand A oder B daher auf dem Rückweg anders als auf dem Hinweg. Das Objekt findet von selbst nicht ohne weiteres in den Ursprung zurück. Dieses Phänomen ist als **elastische Hysterese** bekannt und tritt beispielsweise bei Gummibändern auf.

Beispiel

Ein aktuelles Forschungsgebiet an der Schnittstelle von Chemie und Material-wissenschaft sind die Kohlenstoffnanoröhrchen, die im Kasten *Im Kontext: Kohlenstoffnanoröhrchen: Klein und kräftig* im Tipler vorgestellt werden.   ◄

Verständnisfragen

23. Was ist der Grund auf molekularer Ebene für die Querkontraktion, wenn wir ein Polymer dehnen?

24. Warum wird Wasser gerne in Hydrauliken zum Transport von Kräften einge-setzt?

25. Ein PKW mit einr Masse von 1000 kg befährt eine Straße mit einer Geschwin-digkeit von 30 km/h. Die Haftreibungszahl μ betrage 0,65. Ein unerwartet auftauchendes Hindernis (z. B. ein Elch) zwingt zum Handeln.

    1. Wie groß ist die kinetische Energie des PKW? Wie lang ist der kürzeste mögliche Bremsweg?

    2. Welche Zentripetalbeschleunigung ist für ein Ausweichmanöver mit ei-nem Kurvenradius von 12 m nötig, und wie groß ist dann die Fliehkraft?

    3. Welcher kleinste Radius ist möglich, und welche Zentripetalbeschleuni-gung ist dafür nötig?

Fluide

© Springer-Verlag GmbH Deutschland, ein Teil von Springer Nature 2020
O. Fritsche, *Physik für Chemiker I*, https://doi.org/10.1007/978-3-662-60350-5_9

Viele chemische Substanzen sind flüssig, und viele chemische Reaktionen finden in Lösungen statt. Gase und Flüssigkeiten, die wir zu den Fluiden zusammenfassen, verhalten sich aber anders als die Festkörper, die wir bisher untersucht haben. In diesem Kapitel widmen wir uns deshalb den Besonderheiten von Teilchensystemen mit beweglichen Atomen und Molekülen. Wir beginnen mit den Eigenschaften ruhender Fluide und schauen uns dann ihr Strömungsverhalten an.

9.1 Die Dichte verrät die Kompaktheit eines Objekts

Tipler
Abschn. 10.1 *Dichte* und Beispiel 10.1

Die Moleküle eines Fluids verdanken ihre Beweglichkeit den relativ schwachen Bindungen zu ihren Nachbarn, die leicht von der kinetischen Energie der Wärmebewegungen aufgebrochen werden können. Während beispielsweise die Ionen eines Salzes von starken elektrostatischen Anziehungskräften auf ihrem Platz im Kristallgitter fixiert werden, bestehen zwischen Wassermolekülen lediglich Wasserstoffbrückenbindungen, die jederzeit aufbrechen und sich mit anderen Partnern neu bilden können. Diese Flexibilität bewirkt, dass Fluide keine feste Form haben und nicht als ein einheitlicher Körper agieren. Wir benötigen daher andere Größen, um sie physikalisch beschreiben zu können.

Eine leicht zu messende Eigenschaft von Fluiden ist ihre **Dichte** ρ. Sie gibt uns die Masse m innerhalb eines Volumenelements V an. Für winzige Volumen beträgt sie:

$$\rho = \frac{\mathrm{d}m}{\mathrm{d}V} \tag{9.1}$$

Im Experiment erfassen wir jedoch meistens eher ein recht großes Volumen, für das wir die **mittlere Dichte** erhalten:

$$\text{mittlere Dichte} = \frac{\text{Masse}}{\text{Volumen}} = \frac{m}{V} \tag{9.2}$$

Im Internationalen Einheitensystem (SI) wird die Dichte in der Einheit kg/m^3 angegeben, doch im alltäglichen Gebrauch begegnet uns eher die Einheit g/cm^3. Tab. 10.1 im Tipler zeigt die Dichten einer ganzen Reihe von Stoffen.

Als Orientierungswert für Vergleiche können wir uns die Dichte von flüssigem Wasser merken, die $1\,g/cm^3$ bzw. $1000\,kg/m^3$ beträgt. Hat eine Substanz eine größere Dichte, ist sie bei gleichem Volumen schwerer und sinkt in Wasser zu Boden. Ist die Dichte kleiner, ist der Stoff leichter. Dies trifft beispielsweise auf Wassereis zu. In ihm halten die Wassermoleküle einen größeren Abstand zueinander, sodass im gleichen Volumen weniger Moleküle enthalten sind und die Masse damit geringer ist. Dementsprechend liegt die Dichte von Eis bei $0,92\,g/cm^3$ – und das leichtere (eigentlich: weniger dichte) Eis schwimmt an der Wasseroberfläche. Beziehen wir die Dichte einer Substanz auf einen Vergleichswert wie die Dichte von Wasser, sprechen wir von ihrer **relativen Dichte**. Für Eis liegt diese bei:

$$\rho_{\text{rel., Eis}} = \frac{\rho_{\text{Eis}}}{\rho_{\text{Wasser}}} = \frac{0,92\,g/cm^3}{1\,g/cm^3} = 0,92 \tag{9.3}$$

Wir sehen, dass die relative Dichte keine Einheit hat. Darum dürfen wir nicht vergessen anzugeben, auf welche Grunddichte wir uns bei der relativen Dichte beziehen.

Die Dichte einer Substanz ist keine Konstante. Ihr Wert hängt von der Temperatur und dem Druck ab. Bei Flüssigkeiten sind die Schwankungen nur gering, aber Gase verändern ihre Dichte dramatisch, wenn es wärmer oder kälter wird bzw. der Umgebungsdruck zu- oder abnimmt. Daher füllen Meteorologen die Hüllen ihrer Wetterballons am Boden nur mit wenig Gas, sodass die Hüllen schlapp herabhängen. Sobald die Ballons aber größere Höhen erreichen, in denen der Luftdruck niedriger ist, dehnt sich das Gas aus, und die Hülle wird prall. Um Dichteangaben verschiedener Stoffe miteinander vergleichen zu können, müssen wir die Werte deshalb unter stets gleichen genormten Bedingungen ermitteln. Diese **Normbedingungen** schreiben vor, dass der Druck 101 325 Pa = 101 325 N/m^2 (1 atm) beträgt und die Temperatur bei 0 °C = 273,15 K liegt.

> **Wichtig**
> Die Normbedingungen weichen von den Standardbedingungen ab, die in der Chemie üblich sind. Die Standardbedingungen sehen 100 000 Pa = 100 000 N/m^2 (1 bar) und 25 °C = 298,15 K vor. ◄

Beispiel

Wenn sich Flüssigkeiten nicht miteinander vermischen, ordnen sie sich entsprechend ihrer Dichten in Phasen genannten Schichten an, wenn wir sie zusammengeben. Bei geschickter Wahl können wir auf diese Weise mehrere Flüssigkeiten stapeln: ganz unten Quecksilber (13,6 g/cm^3), gefolgt von Tetrachlormethan (1,6 g/cm^3), Wasser (1 g/cm^3) und oben auf Olivenöl (0,91 g/cm^3). ◄

9.2 Druck wirkt in alle Richtungen

In einem ruhenden Fluid erzeugen zwei Vorgänge eine Kraft, die in alle Richtungen wirkt:

- Die Gravitationskraft der Erde zieht die Teilchen nach unten. Durch schiefe, vollständig elastische Stöße lenken sie die Kraft auch zu den Seiten und sogar nach oben weiter.
- Auch bei den Wärmebewegungen der Teilchen kommt es ständig zu Kollisionen, bei denen die kinetische Energie als Kraft übertragen wird.

Tipler
Abschn. 10.2 *Druck in einem Fluid* und Beispiele 10.2 bis 10.5

Betrachten wir die Kraftkomponente F, die senkrecht auf eine Fläche A wirkt, erhalten wir den **Druck** p des Fluids:

$$p = \frac{F}{A} \tag{9.4}$$

Die SI-Einheit des Drucks ist N/m^2, für das auch der Name **Pascal** mit dem Symbol Pa eingeführt wurde:

$$1\,\text{Pa} = 1\,\text{N}\,\text{m}^{-2} \tag{9.5}$$

Weil die Physiker aber früh angefangen haben, mit Fluiden zu experimentieren, sind noch zahlreiche alte Einheiten gebräuchlich, darunter das Bar (bar) und die Atmosphäre (atm), sowie im medizinischen Sektor das Torr (Torr) oder Millimeter Quecksilbersäule (mm Hg) und in einigen englischsprachigen Staaten das *pound per square inch* (psi):

$$1\,\text{bar} = 100\,000\,\text{Pa} = 10^5\,\text{Pa}$$
$$1\,\text{atm} = 101\,325\,\text{Pa}$$
$$1\,\text{Torr} = 133,3\,\text{Pa}$$
$$1\,\text{psi} = 6894,76\,\text{Pa}$$

Da die Gewichtskraft der Atome und Moleküle in einem Fluid wesentlich zum Druck beitragen, ist er umso größer, je tiefer wir uns in dem Medium befinden. Abb. 10.1 im Tipler demonstriert uns das mit einer Wassersäule, die die Höhe

Δh hat und auf eine Fläche A drückt. Ihr Volumen beträgt $V = A \cdot \Delta h$, und zusammen mit Gl. 9.4 für den Druck und der Erdbeschleunigung g erhalten wir die Gewichtskraft F_G der Säule:

$$F_G = m\,g = \rho\,V\,g = \rho\,A\,\Delta h\,g \qquad (9.6)$$

Für den Druck unterhalb der Säule p bedeutet dies, dass zu dem Druck oberhalb der Säule p_0 noch die Auswirkungen der Gravitationskraft der Wassersäule kommen:

$$p = p_0 + \rho\,g\,\Delta h \qquad (9.7)$$

Diese Gleichungen gelten aber nur für Flüssigkeiten, nicht für Gase! Gase verdichten sich durch ihren eigenen Druck, weshalb sich ihre Dichte mit der Höhe verändert. Auf Bergen ist die Luft daher dünner als im Tal. Flüssigkeiten sind hingegen kaum kompressibel und haben auch über große Höhendifferenzen eine konstante Dichte.

Obwohl die Ursache des erhöhten Drucks die nach unten gerichtete Gravitationskraft der Wassersäule ist, wirkt der Druck in alle Richtungen gleich. Die vollkommen elastischen Stöße der Wassermoleküle untereinander und mit den Wänden des Behälters verteilen die Druckkräfte gleichmäßig. Abb. 10.4 im Tipler verdeutlicht dies am Beispiel eines mit Wasser gefüllten Höhlensystems. Der Wasserdruck hängt tatsächlich nur von der Tiefe ab, in der wir uns befinden, und nicht von der Anordnung der Wände oder einer eventuellen Höhlendecke.

Besonders unglaublich erscheint diese Feststellung, wenn wir mehrere mit Wasser gefüllte Behälter miteinander verbinden, sodass sich ein System von **kommunizierenden Röhren** ergibt, in denen sich das Wasser frei zwischen den Röhren bewegen kann, wie es in Abb. 10.6 im Tipler zu sehen ist. Durch ihre unterschiedlichen Durchmesser und Formen enthalten die Röhren verschiedene Mengen Wasser. Trotzdem erreicht das Wasser in allen die gleiche Höhe, was wir als das **hydrostatisches Paradoxon** bezeichnen. Auch hier gleichen die Stöße der Teilchen untereinander und mit den Wänden die verschiedenen Gewichtskräfte über den gesamten Wasserkörper aus.

Beispiel
Wenn wir ein Reagenzglas mit der Öffnung nach unten in ein großes mit Wasser gefülltes Becherglas senken, dringt das Wasser ein kleines Stück ein. Der Druck des Wassers ist auch nach oben gerichtet, und an der Öffnung strebt das Wasser deshalb in das Reagenzglas. Die darin enthaltene Luft wird vom Druck ein bisschen komprimiert und macht Platz für ein wenig Wasser. Drücken wir das Reagenzglas weiter nach unten, nimmt der Druck zu, und das Wasser steigt noch ein kleines Stückchen höher. ◄

Die gleichmäßige Umlenkung des Drucks funktioniert auch dann, wenn der zusätzliche Druck eine andere Quelle als die Gewichtskraft der Flüssigkeit selbst hat. Setzen wir beispielsweise einen Korken auf eine Flasche oder pressen wir eine Wasserbombe mit den Händen, erhöht dies innerhalb des ganzen Volumens den Druck. Dieses **Pascal'sche Prinzip** ist im Tipler so formuliert:

» Die Druckänderung eines in einem Behälter eingeschlossenen Fluids teilt sich unverändert jedem Punkt innerhalb des Fluids und den Wänden des Behältnisses mit.

Den Zusammenhang zwischen Druck und Höhe nutzen wir bei einigen Apparaten zur Druckmessung, wie es im Tipler beschrieben ist. Und wir müssen ihn beim Messen des Blutdrucks berücksichtigen, indem wir die Messmanschette auf Höhe des Herzens anbringen, um indirekt den Druck in diesem Organ zu bekommen.

9.3 Schweredruck erzeugt Auftrieb

Den Druck eines Fluids bekommen nicht nur dessen Teilchen zu spüren, sondern auch ein Körper, der in das Fluid eintaucht. Von oben wirkt ein geringerer Druck auf ihn als von unten. Geben wir beispielsweise einen Würfel in Wasser, wie in Abb. 10.11 im Tipler zu sehen ist, wirken drei Kräfte auf ihn:

1. Die Kraft F_1 durch den Wasserdruck auf der Oberseite weist nach unten.
2. Der Druck auf der Unterseite presst dagegen mit der Kraft F_2 nach oben.
3. Die Gewichtskraft des Körpers F_G durch die Erdanziehung ist wiederum nach unten gerichtet.

Weil der Druck von unten größer ist als der Druck von oben, erzeugen die erste und die zweite Komponente, die auf den Druckunterschied im Fluid zurückgehen, zusammen eine nach oben gerichtete Kraft, die wir zur **Auftriebskraft** F_A zusammenfassen können:

$$|F_A| = |F_1 + F_2| = \rho_{\text{Wasser}}\, g\, A\, \Delta h = \rho_{\text{Wasser}}\, g\, V \qquad \text{(9.8)}$$

Die Auftriebskraft ist vom Betrag her genau so groß wie die Gewichtskraft des Fluids, das der Körper verdrängt. Abb. 10.12 im Tipler stellt dieses **archimedische Prinzip** grafisch dar. Hätte unser Würfel beispielsweise ein Volumen von $10\,\text{cm}^3$, würde er 10 g Wasser verdrängen, was ihm eine Auftriebskraft von 0,1 N bescheren würde. Das gleiche Ergebnis würden wir auch mit jeder anderen Form als mit einem Würfel erhalten. Die Gestalt des Gegenstands ist für den Auftrieb nicht von Bedeutung, es kommt alleine auf die Dichte des Fluids an.

Da die Auftriebskraft nach oben weist, gleicht sie einen Teil der nach unten gerichteten Gewichtskraft aus, und eine Waage zeigt nur noch das geringere scheinbare Gewicht F_G' an:

$$F_G' = |F_G| - |F_A| \qquad \text{(9.9)}$$

Der **Auftrieb** sorgt also dafür, dass ein Objekt in einem Fluid leichter ist, obwohl sich seine Masse nicht geändert hat. Anhand des Vorzeichens des scheinbaren Gewichts können wir das Verhalten eines Körpers in einem Fluid vorhersagen:

— Ist es positiv ($F_G' > 0$), ist seine Gewichtskraft größer als der Auftrieb, und der Körper sinkt zu Boden.

— Liegt das scheinbare Gewicht bei Null ($F_G' = 0$) heben Gewichtskraft und Auftrieb einander auf, und der Körper schwebt im Fluid.

— Bei einem negativen Wert ($F_G' < 0$) überwiegt der Auftrieb, und der Körper schwimmt an der Oberfläche.

Tipler

Abschn. 10.3 *Auftrieb und archimedisches Prinzip* und Beispiele 10.6 bis 10.7

> **Beispiel**
> Der Auftrieb von Objekten in Flüssigkeiten ist bei Suspensionen an der Entscheidung beteiligt, ob die fein verteilten Festkörperchen sich aus der Flüssigkeit abscheiden oder nicht. Gleicht der Auftrieb die Gewichtskraft in etwa aus, bleibt die Suspension lange stabil. So schwebt beispielsweise die Hefe recht ausdauernd in

einem Weizenbier. Bei Orangensaft, dessen Fruchtfleischstücke weniger Auftrieb erfahren, setzt sich der feste Anteil dagegen deutlich früher als Bodensatz ab. ◄

9.4 Fluide halten zusammen

Tipler
Abschn. 10.4 *Molekulare Phänomene*

Obwohl die Atome oder Moleküle eines Fluids deutlich beweglicher sind als in einem Festkörper, sind sie nicht völlig frei. Einerseits kommt es ständig zu Kollisionen, mit denen sie sich gegenseitig auf Abstand halten und ihre Bewegungsrichtungen ändern. Andererseits ziehen sich die Teilchen gegenseitig an, was wir als **Kohäsion** bezeichnen, und sie haften an den Oberflächen der Gefäße, in denen sie sich befinden, was wir **Adhäsion** nennen. Die Ursache für beide Effekte sind elektrische Anziehungskräfte zwischen ganz oder teilweise geladenen Abschnitten sowie raue Oberflächenstrukturen der Behälter. Zwischen Wassermolekülen wirken beispielsweise Wasserstoffbrückenbindungen, während unpolare Substanzen wie Öle über intermolekulare Van-der-Waals-Bindungen miteinander verknüpft sind. Die Fluide erhalten dadurch eine gewisse Zähigkeit.

An der Oberfläche eines Fluids machen sich die Kohäsionskräfte besonders bemerkbar. Abb. 10.15 im Tipler zeigt, dass sie an einem Molekül inmitten des Fluids in alle Richtungen zerren und sich dadurch gegenseitig neutralisieren. Den obersten Molekülen fehlen hingegen Nachbarn, die es nach oben ziehen. übrig bleiben nur die Kräfte zu den Seiten und nach unten. Sie sorgen für einen festen Zusammenhalt der Moleküle im Randbereich, der die **Oberflächenspannung** oder **Oberflächenenergie** σ ausmacht. Sie ist definiert als die zusätzliche Energie ΔE, die aufgebracht werden muss, um die Oberfläche des Fluids um ΔA zu vergrößern:

$$\sigma = \frac{\Delta E}{\Delta A} \tag{9.10}$$

Beim Wasser ist die Oberflächenspannung so groß, dass wir sogar eine Nadel auf die Oberfläche legen können, ohne dass sie untergeht.

Stößt ein Fluid an einer Grenzfläche auf ein anderes Material als Luft, hängt sein Verhalten von den Eigenschaften dieses Materials ab. Kann das Fluid viele Bindungen zu der Substanz ausbilden, wird es von den Adhäsionskräften angezogen und benetzt das Material. Die Kohäsionskräfte sorgen dafür, dass weitere Fluidmoleküle nachgezogen werden und die Verbindung nicht abbricht. Diesen Effekt können wir beispielsweise an den Rändern eines Glasgefäßes beobachten, an denen eingefülltes Wasser ein kleines Stückchen hinaufkriecht. Abb. 10.16a im Tipler zeigt dies in einer Detailansicht. Die Adhäsionskräfte lassen das Wasser so weit steigen, wie sie stärker als die nach unten ziehende Gravitationskraft sind. Es bildet sich an der Gefäßwand ein kleiner Wasserbogen, der direkt an der Wand den Winkel θ einnimmt.

Liegen die Grenzflächen sehr dicht beieinander, wie es etwa in dünnen Glasröhrchen oder auch beim Trägermaterial von Platten zur Dünnschichtchromatografie der Fall ist, bewirken die Adhäsionskräfte zusammen mit den Kohäsionskräften, dass das Fluid in den Zwischenräumen nach oben steigt, über die eigentliche Oberfläche des Fluids hinaus. Abb. 10.16b im Tipler zeigt diesen **Kapillareffekt** im Schema. Weil die Kapillarwände so viele Bindungsmöglichkeiten bieten, steht das Fluid hier höher und hängt zur Mitte der Kapillare in einer Meniskus genannten Kurve ein wenig durch. Die Höhe h der **Kapillaraszension** oder **Kapillarattraktion** ist umso größer, je stärker die Oberflächenspannung σ ist. Der Radius r der Kapillare und die Dichte ρ des Fluids begünstigen dagegen die Gravitationskraft der Fluidsäule und stehen damit dem Aufstieg entgegen.

$$h = \frac{2\,\sigma\,\cos\theta}{r\,\rho\,g} \qquad\qquad (9.11)$$

Passen ein Fluid und das Material der Kapillare nicht zueinander, wie es beispielsweise bei Wasser in eingefetteten Röhrchen vorkommt, sind die Kohäsionskräfte deutlich stärker als die Adhäsionskräfte. Die dadurch sehr starke Oberflächenspannung sorgt dafür, dass es keine Benetzung gibt und das Fluid den Kontakt zur Kapillare auf ein Minimum reduziert. Die Flüssigkeit zieht sich sogar aus dem Inneren des Röhrchens zurück, sodass wir eine **Kapillardepression** erhalten, bei welcher das Fluid in der Kapillare niedriger steht als außerhalb. Abb. 10.16c illustriert das Resultat.

Beispiel

Wenn wir Flüssigkeitsmengen abmessen, wölbt sich die Oberfläche häufig durch das Wechselspiel von Adhäsion und Kohäsion. Um das korrekte Volumen zu bestimmen, müssen wir den Stand an der tiefsten Stelle des Meniskus ablesen. Beim Ausgießen oder Ablassen der Flüssigkeit wird – wiederum wegen Adhäsion und Kohäsion – ein Teil im Messbehälter zurückbleiben. Bei sehr exakten Messungen müssen wir dies berücksichtigen.   ◀

9.5 Je schneller es fließt, desto kleiner der Druck

Bislang haben wir nur Fluide in Ruhe betrachtet. In der Physik und in der Chemie sind Flüssigkeiten und Gase aber häufig in Bewegung, oder es bewegt sich ein Objekt durch das Medium. Während sich die Verschiebungen von Festkörpern, wie wir sie in den vorhergehenden Kapiteln behandelt haben, noch sehr gut beschreiben lassen, macht die Freiheit der Teilchen in Fluiden die Prozesse extrem kompliziert. Wir werden in den folgenden Abschnitten dieses Kapitels sehen, dass wir nur dann nutzbare Gleichungen erhalten, wenn wir sehr viele stark vereinfachende Bedingungen aufstellen. Um einigermaßen realistische Fluide zu berechnen, simulieren Wissenschaftler das Verhalten jedes einzelnen Teilchens und seiner Wechselwirkungen mit den Nachbarn am Computer.

Zu den beliebtesten Vereinfachungen bei der Analyse bewegter Fluide gehört es, Turbulenzen zu vernachlässigen. Turbulenzen sind Verwirbelungen, die entstehen, wenn die Teilchen nicht einfach parallel zueinander strömen, sondern auf sich kreuzenden Bahnen. Bei **laminaren Strömungen,** in denen keine Turbulenzen auftreten, folgen die Teilchen hingegen weitgehend geradlinigen **Stromlinien,** die sich nicht schneiden. Den Unterschied zwischen laminaren und turbulenten Strömungen können wir sehr gut an einer frisch gelöschten Kerze beobachten: Der restliche Rauch, der von ihr aufsteigt, zieht im unteren Bereich ruhig und gleichmäßig nach oben. Die Strömung ist hier laminar. Nach einer gewissen Strecke wird sie jedoch turbulent, es zeigen sich Wirbel.

In diesem Kapitel setzen wir voraus, dass alle Strömungen, die wir untersuchen, laminar ablaufen. Außerdem vernachlässigen wir vorerst, dass die Teilchen sich durch Reibung untereinander oder an einem Festkörper gegenseitig stören. Und schließlich soll es sich um eine **stationäre Strömung** handeln, bei der die Strömungsverhältnisse zeitlich konstant sind.

Wie viel Fluid an einer bestimmten Stelle durch eine Querschnittsfläche A fließt, gibt der Volumenstrom I_V an. Je größer die Fläche und je höher die Fließgeschwindigkeit v sind, desto mehr Volumen zieht pro Zeit hindurch:

$$I_V = A\,v \qquad\qquad (9.12)$$

Tipler

Abschn. 10.5 *Bewegte Fluide ohne Reibung* und Beispiele 10.8 und 10.9

9

Lassen wir eine inkompressible Flüssigkeit wie Wasser, die sich ja nicht verdichten lässt, durch ein Rohr wandern, muss aber an jeder Stelle die gleiche Menge vorbeiziehen, selbst, wenn die Querschnittsflächen wie in Abb. 10.17 im Tipler sehr unterschiedlich sind. Es gilt die **Kontinuitätsgleichung**:

$$I_V = A\,v = \text{konstant} \tag{9.13}$$

Sie kann nur erfüllt werden, wenn das Fluid an den Engpässen schneller fließt, sodass die größere Fließgeschwindigkeit die kleinere Fläche ausgleicht. Umgekehrt kann ein Engpass, der an seine Kapazitätsgrenze kommt, die Strömung in einem davor liegenden weiteren Bereich ausbremsen. Ein Effekt, den wir alle von Staus an Autobahnbaustellen kennen.

Nicht nur der Volumenstrom ist in unserem Rohr überall gleich, auch der Druck bleibt konstant. Allerdings ändert sich die Zusammensetzung des Gesamtdrucks p_{gesamt} mit der Fließgeschwindigkeit und – falls das Rohr nicht nur horizontal, sondern auch vertikal verläuft – mit der Höhe. Die **Bernoulli-Gleichung** fasst die drei Komponenten zusammen:

$$p_{\text{gesamt}} = p_{\text{statisch}} + p_{\text{schwere}} + p_{\text{stau}} \tag{9.14}$$

$$= p + \rho\,g\,h + \frac{1}{2}\,\rho\,v^2 \tag{9.15}$$

Der statische Druck ($p_{\text{statisch}} = p$) ist der Druck, den wir messen können, wenn das Fluid in Ruhe ist und die Geschwindigkeit bei null liegt. Der Schweredruck ($p_{\text{schwere}} = \rho\,g\,h$) kommt durch den Höhenunterschied zustande. Interessant wird das Geschehen, wenn die Strömung ansetzt und v zunimmt. Der statische Druck nimmt dann ab, weil sich ein Teil des Drucks in der Bewegung als Staudruck oder dynamischer Druck ($p_{\text{stau}} = 1/2\,\rho\,v^2$) nach vorne richtet.

Wenn der Druck des Fluids mit zunehmender Geschwindigkeit stärker nach vorne und weniger zu den Seiten gerichtet ist und die Geschwindigkeit an Engpässen höher ist, müsste dort nach der Bernoulli-Gleichung der statische Druck niedriger sein. Tatsächlich trifft dieser **Venturi-Effekt** zu, obwohl er unserer Intuition widerspricht. Dank des Venturi-Effekts „saugen" sich tiefergelegte Autos an die Straße und haben dadurch mehr Grip. Und im Tipler wird er benutzt, um den Auftrieb an einem Flugzeugflügel zu erklären.

Beispiel

Im Chemielabor nutzen wir den Venturi-Effekt unter anderem mit der Wasserstrahlpumpe. Darin fließt das Wasser durch eine Verengung, wodurch der seitliche Druck um 2 kPa bis 3 kPa abfällt. Der dadurch im Vergleich zum Luftdruck im Labor entstandene Unterdruck saugt über einen Schlauch die Luft aus einem angeschlossenen Gefäß und spült sie mit dem Wasser ins Becken.   ◄

9.6 Fluide leisten Widerstand

Tipler
Abschn. 10.6 *Bewegte Fluide mit Reibung* und Beispiel 10.10

Wir wagen nun einen Schritt in Richtung Realität, indem wir den Teilchen unseres Fluids erlauben, untereinander Kohäsionskräfte zu entwickeln und mit Adhäsionskräften an Wandungen sowie Festkörpern zu haften. Die Atome und Moleküle wandern dann zwar weiterhin laminar, aber sie bleiben beispielsweise an der Rohrwand hängen und halten sich gegenseitig zurück. Das Fluid wird zäh oder viskos. Dadurch entsteht ein **Strömungswiderstand** R, der einen Teil der Energie in Reibungswärme überführt. Damit die Strömung nicht zum Erliegen kommt, müssen wir sie mit einer Druckdifferenz Δp antreiben:

$$\Delta p = I_V\, R \tag{9.16}$$

> ❯ **Wichtig**
> Wir werden im Teil zur Elektrizität im zweiten Band sehen, dass diese Gleichung dem Ohm'schen Gesetz ($U = I\,R$) entspricht, in dem ebenfalls eine „pumpende" Größe, die elektrische Spannung U, einen Strom von Elektronen I gegen einen Widerstand R antreibt.   ◀

Wie groß der Strömungswiderstand eines Fluids tatsächlich ist, hängt von der Viskosität oder Zähigkeit des Fluids ab, sowie von der Geometrie der Rohrleitung bzw. des Festkörpers, der durch die Lösung schwimmt.

Die **Viskosität** η können wir beispielsweise ermitteln, indem wir parallele Platten mit einer bekannten Geschwindigkeit gegeneinander verschieben und dabei die dafür notwendige Kraft messen, wie es in Abb. 10.28 im Tipler gezeigt ist. Tab. 10.2 listet einige Werte für verschiedene Fluide auf. Wir sehen, dass die Zähigkeit von Flüssigkeiten sehr viel größer ist als bei Gasen. Außerdem steigt die Viskosität in der Regel an, wenn es kälter wird. Bei Wasser verdoppelt sie sich beinahe, wenn die Temperatur von 20 °C auf 0 °C fällt.

> **Beispiel**
> Die Temperaturabhängigkeit der Viskosität von Flüssigkeiten ist der Grund, warum sich Stopfen, die mit Glycerin eingerieben sind, leichter lösen, wenn wir sie vorsichtig erwärmen. Das Glycerin setzt der Drehbewegung zum Öffnen dann weniger Widerstand entgegen.   ◀

Der Einfluss der Geometrie ist ebenfalls nicht einfach zu bestimmen. Für ein Rohr mit der Länge l und dem Radius r, durch das eine stationäre, laminare Strömung fließt, erhalten wir für den Strömungswiderstand:

$$R = \frac{8\,\eta\,l}{\pi\,r^4} \tag{9.17}$$

Besonders der Radius macht sich also bemerkbar. Er geht in der vierten Potenz in die Gleichung ein. Wenn wir den Radius also halbieren, versechzehnfachen wir den Strömungswiderstand, so sehr halten die Wände das Fluid zurück.

Setzen wir die Formel für den Strömungswiderstand in Gl. 9.16 ein, erhalten wir das **Gesetz von Hagen-Poiseuille**, das uns angibt, wie viel Druck auf dem entsprechenden Rohrstück verloren geht:

$$\Delta p = I_V \cdot \frac{8\,\eta\,l}{\pi\,r^4} \tag{9.18}$$

Umgekehrt können wir damit aber auch den Volumenstrom berechnen, den ein gegebener Druckunterschied antreiben kann:

$$I_V = \frac{\Delta p}{R} = \Delta p \cdot \frac{\pi\,r^4}{8\,\eta\,l} \tag{9.19}$$

Durch welchen Effekt die Reibung vor allem auftritt, hängt weitgehend von der Geschwindigkeit ab, mit der sich das Fluid und der Festkörper zueinander bewegen:
- Solange die Strömung langsam ist, bremsen im wesentlichen die Anziehungskräfte zu den seitlichen Nachbarn. Wir bezeichnen diesen Effekt als **Stokes'sche Reibung.** Für eine Kugel beträgt die Stockes'sche Reibungskraft F_W:

$$F_w = 6\,\pi\,\eta\,r\,v \tag{9.20}$$

Die Gleichung ist gut geeignet, um in einem Experiment, wie es in Beispiel 10.14 beschrieben wird, die Viskosität eines Fluids festzustellen.

— Bei höheren Geschwindigkeiten gewinnt zunehmend der Staudruck aus der Bernoulli-Gleichung an Bedeutung. Vor dem Körper steigt der Druck der Fluidteilchen, die ihm ausweichen müssen, stark an, während er hinter dem Körper weitgehend abfällt. Wie Fahrtwind und Windschatten bremst dieser Unterschied als **Newton'sche Reibung** die Bewegung ab. Die Newton'sche Widerstandskraft F_W hängt von der Stirnfläche A ab, die gewissermaßen der Silhouette in Bewegungsrichtung entspricht, sowie von einem Widerstandsbeiwert c, der von der Form des Objekts abhängt:

$$F_w = \frac{1}{2} c A \rho v^2 \tag{9.21}$$

Tab. 10.3 im Tipler listet einige Werte für den Widerstandsbeiwert auf. Für das Medium Luft wird er mit c_W abgekürzt und kennzeichnet die „Windschlüpfrigkeit" von Autos.

9

Verständnisfragen

26. Welche Kraft sortiert in einem Gemisch verschiedener Flüssigkeiten die Moleküle nach der Dichte des Fluids?
27. Welchen inneren Druck hat eine Gasflasche mit der Aufschrift „2400 psi"?
28. Was passiert, wenn wir bei einem Experiment mit Wasser in korrespondierenden Röhren eine der Röhren mit einem Stopfen verschließen?

Schwingungen

© Springer-Verlag GmbH Deutschland, ein Teil von Springer Nature 2020
O. Fritsche, *Physik für Chemiker I*, https://doi.org/10.1007/978-3-662-60350-5_10

Auf den ersten Blick scheint es, als hätten die Schwingungen von Federn und Pendeln wenig Bedeutung für die Chemie. Doch der Eindruck trügt. Tatsächlich sind Schwingungen und die darauf aufbauenden Wellen, die wir im folgenden Kapitel behandeln, ein zentrales Konzept für die Abläufe bei chemischen Reaktionen und optischen Analysemethoden.

10.1 Harmonisch auf und ab

Tipler
Abschn. 11.1 *Harmonische Schwingungen*
und Beispiele 11.1 bis 11.2

Wenn sich der Zustand eines Systems periodisch ändert, sodass er immer wieder zu den gleichen Werten zurückkehrt, um gleich darauf wieder abzuweichen, sprechen wir von einer **Schwingung** oder **Oszillation.** Aus dem Alltag kennen wir dies von der Kinderschaukel, die ständig den gleichen Bogen beschreibt. Eine Schwingung in nur einer Dimension bekommen wir mit einer Feder, die aus der Ruhelage ausgelenkt wird, so wie es in Abb. 11.1 im Tipler zu sehen ist.

Damit das System nicht einfach nach einer Störung in einem beliebigen Zustand festsitzt, sondern wieder in seine Ausgangslage strebt, muss es eine **Rückstellkraft** geben, die in Richtung auf die Ruheposition wirkt. Bei einem Kind auf der Schaukel übernimmt dir Gravitationskraft diese Aufgabe, bei einer Feder entstammt sie aus der elastischen Verformung.

Wie stark die Rückstellkraft ist, hängt in der Regel davon ab, wie weit das System von der Ruhelage ausgelenkt wurde. Gibt es einen linearen Zusammenhang zwischen der Auslenkung x und der Rückstellkraft F_x, entsteht eine **harmonische Oszillation.**

$$F_x = -k_F\, x \tag{10.1}$$

Das Minuszeichen zeigt uns an, dass die Rückstellkraft gegen die Auslenkung gerichtet ist. k_F ist die **Federkonstante** oder **Kraftkonstante,** die ein Maß für die Elastizität der Feder darstellt.

Das System versucht, mit der Rückstellkraft wieder in die Ruheposition zu gelangen, schießt dabei aber über das Ziel hinaus. Die Richtung der Rückstellkraft dreht sich dadurch um, sodass sie wieder auf die Ruhelage weist. Ihr Betrag wächst mit der Entfernung an, bis sie groß genug ist, die Bewegung umzukehren. Auf diese Weise ergibt sich ein andauerndes Hin und Her um die Ruhelage. Lassen wir die Feder von oben nach unten schwingen, und zeichnen wir ihre Bewegung mit einem Stift auf einem seitwärts fahrenden Papier auf, wie es in Abb. 11.2 im Tipler gezeigt ist, erhalten wir den sinusförmigen Verlauf einer typischen harmonischen Schwingung. Mathematisch beschreibt eine Sinus- oder Kosinusfunktion, wie groß die Auslenkung $x(t)$ zu einem beliebigen Zeitpunkt t ist:

$$x(t) = A\,\cos(\omega\, t + \delta) \tag{10.2}$$

Häufig begegnet uns diese Funktion auch mit einem Sinus anstelle des Kosinus. Beide Varianten beschreiben den gleichen Schwingungsverlauf. Der Unterschied liegt nur in der Startposition für $t = 0$. Mit dem Sinus beginnt die Schwingung aus der Ruhelage, mit dem Kosinus aus der maximalen Ablenkung. Bei Berechnungen können wir uns aussuchen, welche Version wir nehmen möchten.

In Gl. 10.2 finden wir einige Parameter, von denen die Eigenschaften einer harmonischen Schwingung abhängen:

— Die **Amplitude** A ist die maximale Auslenkung aus der Ruhelage. Sie bestimmt, wie weit das System beim Schwingen ausschlägt.
— Die **Kreisfrequenz** ω ist ein Maß für die Geschwindigkeit der Oszillation. Wir haben sie bereits bei der Besprechung der Drehbewegung kennengelernt. Sie wird in Bogenmaß pro Zeit angegeben, sodass die Einheit rad/s oder einfach s^{-1} ist. Ein Wert von 2π bedeutet, dass die Schwingung einen vollen Durchgang (einmal hoch und einmal runter) pro Sekunde macht.

Neben der Kreisfrequenz gibt es noch andere Größen, mit denen wir die Geschwindigkeit der Schwingung angeben können. Am vertrautesten ist uns vermutlich die **Frequenz** ν (Achtung! Dies ist nicht der lateinische Kleinbuchstabe v, sondern das griechische „nü", das dummerweise sehr ähnlich aussieht. Um Verwechslungen auszuschließen, wird die Frequenz deshalb auch häufig mit f gekennzeichnet. Wir folgen hier aber der Symbolik im Tipler). Die Frequenz verrät ohne den Umweg über π direkt die Anzahl der Schwingungen pro Sekunde. Sie wird in der Einheit **Hertz** (Hz) angegeben:

$$1\,\mathrm{Hz} = 1\,\mathrm{s}^{-1} \tag{10.3}$$

Die Umrechnung zwischen Kreisfrequenz und Frequenz verläuft über:

$$\nu = \frac{\omega}{2\pi} \tag{10.4}$$

Wir können auch die Zeit angeben, die eine volle Schwingung dauert. Diese Größe nennen wir die **Schwingungsdauer** oder **Schwingungsperiode** T. Sie ist einfach der Kehrwert der Frequenz:

$$T = \frac{1}{\nu} = \frac{2\pi}{\omega} \tag{10.5}$$

— Die **Phasenkonstante** δ ermöglicht es uns schließlich, den Zustand beim Start der Schwingung anzugeben. Es ist der gleiche Zustand, den das System nach jeder vollen Schwingung wieder durchläuft. Für einzelne Schwingungen ist sie nicht weiter von Bedeutung, sodass wir meistens einfach $\delta = 0$ setzen dürfen. Wenn aber zwei Schwingungen mit der gleichen Frequenz interagieren, kommt es auf den Wert der **Phase** $(\omega t + \delta)$ an. Sind beide gleich, weil beispielsweise beide Schwingungen gerade nach oben verlaufen, verstärken die Schwingungen sich gegenseitig. Unterscheiden sich aber die Phasenkonstanten um den Wert π, weisen die Schwingungen in entgegengesetzte Richtungen und schwächen einander ab. Wir werden uns den Effekt im folgenden Kapitel über Wellen unter dem Stichwort *Interferenz* genauer ansehen.

Gl. 10.2 enthält alle Angaben, die wir benötigen, um eine Schwingung zu beschreiben. Wir können aus ihr auch herleiten, wie die Bewegung des Punktes am Ende der Feder aussieht. Er hat die Geschwindigkeit v_x:

$$v_x = -\omega A \sin(\omega t + \delta) \tag{10.6}$$

Und die Beschleunigung a_x:

$$a_x = -\omega^2 x \tag{10.7}$$

Abb. 11.5 im Tipler zeigt grafisch, wie sich die Werte ändern. Am schnellsten ist die Schwingung, wenn das System durch die Ruhelage geht. In diesem Moment ist die Beschleunigung null. Danach bremst die Rückstellkraft es ab, was physikalisch eine Beschleunigung gegen die Bewegungsrichtung ist. Der schwingende Punkt wird dadurch langsamer, bis er schließlich an der höchsten bzw. tiefsten Stelle, beim Erreichen der Amplitude, zum Stillstand kommt. Die Geschwindigkeit ist null, aber die Beschleunigung wirkt nun maximal, sodass sie sogar die Bewegungsrichtung umkehren kann. Der Punkt nähert sich ab jetzt mit zunehmendem Tempo der Ruhelage, durch die er erneut hindurchrauscht.

> **Wichtig**
> Wenn wir mit verschiedenen Werten ein paar Proberechnungen durchführen, stellen wir fest, dass es für die Frequenz – und damit auch für die

10

Kreisfrequenz und die Schwingungsdauer – keinen Unterschied macht, wie groß die Amplitude ist.   ◄

Die Frequenz einer Schwingung hängt nur von den Eigenschaften des oszillierenden Systems ab. Bei makroskopischen Oszillatoren also von der Federkonstanten k_F und der Masse m:

$$\nu = \frac{1}{2\pi} \sqrt{\frac{k_F}{m}} \tag{10.8}$$

Beispiel

Auch die Atome in Molekülen vollziehen harmonische Schwingungen. Die Länge der kovalenten Bindungen ändert sich periodisch, als wären die Atome über eine Feder verknüpft. Um die Berechnung der Schwingung zu vereinfachen, tun wir so, als würde eines der Atome in Ruhe verharren und das andere Atom die ganze Bewegung alleine machen. Dafür müssen wir aus den beiden Massen m_1 und m_2 der Atome zunächst die reduzierte Masse μ bestimmen:

$$\mu = \frac{m_1 \cdot m_2}{m_1 + m_2} \tag{10.9}$$

Anschließend setzen wir die reduzierte Masse in Gl. 10.8 ein und erhalten für die Frequenz molekularer Schwingungen einer Bindung:

$$\nu = \frac{1}{2\pi} \sqrt{\frac{k_F}{\mu}} \tag{10.10}$$

Diese Gleichung ist die Grundlage für Simulationsrechnungen am Computer, mit denen das Verhalten von Molekülen unter verschiedenen Bedingungen erforscht wird.   ◄

10.2 Potenzielle und kinetische Energie wechseln sich ab

Tipler

Abschn. 11.2 *Energie des harmonischen Oszillators* und Beispiel 11.4

Bei einer idealen harmonischen Schwingung, wie wir sie auf molekularer Ebene tatsächlich häufig antreffen, geht keine Energie durch Reibung verloren. Die mechanische Gesamtenergie E_{mech} ist daher konstant und setzt sich aus der kinetischen E_{kin} und der potenziellen Energie E_{pot} zusammen:

$$E_{mech} = E_{kin} + E_{pot} = \text{konstant} \tag{10.11}$$

Wenn wir das Wechselspiel der beiden Energieformen untersuchen wollen, brauchen wir also Formeln für die kinetische und die potenzielle Energie während einer harmonischen Schwingung.

Wie groß die potenzielle Energie ist, hängt von den Eigenschaften der Feder ab, die durch die Federkonstante k_F eingebracht werden, und von der Auslenkung x, für die wir bereits Gl. 10.2 haben.

$$E_{pot}(t) = \frac{1}{2} k_F x^2 = \frac{1}{2} k_F A^2 \cos^2(\omega t + \delta) \tag{10.12}$$

Für die kinetische Energie benötigen wir Gl. 10.6 für die Geschwindigkeit v:

$$E_{kin}(t) = \frac{1}{2} m v_x^2 = \frac{1}{2} k_F A^2 \sin^2(\omega t + \delta) \tag{10.13}$$

Die beiden Gleichungen ähneln einander sehr, nur enthält die eine den Kosinus, die andere den Sinus. Beide verlaufen gegensätzlich und gleichen einander ständig aus. Wie wir in Abb. 11.7 im Tipler sehen, wandert die Energie zwischen potenzieller und kinetischer Energie hin und her. Die mechanische Gesamtenergie ist deshalb unabhängig von der Frequenz der Schwingung, die nur bewirkt, dass die Energie schneller oder langsamer ihre Form wechselt. Stattdessen hängt sie nur von der Amplitude ab, die gleich quadratisch einfließt:

$$E_{\mathrm{mech}} = \frac{1}{2} k_F A^2 \qquad (10.14)$$

Beispiel

Bei atomaren und molekularen Oszillatoren schränken die Gesetze der Quantenphysik die möglichen Energiewerte der Oszillationen ein. Die Energie einer Schwingung errechnet sich hier nach:

$$E_n = \frac{2n + 1}{2} h \nu \qquad (10.15)$$

Mit dem Index $n = 0, 1, 2, 3, \ldots$ werden die verschiedenen erlaubten Schwingungszustände durchnummeriert. Das Planck'sche Wirkungsquantum h ist das Energiepaket, das ähnlich wie eine Treppe nur in kleinen Sprüngen genutzt werden kann, aber keine Zwischenwerte zulässt.

Auffällig ist, dass die Schwingungsenergie nach dieser Formel niemals auf null herabfällt. Selbst für $n = 0$ erhält sie ein positives Ergebnis. Deshalb vibrieren Atome selbst am absoluten Temperaturtiefpunkt von $-273{,}15\,^\circ$C, was wir als Nullpunktschwingung bezeichnen. Der Ort, an dem sich ein Atom befindet, liegt wegen dieser Oszillation niemals absolut exakt fest. ◄

Beispiel

Die Energie der Schwingungen von Molekülen nutzen wir in der Chemie zur Analyse. Bei der Infrarotspektroskopie regen nur jene Bestandteile des Lichtes ein Molekül an, die zur jeweiligen Kraftkonstante (Federkonstante) der Bindungen passen. Daraus ergibt sich ein substanzspezifisches Muster, das wie ein Fingerabdruck verrät, welche Verbindung in der Probe enthalten ist. ◄

10.3 Pendel sind rotierende Oszillatoren

Atome und Moleküle schwingen nicht nur eindimensional vor und zurück, es kommt auch zu drehenden Oszillationen um Bindungen. Physikalisch können wir solche Prozesse als eine Art von Pendel betrachten.

Die einfachste Version eines Pendels ist das **mathematische Pendel,** das so weit reduziert ist, dass es sich bequem berechnen lässt. Es besteht aus einem punktförmigen Pendelkörper, in dem sich die gesamte Masse m konzentriert. Der Pendelkörper hängt an einem masselosen Faden der Länge l, der zu Anfang um den Winkel θ_0 von der Ruhelage ausgelenkt wird. Als Rückstellkraft dient die Gravitationskraft. Die Herleitung im Tipler zeigt, dass die Periodendauer T, die das Pendel für einen Ausschlag nach links und rechts benötigt, weder von der Masse noch von der Auslenkung abhängt, sondern nur von der Fadenlänge:

Tipler
Abschn. 11.3 *Beispiele für schwingende Systeme*

$$T = \frac{2\pi}{\omega} = 2\pi\sqrt{\frac{l}{g}} \qquad\qquad (10.16)$$

Allerdings gilt Gl. 10.16 nur, solange die Auslenkung klein bleibt. Je weiter das Pendel von der Ruhelage abweicht, umso größer wird der Fehler, den wir durch eine Näherung in der Herleitung der Formel bewusst in Kauf genommen haben. Je nach der Genauigkeit, die wir brauchen, dürfen wir Gl. 10.16 bis zu einem Winkel von 23° (Abweichung um 1 %) oder gar 45° (Abweichung von 4 %) verwenden. Für exaktere Rechnungen oder größere Auslenkungswinkel müssten wir auf eine komplexe Reihenentwicklung zurückgreifen.

Mit dem **Drehpendel** nähern wir uns langsam den Verhältnissen auf molekularer Ebene. Im einfachsten Fall besteht es aus einer Scheibe, die in ihrer Mitte an einem Draht aufgehängt ist und sich um die Achse durch den Aufhängepunkt dreht, wie es in Abb. 11.16 im Tipler zu sehen ist. Als Rückstellkraft fungiert jetzt das Drehmoment M durch die Verdrillung des Drahts:

$$M = -\kappa\,\theta \qquad\qquad (10.17)$$

Die Torsionskonstante κ bestimmt hier, wie sehr sich der Draht gegen die Drehung sträubt.

Trotz des unterschiedlichen Aufbaus erhalten wir für die Schwingungsdauer des Drehpendels grundsätzlich die gleiche Formel wie beim mathematischen Pendel:

$$T = \frac{2\pi}{\omega} = 2\pi\sqrt{\frac{I}{\kappa}} \qquad\qquad (10.18)$$

Die Unterschiede liegen nur in dem Term unter der Wurzel. An die Stelle der Fadenlänge ist das Trägheitsmoment I getreten, und die Torsionskonstante hat die Gravitationskonstante ersetzt. Durch das Trägheitsmoment spielt beim Drehpendel aber die Masse der Scheibe in die Periodendauer hinein. Ein massereicheres Anhängsel schwingt langsamer als ein Leichtgewicht.

Übertragen auf Moleküle könnte eine Doppelbindung, die relativ starr ist, die Aufgabe des Drahtes übernehmen und zwei größere Domänen, die sich gegeneinander drehen, immer wieder zurück in die Ausgangskonformation zwingen.

Das **physikalische Pendel** beschreibt schließlich die Oszillationen eines starren, unregelmäßig geformten Körpers, wie er in Abb. 11.17 im Tipler schematisch dargestellt ist. Die Drehachse darf durch jeden beliebigen Punkt des Pendels laufen, allerdings müssen wir den Abstand d zwischen der Achse und dem Schwerpunkt kennen. Dann errechnet sich die Schwingungsdauer nach der gewohnten Formel:

$$T = \frac{2\pi}{\omega} = 2\pi\sqrt{\frac{I}{m\,g\,d}} \qquad\qquad (10.19)$$

Unter der Wurzel stehen das Trägheitsmoment I und die Masse m in Zähler bzw. Nenner des Bruchs, wodurch die Gesamtmasse an Bedeutung verliert. Für die Periodendauer beim physikalischen Pendel kommt es nicht auf die absolute Masse, sondern auf deren Verteilung an.

Beispiel

Wenn wir die Schwingungsspektren von Molekülen in hoher Auflösung betrachten, stellen wir fest, dass scheinbar scharfe Linien in Wirklichkeit aus zahlreichen eng gepackten Komponenten bestehen. Sie werden durch Rotationsübergänge hervorgerufen, die mit den Schwingungsübergängen gekoppelt sind. ◄

10.4 Gedämpfte Schwingungen klingen mit der Zeit ab

Verliert eine Schwingung durch Reibung an Energie, sprechen wir von einer **gedämpften Schwingung**. Je nachdem, wie schnell die bremsende Wirkung einsetzt, unterscheiden wir drei Varianten:

Tipler
Abschn. 11.4 *Gedämpfte Schwingungen*
und Beispiel 11.7

- Bei einer **schwach gedämpften** oder **unterdämpften Schwingung** nimmt die Amplitude langsam ab. Abb. 11.21b im Tipler zeigt den Verlauf in der Zeit. Mit jeder Periode erreicht die Schwingung nicht mehr den maximalen Ausschlag des vorhergehenden Durchgangs, aber es gibt immerhin noch ein Auf und Ab. Wir nennen diesen Verlauf den *Schwingfall*.
- Eine **kritisch gedämpfte Schwingung** schafft nicht einmal eine volle Periode. Stattdessen nimmt das System auf dem kürzesten Weg, der möglich ist, die Gleichgewichtslage ein, was wir als *aperiodischen Grenzfall* bezeichnen. Abb. 11.22 im Tipler zeigt den Verlauf.
- In der gleichen Abbildung sehen wir auch ein Beispiel für eine **stark gedämpfte** oder **überdämpfte Schwingung**. Die Reibung ist hier so stark, dass sie sogar den Rückweg in die Gleichgewichtslage verzögert und wir einen *Kriechfall* haben, bei dem sich das System nur langsam entspannt.

Da lediglich ein schwach gedämpfter Oszillator überhaupt noch schwingt, sehen wir ihn uns etwas genauer an. Auf molekularer Ebene entsteht die Reibung durch Anziehungs- und Abstoßungskräfte mit der Umgebung, die sich schwer berechnen lassen. Deshalb ist es in der Praxis leichter, die Dämpfungskonstante b für die Reibungskraft F_R empirisch zu bestimmen. Für **linear gedämpfte Schwingungen** hängen beide direkt zusammen. Wir sprechen deshalb auch von einer geschwindigkeitsproportionalen Reibung.

$$F_R = -b\,v \tag{10.20}$$

Die Dämpfung entzieht der Oszillation ständig Energie, die sie in Wärme dissipiert. Den Verlust können wir am besten verfolgen, wenn wir uns die Veränderung der Amplitude ansehen – oder ihres Quadrats, da nach Gl. 10.14 die mechanische Energie vom Quadrat der Amplitude abhängt. Bei einer linearen Dämpfung sinkt sie exponentiell ab nach der allgemeinen Formel:

$$A^2 = A_0^2 \cdot e^{-t/\tau} \tag{10.21}$$

Hierin ist A_0 die Startamplitude zum Zeitpunkt $t = 0$. Die **Zeitkonstante** oder **Zerfallszeit** τ sammelt alle Parameter, von denen das Ausmaß der Dämpfung abhängt. Je größer sie ist, desto schneller lässt sie die Kurve abfallen. Dabei ist τ der Zeitabschnitt, innerhalb dessen der Wert auf 1/e sinkt. Er hängt mit der Dämpfungskonstanten b zusammen über:

$$\tau = \frac{m}{b} \tag{10.22}$$

Eine kräftige Dämpfung und damit Reibungskraft bewirkt demnach eine kurze Zerfallszeit. Deren minimaler Wert τ_k ist bei der kritischen Dämpfung erreicht, wenn die Schwingung schnellstmöglich zum Erliegen kommt. Das entgegengesetzte Extrem ist die ungedämpfte Schwingung, bei der τ gegen unendlich geht.

Außer der Amplitude verkleinert die Dämpfung auch die Kreisfrequenz der Schwingung. Ungedämpft kann der Oszillator mit seiner ganz spezifischen **Eigenfrequenz** ω_0 schwingen, die nur von seinen eigenen Eigenschaften abhängt. Mit Reibung verzögern die Wechselwirkungen mit der Umgebung die Schwingung und erzwingen eine längere Periode und damit eine verminderte (Kreis)Frequenz.

Wir können die beiden Größen zusammenfassen zum **Gütefaktor** Q:

$$Q = \omega_0 \tau \tag{10.23}$$

Je kleiner Q ist, desto stärker ist die Dämpfung.

Mit Hilfe des Gütefaktors können wir für schwache Dämpfungen überschlagen, welchen Anteil seiner Energie der Oszillator pro Periode verliert:

$$\left(\frac{|\Delta E_{\text{mech}}|}{E_{\text{mech}}}\right)_{\text{Periode}} = \frac{T}{\tau} = \frac{2\pi}{\omega_0 \tau} = \frac{2\pi}{Q} \tag{10.24}$$

Die mechanische Energie nimmt – wie das Quadrat der Amplitude – näherungsweise exponentiell ab nach:

$$E_{\text{mech}} \approx E_{\text{mech}, 0} \cdot e^{-t/\tau} \tag{10.25}$$

Beispiel
Auf molekularer Ebene verbieten die Gesetze der Quantenphysik, dass die Schwingungsenergie stetig abnimmt. Weil jedem Molekül nur ganz bestimmte diskrete Energieniveaus erlaubt sind, klingen die Schwingungen ab, indem das Molekül die Energie in kleinen Paketen, *Quanten*, abgibt. Die Relaxation erfolgt somit stufenweise. ◄

10.5 Schwingungen sind ansteckend

Tipler
Abschn. 11.5 *Erzwungene Schwingungen und Resonanz*

So wie eine Schwingung durch äußere Einflüsse gedämpft werden kann, lässt sie sich auch durch die Zufuhr von Energie verstärken, erhalten oder überhaupt erst anregen. Wir sprechen in solchen Fällen von einer **erzwungenen Schwingung.**

Damit ein System die von außen kommende Energie in eine Schwingung umsetzen kann, darf die Energiezufuhr nicht einfach pausenlos anhalten. Auch eine Schaukel fängt nicht an zu schwingen, wenn wir sie mit bester Absicht einfach nur hochhalten. Stattdessen müssen wir ihr im richtigen Rhythmus kleine Schubser verabreichen. Es kommt also darauf an, dass die Energie immer nur kurz und zur richtigen Zeit übertragen wird. Das funktioniert am besten, wenn die Anregung in etwa mit der **Eigenfrequenz** ω_0 erfolgt, mit der das System auch schwingen würde, wenn es vollkommen ungestört wäre. Wenn dann noch die Phasen zueinander passen – also der jeder Anstoß in die Bewegungsrichtung erfolgt und nicht gegen sie –, wird die Amplitude mit jedem Durchgang größer.

Häufig treten erzwungene Schwingungen auf, wenn zwei schwingungsfähige Systeme miteinander gekoppelt sind, weil sie sich beispielsweise berühren oder über eine Verbindung miteinander verknüpft sind. Zwei nebeneinander angebrachte Kinderschaukeln könnten wir über eine Schnur verbandeln. Schallwellen pflanzen sich fort, weil die Luftmoleküle kollidieren und sich durch die Stöße gegenseitig zum Schwingen bringen. Für Wasserwellen reißen sich benachbarte Wassermoleküle über ihre Wasserstoffbrücken mit nach oben und unten. Auch völlig unterschiedliche Systeme können gekoppelte Schwingungen ausführen. Die Membran eines Lautsprechers hat als Festkörper ganz andere Eigenschaften als das Trägermedium des Schalls: die gasförmige Luft. Wichtig ist nur, dass die Frequenz des anregenden Oszillators vom empfangenden Oszillator aufgenommen werden kann. Trifft dies zu, kann Schwingungsenergie übertragen werden, was wir als **Resonanz** bezeichnen. Die passende Frequenz nennen wir **Resonanzfrequenz.** Die Eigenfrequenz ist eine solche Resonanzfrequenz.

Haben sich zwei miteinander gekoppelte Oszillatoren nach einer gewissen Zeit eingeschwungen, erreichen sie den stationären Zustand, in dem sich die Amplitude und die Energie der erzwungenen Schwingung nicht mehr ändern. Die zugeführte Energie gleicht genau den Energieverlust durch die Dämpfung aus.

Wie weit die Anregungsfrequenz von der Eigenfrequenz abweichen darf, damit noch eine erzwungene Schwingung zustande kommt, verrät uns, wie stark die Dämpfung des Systems ist. In Abb. 11.25 im Tipler ist für zwei unterschiedlich gedämpfte Oszillatoren aufgetragen, welche Leistung sie bei verschiedenen Frequenzen aufnehmen. Für beide Kurven liegt das Maximum bei der Eigenfrequenz ω_0, doch beim wenig gedämpften System erreicht es einen viel höheren Wert. Deshalb ist die Kurve auf Höhe des halben Maximums viel schmaler als beim stärker gedämpften Oszillator. Diese Spanne nennen wir **Halbwertsbreite** $\Delta\omega$. Für schwache Dämpfung können wir aus ihrem Wert den Gütefaktor Q der Dämpfung berechnen:

$$\frac{\Delta\omega}{\omega} = \frac{1}{Q} \tag{10.26}$$

Mit den Formeln aus dem vorhergehenden Abschnitt erhalten wir dann aus dem Gütefaktor die Zeitkonstante und die Dämpfungskonstante.

Beispiel

Die Schwingung von Molekülen kann auch optisch angeregt werden. Licht mit der passenden Wellenlänge aus dem Infrarotbereich des Spektrums wird absorbiert und die Energie in Schwingung umgesetzt. Im Gegensatz zur mechanischen erzwungenen Schwingung ist die Halbwertsbreite wegen der quantenphysikalischen Einschränkungen aber sehr eng. Das Molekül nimmt nur genau passende Resonanzfrequenzen auf.   ◄

Beispiel

Eine ganz besondere Form einer gedämpften chemischen Schwingung können wir bei *oszillierenden Reaktionen* beobachten. Dabei sind mehrere Reaktionen miteinander gekoppelt und laufen nacheinander ab, wobei die letzte Reaktion wieder die Ausgangsstoffe für die Startreaktion bereitstellt und der Zyklus von vorne beginnt. Die Dämpfung besteht darin, dass die Konzentration der reaktionsfähigen Substanzen mit jeder Periode abnimmt.

Ein optisch sehr schönes Beispiel für eine oszillierende Reaktion ist die Belou-sov-Zhabotinsky-Reaktion, in welcher sich bis zu 20 Redoxreaktionen zyklisch abwechseln, was durch einen Indikator, der seine Farbe wechselt, angezeigt wird.   ◄

Verständnisfragen

29. Der Schwingkristall in Quarzuhren oszilliert mit einer Frequenz von 32,768 kHz. Wie lang ist eine Schwingungsperiode?
30. Wie verändert eine Dämpfung bei einer Schwingung a) die Frequenz, b) die Amplitude und c) die Energie?
31. Warum kann schon ein kleiner Fehler in der Beladung eine Zentrifuge zum Wandern bringen?

Wellen

© Springer-Verlag GmbH Deutschland, ein Teil von Springer Nature 2020
O. Fritsche, *Physik für Chemiker I*, https://doi.org/10.1007/978-3-662-60350-5_11

Häufig bleiben Schwingungen nicht auf ein Teilchen beschränkt, sondern breiten sich aus, indem sie benachbarte Teilchen zum Mitschwingen zwingen. Das räumliche Muster einer wandernden Schwingung nennen wir eine Welle. In diesem Kapitel werden wir in erster Linie mechanische Wellen behandeln, wie sie uns beispielsweise auf dem Wasser oder als Schall begegnen. Die Prinzipien, die wir dabei kennenlernen, gelten aber auch für alle anderen Formen von Wellen. Besonders elektromagnetische Wellen, zu denen auch Licht gehört, haben in der chemischen Analytik einen festen Platz. Wir werden sie in einem späteren Kapitel eingehend untersuchen. Die Grundlagen zum Verständnis von Wellen aller Art legen wir jedoch auf den folgenden Seiten.

11.1   Wellen sind Schwingungen, die sich ausbreiten

Tipler
Abschn. 12.1 *Einfache Wellenbewegungen* und Beispiel 12.2

Im ▶ Abschn. 10.5 haben wir gesehen, dass ein Oszillator seine Nachbarschaft zum Mitschwingen anregen kann. Indem er Teilchen über Bindungskräfte mitreißt oder sie durch Stöße aus ihrer Gleichgewichtslage verdrängt, gibt er die Bewegung weiter. Der neue Oszillator kann anschließend seinerseits Ausgangspunkt einer erzwungenen Schwingung werden und weitere Teilchen anregen, die dann ihre Nachbarn zum Schwingen bringen usw. Auf diese Weise breitet sich die Schwingung im Raum aus, und es entsteht eine **Welle,** die wir in manchen Fällen sogar ohne technische Hilfsmittel wahrnehmen können. Wasserwellen können wir beispielsweise sehen, Schallwellen hören und Vibrationen des Bodens spüren.

Je nachdem, ob sich die Welle in die gleiche Richtung ausbreitet, wie die einzelnen Teilchen schwingen, oder ob beides senkrecht aufeinander steht, unterscheiden wir zwei verschiedene Arten von Wellen:

- Bei **longitudinalen Wellen** schwingen die Teilchen in Ausbreitungsrichtung der Welle vor und zurück. Sie stoßen sich dabei gegenseitig an und erzeugen abwechselnd hohen und niedrigen Druck im Medium. Longitudinalwellen treten beispielsweise als Schallwellen in Gasen und Flüssigkeiten auf, in denen der Zusammenhalt zwischen den Teilchen zu niedrig ist, um eine seitliche Schwingung weiterzugeben. Abb. 12.2 im Tipler zeigt ein Foto eines einzelnen longitudinalen Wellenpulses auf einer Feder.
- In **transversalen Wellen** schwingen die Teilchen senkrecht zur Ausbreitungsrichtung. Sie kommen selten in reiner Form vor, sondern sind meistens eine Begleiterscheinung von Longitudinalwellen in Festkörpern bzw. an der Oberfläche von Festkörpern oder Flüssigkeiten. In Abb. 12.1 im Tipler ist ein transversaler Wellenpuls auf einer Feder zu sehen.
  Erdbebenwellen wandern beispielsweise in Form von Verdichtungen und Verdünnungen durch das Gestein. Wie wir weiter vorne gesehen haben, dehnt sich ein Körper, der in Längsrichtung komprimiert wird, zum Ausgleich in Querrichtung aus. Wird er längs gestreckt, zieht er sich seitlich zusammen. Daraus ergibt sich zusätzlich zur longitudinalen Druckwelle eine transversale Welle.
  An der Oberfläche von Wasser können die Moleküle dem zusätzlichen Druck nach oben ausweichen. Zusätzlich reißen sie durch die Kohäsion ihre Nachbarn mit. Insgesamt vollführt jedes Wassermolekül eine etwa kreisförmige Bewegung, in der longitudinale und transversale Anteile gemischt sind.

Betrachten wir nicht mehr einzelne Teilchen, sondern schauen wir mit Abstand auf ein ganzes Ensemble, erkennen wir, wie eine Welle fortschreitet. Ihre Bewegungsrichtung können wir zur Veranschaulichung als Strahlen darstellen, die von der Quelle ausgehen und in die Ausbreitungsrichtung weisen, wie es in Abb. 12.4 gezeigt ist. Bei einer punkt- oder kugelförmigen Quelle weisen sie – wie in einer Kinderzeichnung der Sonne – radial nach außen. Wir sprechen von einer **Kugelwelle.** In einem sehr großen Abstand zur Kugelquelle, oder wenn die Quelle flächig ist wie beispielsweise ein Brett, verlaufen die Strahlen parallel zueinander, und wir haben eine **ebene Welle**.

Senkrecht zu den Strahlen denken wir uns eine Reihe weiterer Hilfslinien: die **Wellenfronten.** Bei transversalen Wellen können wir dafür gut die höchsten Punkte der Wellenberge benutzen. (Für longitudinale Wellen müssten wir die unsichtbaren Punkte der höchsten Drucks nehmen und erhalten die gleichen Ergebnisse.) Verbinden wir alle benachbarten Wellenmaxima, die gleich weit von der Quelle entfernt sind, bekommen wir die Wellenfronten. Abb. 12.3 im Tipler zeigt die kreisförmigen Wellenfronten, die vom Einschlagsort eines Tropfens in Wasser ausgehen. In Abb. 12.6 produziert ein Apparat gerade Linienwellen, die parallel zueinander verlaufen. Bei dreidimensionalen Wellen, wie Schockwellen nach einer Explosion oder Schallwellen, ergeben die gleich weit entfernten Maxima flächige Wellenfronten. Von Kugelwellen gehen kugelschalenförmige Wellenfronten aus, ebene Wellen verschicken parallele, ungekrümmte Wellenfronten.

Genau genommen müssen wir nicht unbedingt die Maxima einer Welle auswählen, um ihre Wellenfronten zu bilden. Per Definition eignen sich dafür alle Punkte einer Welle, die die gleiche Laufzeit von der Quelle entfernt sind. Wir könnten demnach auch die Minima als Wellenfronten betrachten oder den Durchgang durch die Ruhelage, doch die Maxima bieten weitaus anschaulichere Fronten.

Den Abstand zwischen zwei Wellenfronten bezeichnen wir als **Wellenlänge** λ. Eine Wellenlänge umfasst damit eine gesamte Schwingung. Im Unterschied zur Schwingung, bei der wir die verschiedenen Zustände nur zeitlich nacheinander beobachten konnten, sehen wir bei einer Welle also alle Zustände gleichzeitig. Diese Zustände sind die **Phasen** der Welle. Die Punkte einer Wellenfront haben demnach alle die gleiche Phase.

Die Wellenfronten entfernen sich mit der **Ausbreitungsgeschwindigkeit der Welle** v (manchmal wird sie auch mit einem c bezeichnet) vom Ursprung. Wie schnell sie dabei unterwegs sind, hängt von dem Medium ab, in dem sie sich bewegen, vor allem von dessen elastischen Eigenschaften. In Festkörpern wirkt sich beispielsweise die Kompressibilität des Materials aus, in Flüssigkeiten die Tiefe und in Gasen unter anderem die Art der Moleküle.

Im Tipler sind einige Beispiele für Wellengeschwindigkeiten gegeben:

— Auf einer Saite hängt sie von der Spannkraft F_S und der linearen Massendichte μ (Masse pro Länge, $\mu = m/l$) ab:

$$v = \sqrt{\frac{|F_S|}{\mu}} \tag{11.1}$$

— In Fluiden wie Luft und Wasser kommt es auf den Kompressionsmodul K und die Massendichte im Ruhezustand ρ_0 an:

$$v = \sqrt{\frac{K}{\rho_0}} \tag{11.2}$$

— Schwerewellen, wie wir sie an der Oberfläche von Gewässern beobachten, breiten sich in Abhängigkeit von der Wassertiefe h aus:

$$v = \sqrt{g\,h} \tag{11.3}$$

— Die Schallgeschwindigkeit in Gasen richtet sich nach der absoluten Temperatur T in Kelvin, der molaren Masse m_{Mol} und der Art des Gases, was in der Konstanten γ steckt. Für zweiatomige Gase wie Sauerstoff und Stickstoff (und damit für Luft) liegt γ bei 1,4. Bei einatomigen Gasen wie Helium, erreicht γ einen Wert von 1,67.

$$v = \sqrt{\frac{\gamma\, R\, T}{m_{\mathrm{Mol}}}} \tag{11.4}$$

R steht für die universelle Gaskonstante mit dem Wert $R = 8,3145\,\mathrm{J/(mol\cdot K)}$.

Wie genau eine Welle aussieht, können wir mit einigem mathematischen Aufwand aus den grundlegenden physikalischen Gesetzen wie dem zweiten Newton'schen Axiom herleiten. Wir erhalten die **Wellengleichung,** bei der es sich um eine Differentialgleichung handelt, also eine Gleichung, in der eine unbekannte Funktion und deren Ableitung(en) enthalten sind. Das Problem besteht darin, eine Funktion zu finden, mit der die Differentialgleichung aufgeht. Solch eine Lösung für die Wellengleichung ist die **Wellenfunktion.** Sie liefert uns schließlich gewissermaßen einen Schnappschuss der Welle. Im Tipler ist die Herleitung der eindimensionalen Wellengleichung vorgeführt. Wir brauchen sie nicht auswendig zu lernen, aber wir sollten sie uns anschauen und grob verstehen, wie solche Gleichungen aufgestellt werden.

Im folgenden Abschnitt werden wir uns eine besondere Art von Welle und ihre Wellenfunktion genauer ansehen.

11.2 Harmonische Wellen sind sinusförmig

Tipler
Abschn. 12.2 *Periodische Wellen, harmonische Wellen* und Beispiel 12.4

11

Bringt eine Störung nicht mehr als einen einzigen Wellenzug oder sogar nur einen isolierten Wellenberg hervor, bezeichnen wir dies als (Wellen-)Puls. Erstreckt sich die Welle hingegen über mehrere Wellenlängen, weil sie beispielsweise auf eine ausdauernde Schwingung als Quelle zurückgeht, sprechen wir von einer **periodischen Welle.**

Der wichtigste Typ der periodischen Welle ist die **harmonische Welle,** bei welcher jeder Punkt eine harmonische Schwingung ausführt. Wir haben diese Form der Schwingung bereits im ▶ Abschn. 10.1 ausführlich untersucht, und viele der Ergebnisse können wir auf die harmonische Welle übertragen.

Beispielsweise gibt auch bei der Welle die Amplitude A die Größe der maximalen Abweichung vom Ruhezustand an. Die Schnelligkeit der Oszillation können wir ebenfalls mit der Kreisfrequenz ω oder der Frequenz ν angeben. Allerdings sind die beiden über eine neue Größe miteinander verknüpft:

$$\omega = k\,v \tag{11.5}$$

Die **Kreiswellenzahl** k gibt an, wie viele Schwingungen ($2\,\pi$) mit der Wellenlänge λ auf einem Meter (in der Spektroskopie auf einem Zentimeter) Platz finden:

$$k = \frac{2\,\pi}{\lambda} \tag{11.6}$$

Ihre Einheit ist dementsprechend m^{-1} bzw. cm^{-1}. Für den Zusammenhang mit der Schwingungsdauer T erhalten wir wieder die gewohnte Formel, dieses Mal nach der Kreisfrequenz aufgelöst:

$$\omega = 2\,\pi\,\nu = \frac{2\,\pi}{T} \tag{11.7}$$

Da wir damit wissen, welche Strecke eine volle Schwingung einnimmt (λ) und welche Zeit sie dafür benötigt (T), können wir die Wellengeschwindigkeit v berechnen:

$$v = \frac{\lambda}{T} = \nu\,\lambda \tag{11.8}$$

> **Wichtig**
>
> Im Tipler (und vielen anderen Physikbüchern) wird die Kreiswellenzahl un-
> glücklich als Wellenzahl bezeichnet. Beide geben an, wie viele Schwingungs-
> zyklen auf einen Längenabschnitt entfallen, aber in der optischen Spektro-
> skopie ist die Wellenzahl $\tilde{v}$ einfach als Kehrwert der Wellenlänge definiert:

$$\tilde{v} = \frac{1}{\lambda} \tag{11.9}$$

◄

Mit den oben genannten Parametern können wir wie im Tipler gezeigt die **Wellenfunktion einer harmonischen Welle** angeben:

$$y(x, t) = A \sin(k\,x - \omega\,t) \tag{11.10}$$

Der Vergleich mit Formel 10.2 für die harmonische Schwingung zeigt, dass sich
beide Gleichungen sehr ähneln. In beiden gibt die Amplitude das Maximum und
Minimum vor, denn die Sinus- bzw. Kosinusfunktionen schwanken zwischen $+1$
und -1. Der Unterschied zwischen Sinus und Kosinus liegt nur darin, dass der
Sinus aus der Ruhelage startet (was sinnvoll ist, um den Zustand vor Eintreten
der wellenschlagenden Störung zu zeigen), der Kosinus aber bei der maximalen
Auslenkung beginnt (was besser den Start einer Schwingung wiedergibt). Im Verlauf gleichen die beiden Funktionen einander, weshalb wir sie eigentlich beliebig
wählen dürfen.

Die Phase $(k\,x - \omega\,t)$ sieht bei Schwingung und Welle verschieden aus, weil
wir für die Welle die Phasenkonstante auf null gesetzt haben, dafür aber die Fort-
bewegung der Welle berücksichtigen müssen. Der vordere Term $(k\,x)$ zeigt uns
an, dass die Welle ihr Aussehen mit dem räumlichen Abstand (x) sinusförmig
verändert, der hintere Term $(\omega\,t)$ trifft die gleiche Aussage für den zeitlichen Ab-
lauf. Die Kreiswellenzahl k charakterisiert also die räumliche Veränderung, die
Kreisfrequenz ω die zeitliche Veränderung. Da beide im Argument für die Sinusfunktion stehen, ist es egal, ob wir eine harmonische Welle „einfrieren" und uns
ihre Form an verschiedenen Stellen betrachten, oder ob wir selbst ruhig an einem
Ort verharren und das Auf und Ab der Welle an diesem Punkt im Laufe der Zeit
beobachten – wir erhalten immer eine Sinuskurve.

Beispiel

Bei Longitudinalwellen wie Schallwellen sind die Maxima im Druck und der Dichte immer an den Stellen erreicht, an denen sich die Teilchen in der Ruheposition befinden. Abb. 12.13 im Tipler zeigt diesen Zusammenhang grafisch. Während die Auslenkung der Moleküle also einer Wellenfunktion mit Sinus folgt wie
Gl. 11.10, sind die Druck- und Dichteschwankungen um 90° phasenverschoben.
Wir können diese Phasenverschiebung in die Formel einbauen, indem wir in der
Klammer den Term $\pi/2$ ergänzen oder die Wellenfunktion für die Druckwelle mit
dem Kosinus anstelle des Sinus schreiben:

$$p(x, t) = -p_{max} \cos(k\,x - \omega\,t) \tag{11.11}$$

Die Druckamplitude p_{max} hängt von der Dichte im Ruhezustand ρ_0, der Ausbreitungsgeschwindigkeit v und der maximalen Auslenkung der Teilchen s_{max} ab:

$$p_{max} = \rho_0\,\omega\,v\,s_{max} \tag{11.12}$$

◄

11.3 Wellen transportieren Energie

Tipler

Abschn. 12.3 *Energietransport und Intensität einer Welle* und Beispiele 12.6 bis 12.8

Die Oszillationen in der Welle transportieren Energie. Nach Gl. 10.14 im ► Abschn. 10.2 ist die mechanische Energie umso größer, je weiter die Amplitude A ist. Sie ist daher eine der entscheidenden Größen, wenn wir berechnen wollen, wie viel Energie in einem bestimmten Abschnitt einer Welle steckt. Der zweite wichtige Parameter ist die Kreisfrequenz ω, die wir natürlich auch durch die Frequenz oder die (Kreis-)Wellenzahl ersetzen könnten. Beide – Amplitude und Kreisfrequenz – gehen quadratisch in die Gleichungen ein. Eine Verdopplung der Auslenkung oder der Frequenz vervierfacht demnach die Energie.

Als Beispiele sind im Tipler die Rechnungen für eine schwingende Saite (eine eindimensionale transversale Welle) und Schall (eine dreidimensionale longitudinale Welle) ausgeführt. Die **mittlere Energie** $\langle E \rangle$ **einer Saite** der Länge Δx beträgt:

$$\langle E \rangle = \frac{1}{2} \mu \, \omega^2 \, A^2 \, \Delta x \tag{11.13}$$

Hier ist μ wieder die lineare Massendichte m/l.

Die Formel für Schallwellen ist ganz ähnlich, aber auf Volumen bezogen, indem die Dichte in Ruhe ρ_0 und ein Volumenelement ΔV an die Stelle der eindimensionalen Größen treten. Die **mittlere Energie einer Schallwelle** ist daher:

$$\langle E \rangle = \frac{1}{2} \rho_0 \, \omega^2 \, s_{\max}^2 \, \Delta V \tag{11.14}$$

In dieser Gleichung ist die Amplitude durch $s_{\max}$ als der größten Auslenkung der Teilchen von der Ruheposition ausgedrückt.

Teilen wir die mittlere Energie durch das Volumen, erhalten wir die mittlere Energiedichte $\langle w \rangle$:

$$\langle w \rangle = \frac{\langle E \rangle}{\Delta V} = \frac{1}{2} \rho_0 \, \omega^2 \, s_{\max}^2 \tag{11.15}$$

Stellen wir uns nun vor, wir stülpen eine Kugelschale um die Schallquelle und messen, welche Energie pro Zeit (also Leistung P) als Schall durch deren Oberfläche A tritt, so erhalten wir die **Intensität** I der Welle:

$$I = \frac{\langle P \rangle}{A} \tag{11.16}$$

Die Intensität ist die mittlere Leistungsdichte und hat die Einheit Watt pro Quadratmeter ($\mathrm{W/m^2}$).

Die Fläche der Kugelschale erhalten wir mit dem Radius r nach $A = 4\pi r^2$. Setzen wir diese Gleichung für A ein, bekommen wir für die Intensität einer Kugelwelle im Abstand r von der Punktquelle:

$$I = \frac{\langle P \rangle}{4\pi r^2} = \langle w \rangle \, v \tag{11.17}$$

Je mehr Energie in jedem Volumenelement steckt und je schneller die Welle vorankommt, desto intensiver ist die Welle. Beim Schall sprechen wir auch von der Schallintensität oder Schallstärke. Ihre Größe macht aus, wie laut wir den Schall wahrnehmen. Allerdings reagiert unser Ohr nicht linear auf die Intensität, sondern logarithmisch: Erst eine Verzehnfachung der Intensität wird von uns als Verdopplung der Lautstärke interpretiert. Um Werte einfacher vergleichen zu können, wurde der **Intensitätspegel** IP eingeführt, der in Dezibel (dB) gemessen wird:

$$IP = (10\,dB) \cdot \log \frac{I}{I_0} \tag{11.18}$$

Als Referenzwert dient $I_0 = 10^{-12}\,\text{W/m}^2$, sodass die Hörschwelle bei $0\,\text{dB}$ liegt, die Schmerzschwelle etwa bei $120\,\text{dB}$. Tab. 12.1 im Tipler listet eine Reihe von Alltagsgeräuschen mit den zugehörigen Schallintensitätspegeln auf.

> **Beispiel**
> Die Tonhöhe hängt von der Frequenz des Schalls ab. Menschen können Töne von 16 Hz bis – je nach Alter – rund 10 kHz bis 20 kHz wahrnehmen. Töne unterhalb dieses Bereichs bezeichnen wir als Infraschall, darüber liegende Frequenzen als Ultraschall. Die menschliche Stimme liegt zwischen 80 Hz und 12 kHz, wobei typische Männerstimmen eine Grundfrequenz um 125 Hz haben und Frauenstimmen mit 250 Hz Grundfrequenz doppelt so schnell schwingen. Hinzu kommen höher frequente Obertöne, die die Klangfarbe ausmachen. ◄

11.4 Eine bewegte Schallquelle klingt anders

Das Erlebnis kennen wir alle aus dem Straßenverkehr: Von Weitem nähert sich ein Krankenwagen mit Martinshorn. In dem Moment, in dem er an uns vorbeifährt, ändert sich der Klang und erscheint beim Wegfahren viel tiefer. Physiker bezeichnen das Phänomen als den **Doppler-Effekt.** Er tritt immer dann auf, wenn sich die Quelle einer Welle (in unserem Beispiel der Krankenwagen) und der Detektor (unser Ohr) relativ zueinander bewegen.

Erstaunlicherweise macht es einen Unterschied, ob sich die Quelle (die wir gleich in den Formeln mit dem Index Q kennzeichnen) oder der Empfänger (mit dem Index E) bewegt.

- Wenn sich **die Quelle bewegt und der Empfänger ruht,** ändern sich tatsächlich die Frequenz und die Wellenlänge des Schalls vor und hinter der Quelle. Das liegt daran, dass die Wellenlänge als der Abstand zwischen zwei Wellenbergen definiert ist. Nachdem sie einen Wellenberg ausgesandt hat, bewegt sie sich aber ein Stück voran. Sie folgt also dem Wellenberg in Vorwärtsrichtung, während sie sich von dem Wellenberg hinter ihr entfernt. Dadurch ist der Abstand zum vorderen Wellenberg kleiner und zum hinteren größer, wenn sie den nächsten Wellenberg aussendet. Als Ergebnis ist die Wellenlänge des Schalls in Bewegungsrichtung real kleiner (und damit der Ton höher) und in der entgegengesetzten Richtung größer (was einem tieferen Ton entspricht), als wenn die Quelle in Ruhe geblieben wäre. Abb. 12.18 im Tipler zeigt dies in einem Modell mit Wasserwellen und in zwei Schemazeichnungen.

Mathematisch ausgedrückt verändert sich die Frequenz, die beim ruhenden Empfänger ankommt, nach:

$$\nu_E = \frac{v}{\lambda} \tag{11.19}$$

$$\nu_E = \nu_Q \cdot \frac{v}{v - v_Q} \quad \text{(vor der Quelle)} \tag{11.20}$$

$$\nu_E = \nu_Q \cdot \frac{v}{v + v_Q} \quad \text{(hinter der Quelle)} \tag{11.21}$$

In Vorwärtsrichtung müssen wir die Geschwindigkeit der Quelle v_Q von der Ausbreitungsgeschwindigkeit der Welle v abziehen, für die nachlaufende Welle müssen wir sie addieren, um den Korrekturfaktor zu erhalten, mit dem wir die Frequenz der ausgesandten Welle ν_Q multiplizieren müssen.

Tipler
Abschn. 12.4 *Der Doppler-Effekt* und Beispiel 12.9

Dementsprechend erhalten wir für die Wellenlängen vor (λ_v) bzw. hinter (λ_n) der Quelle:

$$\lambda_v = (v - v_Q)T_Q = \frac{v - v_Q}{v_Q} \quad \text{(vor der Quelle)} \tag{11.22}$$

$$\lambda_v = (v + v_Q)T_Q = \frac{v + v_Q}{v_Q} \quad \text{(hinter der Quelle)} \tag{11.23}$$

— Ist umgekehrt **der Empfänger in Bewegung, und die Quelle ruht,** ändert sich nichts an der ausgesandten Frequenz oder Wellenlänge. Nur für den Empfänger scheint sich die Tonhöhe zu ändern, weil er bei der Bewegung auf die Quelle zu die Wellenberge schneller aufsammelt, als wenn er darauf warten würde, dass sie selbst zu ihm kommen. Entfernt er sich von der Quelle, müssen ihn die Wellenberge erst einholen und sind darum weiter voneinander entfernt. Abb. 12.19 im Tipler soll das verdeutlichen.

Die Frequenz, so wie der Empfänger sie auffängt, liegt bei:

$$\nu_E = \frac{1}{T_E} \tag{11.24}$$

$$\nu_E = \frac{v + v_E}{\lambda} \quad \text{(auf die Quelle zu)} \tag{11.25}$$

$$\nu_E = \frac{v - v_E}{\lambda} \quad \text{(von der Quelle weg)} \tag{11.26}$$

Beispiel

In der Chemie stoßen wir bei spektroskopischen Messungen an Gasen auf den Doppler-Effekt. Die Teilchen bewegen sich in der Probekammer so schnell, dass sie als Empfänger eine andere Wellenlänge aufnehmen als im Ruhezustand. Ein Teil des Gases absorbiert daher Wellen, die eigentlich ein bisschen zu kurzwellig sind, ein anderer Teil schluckt zu langwellige Wellen. Die Spektrallinien erscheinen dadurch nicht scharf, sondern durch die Doppler-Verbreiterung erweitert. ◄

Die Berechnungen, die wir zum Doppler-Effekt angestellt haben, gelten alle für den Fall, dass sich die Quelle langsamer bewegt als die Welle sich ausbreitet, als $v_Q < v$. Tritt jedoch der umgekehrte Fall ein, dass die Quelle schneller als ihre Welle ist ($v_Q > v$), können die Wellenberge sich nicht mehr nach vorne absetzen, bevor der nächste Wellenberg ausgesandt wird. Sie stapeln sich gewissermaßen auf und addieren ihre Amplituden. Es entsteht eine **Stoßwelle,** die kegelförmig nach hinten zurückgelassen wird. Handelt es sich bei der Quelle um ein Flugzeug, nehmen wir dessen Stoßwelle als Überschallknall wahr. Abb. 12.21 im Tipler zeigt die Abläufe in einem Schema und an einem Modell mit Wasserwellen.

11.5 Wellen suchen nach dem schnellsten Weg

Tipler
Abschn. 12.5 *Wellenausbreitung an Hindernissen* und Übung 12.4

Wellen, die sich ausbreiten, stoßen früher oder später auf Hindernisse. Was dann passiert, hängt von vielen Faktoren ab, sodass wir eine ganze Reihe von Effekten beobachten können:

— Beim Aufprall auf ein anderes Medium wird ein Teil der Welle durch **Reflexion** an der Grenzfläche zurückgeworfen.

- Der andere Teil tritt in einer **Transmission** in das neue Medium ein.
- Der transmittierte Anteil setzt aufgrund der **Brechung** seinen Weg in eine andere Richtung fort.
- An Stellen, an denen es eine Art Schlupfloch in Form einer Lücke im Hindernis gibt, wandert die Welle hindurch und breitet sich anschließend neu aus, was wir als **Beugung** bezeichnen.

> **Wichtig**
> **Alle genannten Phänomene treten sowohl bei Materiewellen wie Schallwellen auf, als auch bei elektromagnetischen Wellen wie Licht. Die Gesetzmäßigkeiten aus diesem Abschnitt werden uns daher im Teil über Optik im zweiten Band erneut begegnen.** ◄

Historisch haben sich zwei Prinzipien bewährt, die auch heute noch hilfreich sind, obwohl die mikroskopischen Abläufe bei der Ausbreitung von Wellen damals noch gar nicht bekannt waren.

- Nach dem **Huygens'schen Prinzip** finden wir die Ausbreitungsrichtung einer Welle und den Verlauf ihrer Wellenfronten, wenn wir uns vorstellen, auf jeder Wellenfront säßen unzählige Punkte, von denen neue Kugelwellen ausgehen, die wir Elementarwellen nennen. Die neue Wellenfront finden wir, indem wir die Wellenfronten der Elementarwellen in Vorwärtsrichtung mit einer gemeinsamen Linie, der Einhüllenden, verbinden. Die Rückwärtsrichtung vernachlässigen wir einfach. Abb. 12.24 im Tipler zeigt dies am Beispiel einer ebenen und einer kreisförmigen Welle.
  Das Verhalten der Welle, wenn sie in ein neues Medium mit einer anderen Ausbreitungsgeschwindigkeit wechselt, ergibt sich zeichnerisch, weil die Elementarwellen kleiner sind, wenn die Welle im neuen Medium langsamer vorankommt, und größer, wenn sie schneller ist. Effekte wie die Brechung werden dadurch sehr anschaulich.
- Das **Fermat'sche Prinzip** sagt aus, dass Wellen immer den Weg wählen, den sie in der kürzesten Zeit zurücklegen können, um zu einem Punkt zu gelangen. Natürlich „ahnen" die Wellen nicht, wie der Körper aufgebaut ist, den sie gerade durchwandern. Sie erfahren nur seine lokalen Eigenschaften und richten sich danach. Trotzdem können wir nach dieser Regel manchmal den richtigen Weg aus einer Auswahl bestimmen.

Trifft eine Welle auf ein neues Medium, muss es dessen Bestandteile zum Schwingen zwingen. Bei manchen Materialien ist das relativ einfach. So folgen die Teilchen eines Gases bereitwillig den longitudinalen Schwankungen einer Stimmgabel aus Metall. Umgekehrt haben die Moleküle der Luft es schwerer, die trägen Atome im Kristallgitter eines Festkörpers mitzureißen. Welcher Anteil einer Welle an einer Grenzfläche reflektiert wird und welcher es in das neue Medium schafft, verraten uns der **Reflexionskoeffizient** R und der **Transmissionskoeffizient** T. Sie geben jeweils das Verhältnis der Amplitude, die reflektiert bzw. transmittiert wird, zur Amplitude der einlaufenden Welle an:

$$R = \frac{A_{\text{reflektiert}}}{A_{\text{einlaufend}}} = \frac{v_2 - v_1}{v_2 + v_1} \qquad (11.27)$$

$$T = \frac{A_{\text{transmittiert}}}{A_{\text{einlaufend}}} = \frac{2\,v_2}{v_2 + v_1} \qquad (11.28)$$

Die Gleichungen gelten nicht nur für die Amplitude, sondern auch für alle anderen Auslenkungen der Welle. Im Tipler werden diese als „Höhen" bezeichnet.

Wir sehen an den hinteren Teilen der Gleichung, dass es auf die Geschwindigkeit im alten (v_1) und im neuen Medium (v_2) ankommt, wie sich die Welle aufteilt. Für die Transmission entscheidet vor allem das neue, „empfangende" Medium, wie viel es aufnimmt. Kann sich die Welle hier gut und schnell ausbreiten, dringt ein größerer Anteil in das Material ein.

Bei der Reflexion fällt auf, dass der Reflexionskoeffizient einen negativen Wert annimmt, wenn die Ausbreitungsgeschwindigkeit im alten Medium größer ist als im neuen Material ($v_1 > v_2$). Die zurückgeworfene Welle schlägt dann in die entgegengesetzte Richtung zur einfallenden Welle aus. Wir sprechen von einem **Phasensprung** um π. Abb. 12.25 zeigt dies am Beispiel einer Welle, die auf einem Seil entlangläuft, das aus zwei verschieden schweren Seilen zusammengesetzt ist.

Weil die Amplituden zum Quadrat die Energie einer Welle bestimmen und keine Energie verloren gehen darf, ist R^2 der Anteil der reflektierten Leistung und $(v_1/v_2)T^2$ der Anteil der transmittierten Leistung, und beide hängen zusammen über:

$$1 = R^2 + \frac{v_1}{v_2} T^2 \tag{11.29}$$

Trifft eine Welle nicht senkrecht auf eine Grenzfläche zwischen verschiedenen Medien, setzen sich ihre Teilwellen in sehr unterschiedliche Richtungen fort:

- Für die reflektierte Welle gilt das **Reflexionsgesetz,** wonach der Winkel zwischen dem einfallenden Strahl und der Senkrechten zur Oberfläche (dem Einfallslot) genauso groß ist wie der Winkel zwischen der Senkrechten und dem ausfallenden Strahl („Einfallswinkel gleich Ausfallswinkel"). Abb. 12.27 im Tipler verdeutlicht dieses Gesetz.
- Der transmittierte Teil der Welle wird nur um ein paar Grad umgelenkt. Die Richtung dieser **Brechung** hängt davon ab, ob das neue Medium die Welle langsamer leitet (wir sagen: „Es ist dichter.") oder ob die Welle darin schneller ist („Das Medium ist weniger dicht."). Beim Übergang von einem weniger dichten Medium in ein dichteres Medium wird die Ausbreitungsrichtung der Welle auf das Einfallslot zu gebrochen. Licht, das aus Luft in das optisch dichtere Wasser eintritt, knickt deshalb nach unten ab. Wechselt eine Welle von einem dichteren in ein weniger dichtes Medium, breitet sie sich danach in einem größeren Winkel zum Einfallslot aus. Abb. 12.28 zeigt dies am Beispiel eines Lichtstrahls, der aus Wasser in Luft eintritt.
  Beim Übergang von einem dichten zu einem weniger dichten Medium (etwa wenn Licht von Wasser in Luft wechselt) kommt es ab einem bestimmten kritischen Winkel oder Grenzwinkel zu einem besonderen Effekt, den wir **Totalreflexion** nennen: Die Welle kann das Ursprungsmedium nicht mehr verlassen und wird an den Rändern vollständig zurückgeworfen. Abb. 12.28 im Tipler zeigt dies für zwei Strahlen.

❯ **Wichtig**
Im Zusammenhang mit der Ausbreitung von Wellen ist mit „Dichte" nicht das Verhältnis von Masse und Volumen gemeint, wie es in der Mechanik definiert ist. Die Dichte gegenüber Wellen ist stattdessen ein Maß für die Wellengeschwindigkeit in dem Medium. In einem dichten Material ist eine Welle langsamer als in einer weniger dichten Substanz. Beispielsweise pflanzt sich Schall schneller in Wasser fort als in Luft. So gesehen ist Wasser für Schallwellen weniger dicht als Luft, obwohl seine mechanische Dichte natürlich weitaus größer ist.   ◀

> **Beispiel**
> Wir nutzen den Effekt der Totalreflexion, um Licht mit Lichtleitern möglichst verlustfrei an schwer zugängliche Stellen zu bringen. Dafür wird es an einem Ende in eine dünne Glasfaser eingestrahlt, die optisch dichter als Luft ist. An den seitlichen Grenzflächen kann das Licht nicht austreten. Erst am Ende der Faser trifft es in einem kleineren Winkel als dem kritischen Winkel auf die Grenzfläche und kann den Leiter verlassen. ◀

Die **Beugung** von Wellen tritt auf, wenn eine Welle auf ein undurchlässiges Hindernis mit einer Lücke stößt. Die Welle tritt dann nicht nur geradlinig durch die Lücke hindurch, sondern fächert sich an den Rändern auf, wie es in Abb. 12.30 im Tipler zu sehen ist.

Wir können uns den Vorgang mit Hilfe des Huygens'schen Prinzips verständlich machen. Danach ist jeder Punkt der Welle Ursprung für (gedachte) Elementarwellen, deren Überlagerungen die neue Welle ergeben. In einer Entfernung von einigen Wellenlängen zum Rand des Hindernisses ergibt sich so der gleiche Verlauf der Wellenfronten wie vor dem Hindernis. Direkt am Rand ist die Situation aber anders. Hinter dem Hindernis, wo die primäre Welle nicht hinkommt – quasi im Schatten –, entstehen keine Elementarwellen, mit denen sich die Elementarwellen aus dem Bereich direkt an der Kante überlagern könnten. Diese Elementarwellen werden deshalb nicht „begradigt" und breiten sich kreis- oder kugelförmig in den Schatten aus.

Die Stärke der Beugung ist umso größer, je kleiner die Blende genannte Lücke im Vergleich zur Wellenlänge ist. Schallwellen, deren Wellenlängen im Meterbereich liegen, werden deshalb an Türen, Fenstern und zwischen Bäumen stark gebeugt und damit um die Hindernisse herum gelenkt. Bei sehr kurzen Wellen, wie beispielsweise beim Licht, bemerkt nur der geringe Teil der Lichtstrahlen ganz nahe am Rand die Blende und gelangt in den Schatten. Das meiste Licht fällt gerade weiter. Wegen dieses unterschiedlichen Beugungsverhaltens können wir jemanden rufen hören, obwohl wir ihn nicht sehen.

> **Beispiel**
> Die Wellenlänge von Röntgenlicht ist etwa so groß wie die Abstände zwischen Atomen in Kristallgittern und Molekülen. Es wird daher gebeugt, wenn es durch eine Probe fällt. Aus den komplexen Mustern hinter der Probe lässt sich bei der Röntgenstrukturanalyse der räumliche Aufbau der Kristalle und Moleküle bestimmen.
>
> Im Teil zur Optik im zweiten Band werden wir genauer auf die Gesetze der Lichtbeugung eingehen. ◀

11.6 Wellen können einander verstärken oder auslöschen

Die Welt um uns herum ist angefüllt mit Wellen. Unzählige Geräusche breiten sich aus, und das reflektierte Sonnenlicht macht es möglich, dass wir lauter verschiedene Dinge in unterschiedlichen Richtungen sehen können. Obwohl sich all diese Wellen ständig vermischen und überlagern, hören wir jemanden rufen, der auf der anderen Straßenseite steht, und sehen ihn trotz der kreuzenden Lichtstrahlen, die von den Autos ausgehen, winken. Wir verdanken dies dem **Prinzip der ungestörten Superposition**, wonach sich Wellen, die einander überlagern, zu einer

Tipler
Abschn. 12.6 *Überlagerung* von Wellen und Beispiel 12.13

gemeinsamen Welle aufaddieren, dabei aber nicht von ihrem ursprünglichen Weg abgelenkt werden und sich nach der Trennung nicht verändert haben.

Im Labor wird die Superposition von Wellen dann interessant, wenn sich zwei gleiche oder sehr ähnliche harmonische Wellen überlagern, die sich ganz oder fast in dieselbe Richtung ausbreiten. Unter diesen Bedingungen können sich die Wellen durch ihr gemeinsames Wirken verstärken oder gegenseitig für den Bereich der Überlappung auslöschen. Wir bezeichnen dieses Phänomen als **Interferenz.**

Betrachten wir der Einfachheit halber zwei Wellen, die sich nur darin unterscheiden, dass sie leicht gegeneinander in der Ausbreitungsrichtung verschoben sind, wie es Abb. 12.36 im Tipler zeigt. Die Phasendifferenz δ macht sich dadurch bemerkbar, dass die eine Welle zeitlich immer kurz vor der anderen ein Maximum bzw. Minimum erreicht und durch die Ruhelage geht. Räumlich gesehen ist sie ein kleines Wegstück, das wir den **Gangunterschied** nennen, voraus. Mathematisch können wir die beiden Wellen mit den Gleichungen für y_1 und y_2 beschreiben, die sich nur um das δ im Argument der Sinusfunktion unterscheiden:

$$y_1 = A \, \sin(k \, x - \omega \, t) \tag{11.30}$$

$$y_2 = A \, \sin(k \, x - \omega \, t + \delta) \tag{11.31}$$

Überlagern wir die beiden Wellen, erhalten wir eine neue Welle y_{super}, deren Gleichung die Summe der beiden Ausgangsgleichungen ist:

$$y_{\text{super}} = y_1 + y_2 \tag{11.32}$$

$$= A \, \sin(k \, x - \omega \, t) + A \, \sin(k \, x - \omega \, t + \delta) \tag{11.33}$$

$$= 2 \, A \, \cos\left(\frac{1}{2}\delta\right) \sin\left(k \, x - \omega \, t + \frac{1}{2}\delta\right) \tag{11.34}$$

Anschaulich bedeutet dies, dass wir die Auslenkungen von beiden Wellen addieren. Sind beide positiv, weil sie nach oben gehen, steigt die kombinierte Welle weiter an, als die Einzelwellen es getan hätten. Entsprechend sind auch die Ausschläge nach unten stärker, wenn beide Einzelwellen gerade unterhalb der Ruhelinie sind. Im Extremfall, wenn die Phasendifferenz gleich null ist ($\delta = 0$), verdoppeln sich die Auslenkungen, und die Amplitude wächst auf $2\,A$. Wir nennen diese Art der Überlappung **konstruktive Interferenz.** Im Tipler sehen wir in Abb. 12.37 eine Zeichnung hierzu. Das entgegengesetzte Extrem erhalten wir, wenn die Wellen um eine halbe Wellenlänge gegeneinander verschoben sind. Bei solch einem Phasenunterschied von 180° bzw. π treffen Wellenberge auf Wellentäler und Maxima auf Minima. Die Wellen löschen sich durch **destruktive Interferenz** gegenseitig aus, wie in Abb. 12.38 im Tipler dargestellt.

Der Gangunterschied, der die Interferenz hervorruft, kann dadurch zustande kommen, dass es nicht eine Quelle gibt, sondern zwei, die identische Wellen aussenden, aber räumlich leicht versetzt angeordnet sind. An einem Punkt P im Raum können die beiden eintreffenden Wellen dann konstruktiv oder destruktiv miteinander interferieren (Abb. 12.40 im Tipler). Bezeichnen wir die räumliche Versetzung in der Ausbreitungsrichtung als Δx, erhalten wir als **Zusammenhang von Phasendifferenz δ, Kreiswellenzahl k und Gangunterschied Δx:**

$$\delta = k \, \Delta x = 2 \, \pi \, \frac{\Delta x}{\lambda} \tag{11.35}$$

Schauen wir uns das Ergebnis für alle Punkte im Raum an, wie in Abb. 12.42 im Tipler für zwei Wasserwellen aus benachbarten Quellen, sehen wir, dass sich durch die Interferenz aufgrund der Gangunterschiede ein komplexes Muster aus Bereichen von Minima und Maxima ergibt.

Ein stabiles Muster erhalten wir jedoch nur dann, wenn die Phasendifferenz die ganze Zeit über konstant bleibt. Quellen, die solche Wellen liefern, nennen wir **kohärente Quellen.** Bei **inkohärenten Quellen** verändert sich dagegen die

Phasendifferenz zufällig, und die Interferenzmaxima und -minima treten an ständig wechselnden Orten auf.

> **Beispiel**
> Bei den im vorherigen Abschnitt kurz angesprochenen Röntgenbeugungsanalysen überlagern sich die umgelenkten Strahlen hinter der Probe und interferieren miteinander. Durch konstruktive und destruktive Interferenz ergibt sich ein Muster von Bereichen geringer und hoher Intensität der Röntgenstrahlung, in dem die Information über den Aufbau der Probe steckt.   ◄

Unterscheiden sich zwei überlagernde Schallwellen ein wenig in der Frequenz, entsteht durch die Interferenz eine neue Welle, deren Amplitude nicht konstant ist, sondern mit einer eigenen Frequenz zu- und abnimmt, wie in Abb. 12.39 im Tipler gezeigt. Der Ton $\langle \nu \rangle$ einer solchen **Schwebung** liegt in der Mitte der Einzelfrequenzen:

$$\langle \nu \rangle = \frac{\nu_1 + \nu_2}{2} \tag{11.36}$$

Er schwillt aber in der Lautstärke mit der **Schwebungsfrequenz** $\nu_{\text{Schwebung}}$, die dem Frequenzunterschied $\Delta \nu$ zwischen den Ausgangswellen entspricht, an und ab:

$$\nu_{\text{Schwebung}} = \Delta \nu \tag{11.37}$$

Überschreitet die Schwebungsfrequenz die Hörgrenze von 20 Hz, nehmen wir sie als eigenen Ton wahr.

11.7 Stehende Wellen sind ausdauernde Schwingungen

Wellen lassen sich einsperren, wenn wir den Raum, in dem sie sich bewegen, mit starren Wänden versehen, an denen sie nahezu vollständig reflektiert werden. Doch nicht nur die Amplitude der zurücklaufenden Welle ist wie bei der einfallenden Welle. Auch die Phase ist gleich, denn wie wir oben gesehen haben, vollzieht eine Welle bei der Reflexion an einem dichteren Medium einen Phasensprung um π. Eine Kurve, die auf dem Weg nach unten war, verläuft nach der Reflexion also wieder nach oben. Dadurch kommt einem einfallenden Wellenbauch ein reflektierter Wellenbauch entgegen und einem auflaufenden Wellental ein zurückgeworfenes Wellental. Bis auf die Ausbreitungsrichtung sind die einfallende und die reflektierte Welle identisch. Weil die beiden interferieren, ergeben sie zusammen eine neue Welle mit besonderen Eigenschaften: eine **stehende Welle**.

Die Interferenz bewirkt, dass es im Verlauf der stehenden Welle Punkte gibt, an denen keine Bewegung stattfindet und die ständig in der Ruhelage bleiben. Wir sprechen von **Schwingungsknoten** oder einfach Knoten der stehenden Welle. In der Mitte zwischen den Knoten finden wir deren genaues Gegenteil: An den **Schwingungsbäuchen** oder **Bäuchen** schlägt die Welle maximal aus. Im Tipler bietet Abb. 12.44 ein schematisches Beispiel verschiedener stehender Wellen bei einer Saite. Deutlich sind die Knoten und Bäuche zu erkennen.

Um eine stehende Welle mathematisch zu untersuchen, müssen wir die beiden Einzelwellen addieren (das entspricht der Interferenz) und erhalten nach einigen Umformungen als **Funktion für eine stehende Welle**:

Tipler
Abschn. 12.7 *Stehende Wellen* und Übungen 12.6 und 12.7

$$A(t, x) = 2 A_0 \cdot \sin(k\,x) \cdot \cos(\omega\,t) \tag{11.38}$$

$$= 2 A_0 \cdot \sin\left(2\pi\,\frac{x}{\lambda}\right) \cdot \cos(2\pi\,\nu\,t) \tag{11.39}$$

Da die Sinus- und die Kosinusfunktion maximal den Wert 1 erreichen können, gibt $2 A_0$ die Amplitude der Welle an, die dem Doppelten der Einzelamplituden entspricht. Interessant ist, dass die beiden Variablen Weg (x) und Zeit (t) nicht mehr in derselben Klammer stehen, sondern getrennt sind. Der Kosinus sorgt wie gewohnt für das Auf und Ab in der Zeit. Aber welche Stelle der Welle wie stark mitzieht, bestimmt alleine der Sinus. Für bestimmte Abstände vom Reflektor – nämlich bei $x = 1/4\,\lambda$, $3/4\,\lambda$, $5/4\,\lambda, \ldots$ – schwankt der Sinus zwischen $+1$ und -1, und die Auslenkung erreicht die volle Amplitude. Hier liegen die Schwingungsbäuche. In Entfernungen von $x = 0\,\lambda$, $1/2\,\lambda$, $1\,\lambda$, $3/2\,\lambda, \ldots$ bleibt der Sinus dagegen konstant auf null, und die Welle weicht nicht aus der Ruhelage. Dort liegen die Schwingungsknoten.

Eine stehende Welle unterscheidet sich folglich darin von einer gewöhnlichen harmonischen Welle, dass jeder Ort eine eigene maximale Auslenkung hat, die sich nicht mit der Zeit ändert. Bei einer wandernden normalen Welle durchläuft hingegen jeder Punkt alle Phasen, von der Ruheposition bis zur Amplitude.

Damit sich eine stehende Welle ausbildet und nicht ein gewöhnliches Echo entsteht, muss der schwingende Körper – beispielsweise eine Luftsäule oder eine Saite – die **Bedingung für stehende Wellen** erfüllen. Nur Wellen mit der passenden Resonanzfrequenz oder Resonanzwellenlänge können in einem Körper mit der Länge l eine stehende Welle bilden.

— Bei Körpern oder Volumina, die auf beiden Seiten von starren Reflektoren begrenzt sind (wie eine Gitarrensaite) ist dies für Längen mit einem ganzzahligen Vielfachen ($n = 1, 2, 3, \ldots$) der halben Wellenlänge gegeben:

$$l = n \cdot \frac{\lambda}{2} \tag{11.40}$$

Darin können sich stehende Wellen mit den Vielfachen der Grundfrequenz ν_1 halten:

$$\nu = n\,\frac{v}{2\,l} = n\,\nu_1 \tag{11.41}$$

Im Zähler steht hier die Ausbreitungsgeschwindigkeit v.
Bei derartig geschlossenen Schwingungsräumen befindet sich an den beiden Enden ein Schwingungsknoten.

— Ist das Volumen an einer Seite offen (wie bei einer Orgelpfeife), lautet die **Bedingung für stehende Wellen:**

$$l = n \cdot \frac{\lambda}{4} \tag{11.42}$$

Hier nimmt n aber nur die ungeraden Werte an ($n = 1, 3, 5, \ldots$)!
Die Resonanzfrequenzen sind gegeben durch:

$$\nu = n\,\frac{v}{4\,l} = n\,\nu_1 \tag{11.43}$$

Am Ende mit dem Reflektor ist wieder ein Schwingungsknoten, am offenen Ende finden wir dagegen einen Schwingungsbauch.

11.8 Komplexe Wellen lassen sich in Einzelwellen zerlegen

In der Realität begegnen uns selten reine Sinuswellen, wie wir sie in diesem Kapitel besprochen haben. Meistens überlagern sich zahlreiche Schwingungen, die eine komplexe Wellenform ergeben. Entstammen sie alle der gleichen Quelle, gehen sie häufig auf eine gemeinsame Grundschwingung mit der Frequenz ω zurück, zu der sich weitere Schwingungen mit ganzzahligen Vielfachen dieser Grundfrequenz (2ω, 3ω, 4ω ...) gesellt haben.

Mit einer **Fourier-Analyse** können wir die Bestandteile einer komplexen Welle finden. Weil dafür viele, schwierig zu rechnende Durchgänge nach der Methode Versuch-und-Irrtum zu bewältigen sind, übernehmen heutzutage Computer diese Aufgabe. Im Prinzip verfahren die Programme dafür genau anders herum: Sie kombinieren in einer **Fourier-Synthese** verschiedene harmonische Wellen und vergleichen ihre Konstruktionen mit den Daten aus einer echten Messung. Sind die Abweichungen zu groß, variieren sie einige der Parameter und starten einen weiteren Anlauf.

Im Tipler ist als Beispiel die Zusammensetzung und Analyse der Klänge von Musikinstrumenten vorgeführt. Aber auch in der chemischen Analytik werden Fourier-Analysen eingesetzt, etwa in der NMR- und Infrarot-Spektroskopie.

Tipler

Abschn. 12.8 *Harmonische Zerlegung und Wellenpakete*

Beispiel

Das Infrarotspektrum einer Probe lässt sich nicht nur gewinnen, indem wir alle Wellenlängen nacheinander messen. In einem FTIR-Spektrometer (Fourier Transform-Infrarotspektrometer) wird ein Lichtstrahl geteilt und auf zwei getrennte Wege geschickt. Ein Weg führt über einen festen Spiegel, der andere über einen verschiebbaren Spiegel. Der bewegliche Spiegel wird so gesteuert, dass zwischen den beiden Strahlen ein bestimmter Gangunterschied besteht, wenn die Strahlen wieder überlagert werden und interferieren. Der rekombinierte Strahl fällt durch eine Probe auf einen Detektor.

Aus dem Interferogramm, das der Detektor aufzeichnet, errechnet der Computer ein komplettes Spektrum, in dem beispielsweise Informationen zu den spezifischen Rotationsschwingungen der Moleküle in der Probe enthalten sind.

Der Vorteil der FTIR liegt darin, dass sie komplette Spektren in sehr kurzer Zeit aufnimmt. Dadurch ist es möglich, die Verläufe von chemischen Reaktionen in Echtzeit zu verfolgen und für die spätere Analyse aufzuzeichnen. ◀

Verständnisfragen

32. Wie groß ist die Schallgeschwindigkeit bei $0\,°C$? Wie groß bei $20\,°C$? (Die molare Masse von Luft liegt bei 29 g/mol.)
33. Was geschieht mit Sonnenstrahlen, wenn sie auf eine Glasscheibe treffen?
34. Wie kann aus Licht plus Licht Dunkelheit werden?
35. Ein PKW fährt mit der Geschwindigkeit $v_B = 120$ km/h an einer ruhenden Schallquelle ($f_S = 500$ Hz, $c = 333$ m/s) vorbei. Die Schallquelle (Sender) liege im Ursprung des Koordinatensystems, der Empfänger habe zum Zeitpunkt $t = 0$ die Koordinaten $x_0 = 10$ m, $y_0 = -50$ m, $z_0 = 0$ und bewegt sich in die positive y-Richtung.
    Bestimmen Sie:
    1. den Ortsvektor r_S des Senders, den Ortsvektor $r_E(t)$ des Empfängers.
    2. den Abstand $r_{ES}(t) = |r_E - r_S|$ zwischen Sender und Empfänger.

3. den Betrag der Relativgeschwindigkeit $v_{ES}(t)$ zwischen Sender und Empfänger.
4. die vom Empfänger beobachtete Frequenz $f_E(t)$.
5. Wann und wo ist $v_{ES}(t_1) = 0$? Bestimmen Sie $f_E(t)$.
6. Bestimmen Sie die Grenzwerte $\lim\limits_{t \to \pm\infty} f_E(t)$!

Zusammenfassung

- Bewegungen in einer Dimension können wir mit einfachen Zahlen (Skalaren) berechnen, bei Bewegungen in zwei oder drei Dimensionen müssen wir mit Vektoren rechnen.
- Bewegungen laufen gleichförmig ab, wenn die Geschwindigkeit des Teilchens konstant ist. Bei ungleichförmigen Bewegungen verändert sich die Geschwindigkeit. Die Momentangeschwindigkeit gibt dann die Geschwindigkeit zu einem bestimmten Zeitpunkt an, die mittlere Geschwindigkeit nennt den Durchschnittswert für einen Zeitraum.
- Grafisch können wir Bewegungen mit Weg-Zeit-Diagrammen beschreiben.
- Beschleunigungen verändern die Geschwindigkeit eines Teilchens. Bleibt die Änderung konstant, ist die Beschleunigung gleichförmig. Variiert die Änderung, handelt es sich um eine ungleichförmige Beschleunigung.
- Teilchen, die sich auf einer Kreisbahn bewegen, werden ständig zum Mittelpunkt des Kreises (in Zentripetalrichtung) beschleunigt. Die Geschwindigkeit des Teilchens auf seiner Bahn bezeichnen wir als Tangentialgeschwindigkeit. Die Zeit, die es für einen vollen Umlauf braucht, nennen wir Periode.
- Das erste Newton'sche Axiom oder Trägheitsgesetz besagt, dass ein Objekt, auf das keine Kraft einwirkt, seinen aktuellen Bewegungszustand beibehält. Dabei kann es sich um die Ruhelage oder um eine geradlinige Bewegung handeln.
- Ursache für die Trägheit von Materie ist ihre Masse. Im Gegensatz zum Gewicht ist die Masse eine innere Eigenschaft der Materie, die nicht von den äußeren Bedingungen abhängt.
- Das zweite Newton'sche Axiom oder Aktionsprinzip beschreibt den Zusammenhang zwischen einer Kraft, die auf ein Objekt einwirkt, und der Beschleunigung, die sie dadurch hervorruft.
- Das Gewicht eines Körpers ist physikalisch betrachtet die Gewichtskraft, mit der ein Himmelskörper dessen Masse anzieht.
- Alle Kräfte gehen auf die vier Grundkräfte der Natur oder fundamentalen Wechselwirkungen zurück: 1) Gravitation, 2) elektromagnetische Wechselwirkung, 3) schwache Wechselwirkung, 4) starke Wechselwirkung. Für chemische Reaktionen ist in der Regel die elektromagnetische Wechselwirkung entscheidend.
- Kontaktkräfte wirken nur, wenn zwei Objekte einander berühren. Fernwirkungskräfte sind auch ohne Kontakt auf Entfernung wirksam. Zu ihnen zählen Gravitation und die elektromagnetische Wechselwirkung.
- Kräfte treten immer paarweise auf. Die Einzelkräfte sind nach dem dritten Newton'schen Axiom oder Reaktionsprinzip stets gleich groß, wirken aber in entgegengesetzte Richtungen.
- Reibungen zwischen Festkörpern und Widerstandskräfte in Fluiden bremsen Bewegungen ab, wenn sie nicht durch gleich große antreibende Kräfte kompensiert werden.

- Arbeit ist das Ergebnis einer Kraft, die auf ein Objekt einwirkt und es verschiebt. Merkspruch: *Arbeit ist Kraft mal Weg,* wobei wir den Winkel zwischen der Kraft und der Verschiebungsrichtung beachten müssen. Ihre Einheit ist das Joule.
- Leistung ist Arbeit pro Zeit. Ihre Einheit ist das Watt.
- Energie ist gespeicherte Arbeit.
- Energie kann unterschiedliche Formen annehmen: kinetische Energie, potenzielle Energie, chemische Energie, Wärmeenergie …
- Nach dem Energieerhaltungssatz kann Energie nur von einer Form in eine andere umgewandelt werden. Sie entsteht niemals aus dem Nichts und geht nicht verloren.
- Der Impuls ist ein Maß für den „Schwung" eines bewegten Teilchens.
- Nach dem Impulserhaltungssatz ändert sich der Impuls eines Teilchens oder eines ganzen Teilchensystems nur dann, wenn eine Kraft einwirkt.
- Während eines Kraftstoßes wird viel Energie in kurzer Zeit übertragen.
- Nach einem elastischen Stoß ist die kinetische Energie der Teilchen so groß wie vor dem Zusammenprall.
- Bei einem inelastischen Stoß wandelt sich ein Teil der Bewegungsenergie in eine andere Energieform um. Der Impuls bleibt erhalten.
- Nach einem vollständig inelastischen Stoß bleiben die Kollisionspartner verbunden und bewegen sich gemeinsam weiter.
- Die Geschwindigkeit und Beschleunigung von Drehbewegungen werden auf die Änderung des Winkels bezogen.
- Das Trägheitsmoment steht der Änderung der Drehgeschwindigkeit entgegen. Es ist das Pendant zur Masse bei linearen Bewegungen.
- Um eine Drehbewegung zu verändern, muss ein Drehmoment auf das Objekt einwirken. Das Drehmoment ist das Pendant zur Kraft bei linearen Bewegungen.
- Im stabilen Gleichgewicht liegt der Schwerpunkt so niedrig, dass der Körper nach einer geringen Auslenkung wieder in die Ausgangslage zurückkehrt.
- Körper in einem labilen Gleichgewicht kippen wegen ihres hoch sitzenden Schwerpunkts und der kleinen Auflagefläche schon bei geringen Störungen um.
- Bei einem indifferenten Gleichgewicht ändert sich die Lage des Schwerpunkts nicht durch Teildrehungen.
- Der Drehimpuls kennzeichnet den Schwung einer Drehbewegung und ist eine Erhaltungsgröße.
- Durch Einwirkung von Kräften verformen sich Körper. Verschiedene Module geben an, wie widerstandsfähig ein Material gegenüber Zugspannung (Elastizitätsmodul), Druck (Kompressionsmodul) oder Scherung (Schubmodul) ist.
- Die Arbeit, die aufgewandt werden muss, um einen Körper elastisch zu verformen, wird als potenzielle Energie in diesem gespeichert.
- Die Dichte eines Materials gibt seine Masse pro Volumen an.
- Die Dichte von Wasser beträgt bei 20 °C 1 g/cm^3.
- Druck ist die senkrecht wirkende Kraft pro Fläche.
- In einem Flüssigkeitskörper ist der Druck an allen Stellen in der gleichen Tiefe gleich.
- Der Druck innerhalb eines Fluids wirkt nicht nur von oben, sondern gleichermaßen in alle Richtungen.
- Ändert sich der Druck auf ein Fluid in einem Behälter, wird die Änderung auf alle Stellen verteilt.
- Ein Körper in einem Fluid erfährt eine Auftriebskraft, die so groß ist wie die Gewichtskraft des verdrängten Fluids.
- Kohäsion bezeichnet den Zusammenhalt der Teilchen eines Fluids untereinander.
- Adhäsion bezeichnet die Haftung der Teilchen eines Fluids an einem Festkörper wie beispielsweise den Wänden eines Gefäßes.

11

- An den Grenzflächen eines Fluids entsteht als Folge der Kohäsion eine Oberflächenspannung.
- In engen Spalten und Röhrchen bewirkt das Wechselspiel von Kohäsion und Adhäsion den Kapillareffekt, wonach ein Fluid in dem schmalen Hohlraum weiter aufsteigt (Kapillaraszension) oder ihn meidet (Kapillardepression).
- In laminaren Strömungen wandern die Teilchen entlang paralleler Stromlinien, in turbulenten Strömungen bilden sich Wirbel mit sich kreuzenden Stromlinien.
- Bei stationären Strömungen ändert sich der Volumenstrom nicht und ist an jeder Stelle in einem unverzweigten Rohr gleich.
- Die Bernoulli-Gleichung fasst den statischen Druck, den Schweredruck und den Staudruck zu einem Gesamtdruck zusammen.
- Nach dem Venturi-Effekt nimmt der seitliche Druck mit der Strömungsgeschwindigkeit ab.
- Aufgrund der Kohäsions- und Adhäsionskräfte geht bei Strömungen ein Teil der Energie als Reibungswärme verloren.
- Fluide setzen der Strömung einen Strömungswiderstand entgegen.
- Die Viskosität eines Fluids bestimmt das Ausmaß des Strömungswiderstands.
- Nach dem Gesetz von Hagen-Poiseuille ist bei der Strömung durch ein Rohr ein Teil des Druckunterschieds notwendig, um den Strömungswiderstand zu überwinden.
- Bei langsamen Strömungen dominiert die Stokes'sche Reibung, die an den Seiten eines Objekts ansetzt und parallel zur Strömungsrichtung wirkt.
- Bei schnellen Strömungen ist der Anteil der Newton'schen Reibung größer, die entsteht, wenn sich das Fluid vor dem Körper staut und hinter ihm kaum Druck aufbaut.
- Bei Schwingungen oder Oszillationen bewegt sich ein System periodisch um eine Ruhelage, in dessen Richtung eine Rückstellkraft wirkt.
- Bei einer harmonischen Oszillation hängt die Rückstellkraft linear von der Auslenkung ab. Den Verlauf der Auslenkung in der Zeit beschreibt eine Sinus- oder Kosinusfunktion.
- Harmonische Schwingungen sind charakterisiert durch die Parameter Amplitude, (Kreis-)Frequenz oder Schwingungsdauer und Phase.
- Die Eigenfrequenz, mit der ein ungestörter Oszillator schwingt, hängt nur von dessen individuellen Eigenschaften ab, wie beispielsweise der Federkonstanten, der Masse oder der Fadenlänge.
- Bei einer ungedämpften Schwingung ist die mechanische Energie, die sich aus kinetischer und potenzieller Energie zusammensetzt, konstant.
- Bei gedämpften Schwingungen geht Energie durch Reibung verloren.
- Nur bei schwach gedämpften Schwingungen schafft es der Oszillator, die Ruhelage zu durchqueren. Bei kritisch gedämpften Schwingungen steuert er sie in der kürzestmöglichen Zeit an. Bei stark gedämpften Schwingungen kriecht er langsam zurück in die Ruheposition.
- Durch Dämpfung nehmen die Amplitude und die Frequenz einer Schwingung ab.
- Durch Kopplung zweier Oszillatoren kann Schwingungsenergie übertragen werden, wenn der anregende Oszillator in etwa die Resonanzfrequenz des Empfängers trifft.
- Wellen sind Schwingungen, die sich ausbreiten. Die Auslenkung erfolgt bei longitudinalen Wellen in Ausbreitungsrichtung, bei transversalen Wellen senkrecht dazu.
- Wellen sind durch die Parameter Amplitude, (Kreis-)Frequenz oder Wellenlänge und Ausbreitungsgeschwindigkeit charakterisiert.
- Harmonische Wellen lassen sich mit einer Sinus- oder Kosinusfunktion beschreiben.
- Die Energie einer Welle hängt vom Quadrat ihrer (Kreis-)Frequenz und dem Quadrat der Amplitude ab.

- Bewegen sich die Quelle und der Empfänger einer Schallwelle relativ zueinander, nimmt der Empfänger durch den Doppler-Effekt bei Annäherung eine höhere Frequenz und bei Entfernung eine niedrigere Frequenz als in Ruhe wahr.

- Am Übergang von einem Medium in ein anderes wird ein Teil einer Welle reflektiert, ein anderer tritt durch Transmission in das Material ein. Der eingedrungene Teil wird gebrochen und setzt seinen Weg in eine geänderte Richtung fort.

- Bei der Reflexion an der Grenze zu einem dichteren Medium erfährt die reflektierte Welle einen Phasensprung um 180° oder π.

- Nach dem Huygens'schen Prinzip ist jeder Punkt einer Wellenfront Ausgang einer Elementarwelle. Die Überlagerung aller Elementarwellen ergibt die nächste Wellenfront.

- Nach dem Fermat'schen Prinzip nimmt eine Welle immer den Weg zu einem anderen Punkt, auf dem sie die wenigste Zeit benötigt.

- An den Kanten von undurchdringlichen Körpern werden Wellen zum kleinen Teil in den „Schatten" hinter dem Körper gebeugt.

- Wellen, die sich überlagern, addieren nach dem Superpositionsprinzip ihre Auslenkungen. Sie beeinflussen aber nicht gegenseitig die Ausbreitungsrichtung oder andere Parameter. Sobald sie sich wieder trennen, sind die Einzelwellen identisch mit dem Zustand vor der Überlagerung.

- Die räumliche Verschiebung zweier identischer Wellen gegeneinander bezeichnen wir als Gangunterschied.

- Bei konstruktiver Interferenz verstärken sich zwei überlappende Wellen, weil ihre Maxima und Minima aufeinandertreffen. Bei destruktiver Interferenz stoßen Maxima und Minima aufeinander, und die Wellen löschen sich gegenseitig aus.

- Bei der Überlagerung von Wellen mit geringfügig unterschiedlichen Frequenzen entsteht eine Schwebung genannte periodische Änderung der Amplitude.

- Stehende Wellen gehen aus einer Welle und ihrer Reflexion hervor, wenn der Raum, in dem sie sich befinden, zu ihrer Resonanzfrequenz passt. Eine stehende Welle zeichnet sich aus durch Schwingungsbäuche mit maximalen Auslenkungen sowie Schwingungsknoten, in denen es zu keiner Auslenkung von der Ruhelage kommt.

- Komplexe Wellen lassen sich mit Hilfe der Fourier-Analyse in Kombinationen von harmonischen Wellen der gleichen Grundfrequenz zerlegen.

Thermodynamik

Inhaltsverzeichnis

- **Lernziele**

Die Thermodynamik ist eine der wichtigsten Disziplinen zum Verständnis chemischer Prozesse. In ihr sind die entscheidenden Größen definiert, die bestimmen, ob eine Reaktion abläuft, auf welcher Seite das Gleichgewicht liegt und wie viel Energie dabei freigesetzt wird.

Am Schluss dieses Buchteils sollten Sie den Zusammenhang von Wärme und Temperatur verstanden haben und die gängigen Modelle zur Beschreibung kennen. Die verschiedenen Energieformen und ihr Einfluss auf materielle Objekte sollten Ihnen ebenso geläufig sein wie das Konzept der Entropie. Die Hauptsätze der Thermodynamik sollten sie kennen, interpretieren und anwenden können.

Temperatur und der Nullte Hauptsatz der Thermodynamik

© Springer-Verlag GmbH Deutschland, ein Teil von Springer Nature 2020
O. Fritsche, *Physik für Chemiker I*, https://doi.org/10.1007/978-3-662-60350-5_12

Eine der zentralen Größen in der Thermodynamik ist die Temperatur. Obwohl sich jeder aus eigener Sinneserfahrung etwas darunter vorstellen kann, benötigen wir für exakte Messungen ein geeignetes Instrument – ein Thermometer.

12.1 Nullter Hauptsatz: Temperatur ist eine Zustandsgröße

Tipler
Abschn. 13.1 *Temperatur und der Nullte Hauptsatz*

12

Der **Nullte Hauptsatz der Thermodynamik** verdankt seinen seltsamen Namen dem Umstand, dass er erst nach den anderen Hauptsätzen aufgestellt wurde und man die Nummerierung nicht mehr ändern wollte. Weil er aber noch grundlegender ist als die anderen Sätze, erhielt er die Nummer Null.

In der Formulierung im Tipler lautet der Nullte Hauptsatz:

» Befinden sich zwei Körper in thermischen Gleichgewicht mit einem dritten, so stehen sie auch untereinander in thermischem Gleichgewicht.

Abb. 13.1 im Tipler verdeutlicht den Satz mit einer Zeichnung. Dort sind in Teilabbildung (a) drei Blöcke gezeigt, die aus unterschiedlichen Materialien bestehen sollen. Die Blöcke A und B berühren sich nicht direkt, sondern sind nur über die Brücke aus Block C miteinander verbunden. A und B stehen in **thermischen Kontakt** mit C: Der jeweils wärmere Körper heizt den kühleren auf, bis sie schließlich im **thermischen Gleichgewicht** die gleiche Temperatur erreicht haben. Dieser Ausgleich findet zwischen den Blöcken A und C und den Blöcken B und C statt. Wenn wir nach Erreichen des Gleichgewichts Block C entfernen und dafür A und B aneinander legen, wie in Teilabbildung (b) gezeigt, braucht kein weiterer Austausch von Wärme mehr stattzufinden, weil die Blöcke bereits die gleiche Temperatur haben.

Nur, weil diese Aussage gilt, können wir überhaupt eine **Temperatur messen.** Dummerweise haben wir nämlich keine Möglichkeit, die Temperatur eines Körpers direkt zu ermitteln. Stattdessen müssen wir den Umweg nehmen, einen anderen Körper (das Thermometer) so mit der Probe in Kontakt zu bringen, dass er die Temperatur der Probe annehmen kann. Als Reaktion muss das Thermometer eine seiner anderen Eigenschaften, die wir dann direkt messen können, verändern. Beispielsweise steigt in einem altmodischen Fieberthermometer die Flüssigkeitssäule des gefärbten Alkohols, wenn er erwärmt wird. Dafür muss die Probe (Körper A) im thermischen Gleichgewicht mit dem Glasröhrchen (Körper C als Vermittler) stehen und dieses im Gleichgewicht mit dem Alkohol als eigentlichen Messmedium (Körper B). Nach dem Nullten Hauptsatz der Thermodynamik haben dann alle drei Körper die gleiche Temperatur, und die Länge der Säule verrät uns die Temperatur der Probe.

Die Temperatur sagt uns also etwas über den Zustand eines Körpers aus. Sie ist eine **Zustandsgröße, intensive.** Solange wir den Block nicht irgendwie erhitzen oder abkühlen, befindet er sich im thermischen Gleichgewicht, und seine Temperatur bleibt konstant. Sie wird auch nicht kleiner oder größer, wenn wir den Block halbieren (vorausgesetzt, es entsteht beim Trennen keine Reibungshitze). Die Temperatur ist deshalb eine **intensive Zustandsgröße,** deren Wert nicht von der Größe des Systems abhängt. Jedes Bruchstück des Systems hat die gleiche Temperatur. **Extensive Zustandsgrößen** wie die Masse, das Volumen und die Stoffmenge ändern sich hingegen, wenn etwas zum System hinzukommt oder weg geht. So ist beispielsweise die Menge des Bieres in einem Glas eine extensive Zustandsgröße, dessen Temperatur dagegen eine intensive Zustandsgröße.

Eine andere Formulierung für den Nullten Hauptsatz der Thermodynamik lautet somit:

» Die Temperatur ist eine Zustandsgröße.

Beide Varianten des Nullten Hauptsatzes sind gleichwertig. Wir werden noch sehen, dass auch die anderen Hauptsätze auf verschiedene Weisen formuliert werden können.

Neben Zustandsgrößen, die ein System im Gleichgewicht beschreiben, begegnen uns in der Thermodynamik auch **Prozessgrößen,** die nur auftreten, wenn sich der Zustand ändert. In unserem Beispiel mit den Blöcken wäre die Wärme, die vom wärmeren zum kälteren Block fließt, solch eine Prozessgröße.

12.2 Thermometer geben Temperaturen in verschiedenen Einheiten an

Der Nullte Hauptsatz der Thermodynamik bietet die theoretische Basis, die Temperatur eines Systems zu messen. Für die praktische Umsetzung benötigen wir ein Thermometer mit einer **thermometrischen Eigenschaft,** die sich in Abhängigkeit von der Temperatur ändert. Beispielsweise dehnen sich viele Materialien aus, wenn sie warm werden. Wie im vorigen Abschnitt kurz angerissen, könnten wir eine Flüssigkeitssäule in einem dünnen Röhrchen als Thermometer verwenden, bei dem der Pegelstand die Temperatur anzeigt. Eine andere Möglichkeit wäre ein Bimetallstreifen, der aus zwei verschiedenen Metallen besteht, die mit den flachen Seiten verbunden sind. Bei Erwärmung streckt sich das eine Metall mehr als das andere, und der Streifen verbiegt sich (Abb. 13.2 im Tipler).

Um die Ergebnisse mehrerer Temperaturmessungen miteinander vergleichen zu können, benötigen wir zudem eine Skala, die wir mit Hilfe eines Standards festlegen. Bei der **Celsius-Skala** dient Wasser als Vergleichssystem. Seinen **Gefrierpunkt** oder **Fispunkt** setzen wir als Nullpunkt ($0\,°C$) der Temperaturskala fest, den **Siedepunkt des Wassers** auf $100\,°C$. Wir gehen davon aus, dass die Länge des Messkörpers – etwa eine Quecksilbersäule – linear mit der Temperatur wächst und teilen die Differenz zwischen dem Stand bei $0\,°C$ (l_0) und bei $100\,°C$ (l_{100}) in 100 Stücke. Wenn wir unser derart kalibriertes Thermometer dann mit einer Probe in thermischen Kontakt bringen, gleicht sich die Temperatur des Quecksilbers an, und das flüssige Metall dehnt sich aus oder zieht sich zusammen. Im thermischen Gleichgewicht verrät uns dann die Länge der Säule l_T die Temperatur in Grad Celsius T_C über:

$$T_C = \frac{l_T - l_0}{l_{100} - l_0} \cdot 100\,°C \tag{12.1}$$

Der Zähler im Bruch gibt an, wie weit die Flüssigkeitssäule über den Nullpunkt ragt, im Nenner steht, welche zusätzliche Länge sie beim Temperatursprung von $0\,°C$ auf $100\,°C$ anzeigen würde. Zusammen nennt uns der Bruch, welchen Anteil dieser Kalibrierungsstrecke die Säule bei der aktuellen Messung erreicht hat.

Wie willkürlich die Wahl von Wasser als Referenz ist, sehen wir an der **Fahrenheit-Skala,** die noch in den USA und mit abnehmender Bedeutung in anderen angelsächsischen Ländern verbreitet ist. Als Nullpunkt hat ihr Erfinder, der deutsche Physiker Daniel Gabriel Fahrenheit, die tiefste Temperatur, die er künstlich herstellen konnte, gewählt. Mit einer Mischung aus Eis, Wasser und Salmiak (Ammoniumchlorid) erreichte er $-17,8\,°C$, die er als Nullpunkt ($0\,°F$) wählte. Er hoffte, damit negative Temperaturwerte vermeiden zu können. Als zweiten Bezugspunkt legte Fahrenheit den Gefrierpunkt reinen Wassers auf $32\,°F$ fest und schließlich die normale Körpertemperatur des Menschen als dritten Fixpunkt auf $96\,°C$. Die Umrechnung zwischen Celsius- und Fahrenheit-Skala erfolgt nach:

$$T_C = \frac{5}{9} \cdot \left(\frac{T_F}{°F} - 32\right)\,°C \tag{12.2}$$

Tipler
Abschn. 13.2 *Temperaturmessgeräte und Temperaturskalen*

Die 5/9-tel geben das Verhältnis der Schrittweite in der Celsius- zur Fahrenheit-Skala wider. Die Klammer verschiebt den Nullpunkt. Der Bruch in der Klammer befreit die Temperaturangabe in °F einfach von der Einheit. Ihre neue Einheit erhält die Temperatur durch das °C hinter der Klammer.

In den Naturwissenschaften – und damit auch in der Chemie – beziehen wir uns bei Temperaturangaben auf die **Kelvin-Skala** oder **absolute Temperaturskala**. Sie verwirklicht Fahrenheits Idee, den absolut kältesten Zustand als Nullpunkt zu wählen, bleibt aber bei Wasser als Referenzsystem. Der **Nullpunkt der absoluten Temperaturskala** liegt bei $-273,15\,°C$ und wird als „Null Kelvin" oder $0\,K$ bezeichnet. Den zweiten Fixpunkt bildet der **Tripelpunkt des Wassers,** bei dem Wasser zugleich in fester, flüssiger und gasförmiger Phase im Gleichgewicht vorliegt (Abb. 13.7 im Tipler). Wir finden ihn bei einem Druck von $6,105\,mbar$ und einer Temperatur von $0,01\,°C$ oder $273,16\,K$. Der Zahlenwert der absoluten Temperaturskala ist so gewählt, dass die Schritte auf der Kelvin-Skala genau so groß sind wie auf der Celsius-Skala. Temperaturunterschiede sind deshalb auf beiden Skalen gleich, lediglich die Nullpunkte liegen an verschiedenen Stellen.

Die Umrechnung zwischen absoluter Temperatur T und der Temperatur in Grad Celsius T_C verläuft damit nach:

$$T = \left(\frac{T_C}{°C} + 273,15 \right) K \tag{12.3}$$

❯ **Wichtig**
Die Einheit der absoluten Temperatur ist das Kelvin (K), nicht „Grad Kelvin"! ◄

Für Messungen von Temperaturen, die weit unter dem Gefrierpunkt des Wassers oder weit über dessen Siedepunkt liegen, eignen sich Thermometer mit Flüssigkeitssäulen nicht mehr. Das Material würde einfach während der Messung erstarren oder verdampfen. Stattdessen setzen wir **Gasthermometer mit konstantem Volumen** ein, wie eines in Abb. 13.4 im Tipler zu sehen ist. Sie enthalten eine bestimmte Menge eines Gases wie Luft, Sauerstoff oder Stickstoff. Erwärmen wir das Gas, will es sich ausdehnen. Da wir aber den Raum, den es einnehmen kann, nicht größer werden lassen, steigt der Gasdruck p. Diesen Druck nutzen wir als Messgröße. Kalibrieren wir ihn nach der Celsius-Skala mit Eiswasser p_0 und siedendem Wasser p_{100}, bekommen wir aus dem gemessenen Druck p_T die Temperatur in °C:

$$T_C = \frac{p_T - p_0}{p_{100} - p_0} \cdot 100\,°C \tag{12.4}$$

Bei der Orientierung an der Kelvin-Skala beziehen wir uns auf den Druck am Tripelpunkt des Wassers p_3:

$$T = \frac{p}{p_3} \cdot 273,16\,K \tag{12.5}$$

Wirklich gut funktioniert ein Gasthermometer nur dann, wenn sein Gas so stark verdünnt ist, dass seine Teilchen zwar zusammenstoßen, aber nicht anders miteinander wechselwirken. Es verhält sich dann wie ein **ideales Gas,** dessen Eigenschaften nicht mehr von der Art des Gases abhängen. Je niedriger seine Temperatur ist, desto geringer ist auch der Druck, den es ausübt. Machen wir eine Messreihe bei verschiedenen Temperaturen und verlängern wir die Gerade, die wir durch die Messpunkte legen können, nach hinten, stellen wir fest, dass der Druck beim absoluten Temperaturnullpunkt ebenfalls auf Null fällt (Abb. 13.6 im Tipler). Bei $0\,K$ übt ein Gas also keinen Druck mehr aus. In der Praxis haben wir diesen Punkt aber noch nie experimentell erreicht. Tab. 13.1 im Tipler zeigt in einer logarithmischen Auftragung einige besondere Temperaturen, darunter auch die bislang tiefste

Temperatur, die weit unterhalb der rund 23 K liegt, bis zu der Helium-Gasthermometer noch verlässliche Ergebnisse liefern.

In **Digitalthermometern** lässt ein temperaturempfindlicher Widerstand je nach Temperatur mehr oder weniger Strom fließen. Die Abhängigkeit des elektrischen Widerstands von der Temperatur muss dabei im Messbereich linear sein.

Ein **Infrarot-Thermometer** kommt ohne Berührung mit der Probe aus. Es misst die abgestrahlte Wärme, die im Infrarotbereich des Spektrums liegt und wie sichtbares Licht mit einer Linse gebündelt werden kann. Ein Sensor wandelt die Strahlung in einen elektrischen Strom um.

12.3 Wärme dehnt Stoffe aus

Im Labor und in der industriellen Produktion begegnen uns noch häufig klassische Thermometer, die darauf beruhen, dass sich ein Stoff ausdehnt, wenn er erwärmt wird. Wie stark er auf Temperaturwechsel reagiert, hängt vom Material ab und wird mit dem **Längenausdehnungskoeffizienten** oder **linearen Ausdehnungskoeffizienten** α erfasst, der angibt, wie sehr sich die Länge l bei einer Temperaturänderung von ΔT ändert:

$$\alpha = \frac{\frac{\Delta l}{l}}{\Delta T} \tag{12.6}$$

In den meisten Fällen können wir mit dieser Formel ausrechnen, wie sehr sich die Länge eines Körpers ändert, wenn er wärmer oder kälter wird. Genau genommen ist der Koeffizient aber nicht bei allen Temperaturen gleich, sondern variiert selbst mit der Temperatur, sodass sich seine Definition auf unendlich winzige Änderungen der Temperatur ($\mathrm{d}T$) und der Länge ($\mathrm{d}l$) bezieht:

$$\alpha = \frac{1}{l}\frac{\mathrm{d}l}{\mathrm{d}T} \tag{12.7}$$

Müssen wir neben der Länge auch die Breite und Höhe eines eindeutig dreidimensionalen Körpers beachten, dehnt er sich in alle drei Richtungen aus. Anstelle des Längenausdehnungskoeffizienten nehmen wir dann den **Volumenausdehnungskoeffizienten** β, der dreimal so groß ist:

$$\beta = 3\,\alpha = \frac{1}{V}\frac{\mathrm{d}V}{\mathrm{d}T} \tag{12.8}$$

Die Einheit für beide Koeffizienten ist K^{-1} oder $^\circ\mathrm{C}^{-1}$. Die Werte geben also an, um welchen Anteil sich die Länge bzw. das Volumen verändern, wenn die Temperatur um 1 K oder 1 °C steigt oder sinkt. Tab. 13.2 im Tipler listet Koeffizienten für einige Substanzen auf. Die größte Temperaturfühligkeit finden wir danach unter den Gasen, deren Volumen schon mit Anpassungen im Bereich von einigen Promille auf jedes Grad reagiert. Flüssigkeiten sind beinahe ebenso empfindlich. Die Längen von Festkörpern verändern sich hingegen nur um einige millionstel Teile.

Ein besonders seltsames Verhalten bei Temperaturänderungen zeigt Wasser. Kühlen wir handwarmes Wasser ab, zieht es sich wie erwartet zunächst zusammen. Unterschreitet es aber die Marke von 4 °C, dehnt es sich plötzlich wieder aus. Diese **Anomalie des Wassers** geht auf die Wasserstoffbrückenbindungen zurück, die sich bei niedrigen Temperaturen vermehrt bilden, weil die Wärmeenergie nicht mehr ausreicht, sie gleich wieder zu zerreißen. Die Moleküle richten sich zunehmend aneinander aus und beanspruchen dabei mehr Platz als bei höheren Temperaturen. Schließlich gefriert das Wasser zu Eis, das sich wie ein Festkörper verhält. Abb. 13.9 im Tipler zeigt den Verlauf des Volumenausdehnungskoeffizienten.

Tipler

Abschn. 13.3 *Thermische Ausdehnung* und Beispiele 13.1 bis 13.3

12

Beispiel

Die Ausdehnung und vor allem die Kontraktion der Stoffe müssen wir berücksichtigen, wenn wir Aufbauten vorbereiten, die größeren Temperaturwechseln ausgesetzt sind. Die Kraft F, mit der ein Bauteil seine Länge ändert, verteilt sich auf die Kontaktfläche A zum nächsten Bauteil, sodass pro Quadratzentimeter die Spannung F/A entsteht. Haben wir beispielsweise bei Raumtemperatur ein Metallrohr an eine Reaktionskammer angebracht, und leiten wir nun flüssigen Stickstoff hindurch, zerrt das Rohr mit dieser Spannung an der Kammer. Ist auch das andere Ende des Rohrs fest an einem Bauteil angebracht, beispielsweise am Stickstoffbehälter, kann es durch seine Kontraktion den Aufbau verbiegen, sich an einer Verbindungsstelle losreißen oder es wird zwangsweise unter dem Einfluss der mechanischen Spannung gedehnt.

Wie leicht sich ein Material unter mechanischer Spannung in die Länge ziehen lässt, verrät uns sein Elastizitätsmodul E:

$$E = \frac{F/A}{\Delta l/l} \tag{12.9}$$

Wird die Längenänderung $\Delta l/l$ durch die Temperaturänderung ΔT verursacht, können wir diese Formel mit Gl. 12.6 kombinieren und die Spannung berechnen, unter der das Material steht, wenn es sich nicht zusammenziehen oder ausdehnen darf:

$$\frac{F}{A} = E\,\frac{\Delta l}{l} = E\,\alpha\,\Delta T \tag{12.10}$$

Die Werte für den Elastizitätsmodul und den Längenausdehnungskoeffizienten können wir Tabellen entnehmen.

Übersteigt die mechanische Spannung die Bruchspannung des Materials, reißt unser Rohr. Um das zu vermeiden, sollten wir vorsichtshalber ein bisschen mehr Länge als bei Raumtemperatur nötig einbauen, indem wir etwa absichtlich eine kleine Biegung einbringen. Aus dem gleichen Grund sind Brücken an den Enden mit Dehnungsfugen versehen, und Überlandleitungen hängen ein wenig durch, damit sie eine kleine Reserve für extrem kalte Tage haben.   ◄

Verständnisfragen

36. Handelt es sich bei der Dichte um eine intensive oder eine extensive Zustandsgröße?
37. Welchem Wert auf der Celsius-Skala entspricht eine Temperatur von 298 K?
38. Um Stickstoff nach dem Haber-Bosch-Verfahren in Ammoniak umzuwandeln, läuft die Temperatur bei 500 °C ab. Wie lang wird ein Reaktor aus Stahl durch die Erhitzung, der bei 20 °C eine Länge von 2,50 m hat?

Die kinetische Gastheorie

© Springer-Verlag GmbH Deutschland, ein Teil von Springer Nature 2020
O. Fritsche, *Physik für Chemiker I*, https://doi.org/10.1007/978-3-662-60350-5_13

Die kinetische Gastheorie erklärt makroskopische Eigenschaften eines Gases – wie den Zusammenhang von Temperatur, Druck und Volumen – mit der Bewegung der Teilchen, die Geschwindigkeiten von mehreren hundert Metern pro Sekunde erreichen und ständig miteinander kollidieren. In diesem Kapitel sehen wir uns die Bewegungen und Kollisionen genauer an, wobei wir mit extrem verdünnten Gasen anfangen und anschließend den Schritt zu realitätsnäheren Gasen wagen.

13.1 Das ideale Gas ist ein Modell für stark verdünnte Gase

Tipler

Abschn. 14.1 *Die Zustandsgleichung für das ideale Gas* und Beispiele 14.1 bis 14.4

Echte Gase stellen uns vor ein großes Problem, wenn wir allgemeingültige Gesetze finden wollen: Sie sind alle verschieden. Während beispielsweise Helium aus kleinen einzelnen Atomen besteht, wartet Butan (C_4H_{10}) gleich mit 14 Atomen pro Molekül auf. Wasserstoff (H_2) ist nach außen elektrisch neutral, Wasser in seiner gasförmigen Form zeigt ein deutliches Dipolmoment. Argon ist inert, Propan dagegen ziemlich reaktionsfreudig.

Um dennoch herauszufinden, welche Eigenschaften für Gase insgesamt typisch sind, haben Physiker als Modell des idealen Gases entwickelt. Ein **ideales Gas** muss danach folgende Bedingungen erfüllen:

- Es besteht aus punktförmigen Teilchen, deren Durchmesser im Vergleich zum Abstand zwischen den Teilchen vernachlässigbar ist. Die Masse ist vollständig in diesen Punkten konzentriert.
- Die Teilchen interagieren ausschließlich durch elastische Stöße miteinander. Bei den Kollisionen verformen sie sich nicht und reagieren nicht miteinander. Es gibt keinerlei Anziehungs- oder Abstoßungskräfte zwischen den Teilchen.

Bei normalem Druck und Raumtemperatur kommen Edelgase diesen Vorgaben recht nahe. Andere Gase nähern sich dem idealen Verhalten nur bei niedrigem Druck und hohen Temperaturen an.

In der Geschichte haben sich viele Forscher mit den Zusammenhängen zwischen dem Druck p eines Gases, seinem Volumen V und der Temperatur T interessiert und dabei verschiedene Gesetze aufgestellt, von denen im Tipler das Boyle-Mariotte'sche Gesetz

$$p \cdot V = \text{konstant} \quad (\text{wenn } T \text{ konstant}) \tag{13.1}$$

und das Gay-Lussac'sche Gesetz

$$p \cdot V = \text{Konstante} \cdot T \tag{13.2}$$

aufgeführt sind. All diese Gesetze münden schließlich in der **Zustandsgleichung für das ideale Gas** oder die **allgemeine Gasgleichung**:

$$p \cdot V = n \cdot R \cdot T \tag{13.3}$$

Hierin ist n die Stoffmenge in mol (die Tilde $\sim$, die im Tipler über dem n steht, wird in der Chemie nicht verwendet) und R die **universelle Gaskonstante** oder **allgemeine Gaskonstante**. Ihr Wert ist

$$R = 8{,}314 \, \frac{\text{J}}{\text{mol} \cdot \text{K}} = 8{,}314 \cdot 10^{-5} \, \frac{\text{bar} \cdot \text{m}^3}{\text{mol} \cdot \text{K}} \tag{13.4}$$

Die allgemeine Gaskonstante gibt an, welche Energie für jedes Kelvin aufgrund der Wärme in einem Mol Teilchen steckt. Wollen wir das nicht für ein ganzes Mol wissen, sondern nur für ein durchschnittliches einzelnes Teilchen, müssen wir durch die Zahl der Teilchen pro Mol – die Avogadro-Zahl $n_A = 6{,}022 \cdot 10^{23} \, \text{mol}^{-1}$ – teilen und erhalten die **Boltzmann-Konstante** k_B:

$$k_B = \frac{R}{n_A} = 1{,}381 \cdot 10^{-23} \, \frac{J}{K} = 8{,}617 \cdot 10^{-5} \, \frac{eV}{K} \qquad (13.5)$$

> **Wichtig**
> Wir merken uns für die gesamte Thermodynamik: Rechnen wir mit einzelnen
> Teilchen, benutzen wir die Boltzmann-Konstante, geht es um Stoffmengen
> in mol, nehmen wir die allgemeine Gaskonstante. Die Temperatur geben wir
> immer in K an! ◄

Mit der allgemeinen Gasgleichung können wir die fehlende Zustandsgröße berechnen, wenn wir die drei anderen kennen. Als intensive Größen haben wir in
Gl. 13.3 den Druck und die Temperatur, als extensive Größen das Volumen und
die Stoffmenge.

Die allgemeine Gasgleichung ist auch häufig gut geeignet, um zu berechnen,
was bei einer **Änderung des Zustands** des Gases passiert. Nimmt beispielsweise
eine Zustandsgröße zu, weil wir beispielsweise das Gas erhitzen (T steigt an), dehnt
sich das Gas entweder aus (V nimmt zu), oder der Druck p steigt an. Wollen wir
die Veränderung genau bestimmen, hat es sich bewährt, die Gasgleichung zweimal
aufstellen: einmal für den Anfangszustand 1 und einmal für den Endzustand 2.
Wir lösen beide Gleichungen nach einer Größe auf, die konstant geblieben ist und
setzen sie gleich. Verändert sich beispielsweise die Stoffmenge nicht, weil sich das
Gas in einem geschlossenen Behälter befindet, erhalten wir auf diese Weise die
Beziehung:

$$\frac{p_2 V_2}{T_2} = \frac{p_1 V_1}{T_1} \qquad (13.6)$$

Für Zustandsänderungen, bei denen eine der anderen Größen konstant bleibt,
haben wir in der Thermodynamik spezielle Bezeichnungen:

- Bei **isothermen Zustandsänderungen** bleibt die Temperatur gleich.
- **Isobare Zustandsänderungen** finden bei konstantem Druck statt.
- Bei **isochoren Zustandsänderungen** ändert sich das Volumen nicht.

> **Beispiel**
> Die allgemeine Gasgleichung ist die Grundlage für das Gasthermometer, das wir
> bereits im vorigen Kapitel kennengelernt haben. Während der Messung bleibt
> das Volumen konstant, sodass eine isochore Zustandsänderung vorliegt. ◄

Wir können die allgemeine Gasgleichung nicht nur auf reine Gase anwenden,
sondern auch auf Gasgemische. Jedes einzelne Gas verhält sich dann so, als wäre es
allein in dem Volumen und übt einen Druck aus, den wir mit Gl. 13.3 ausrechnen
können und als **Partialdruck** bezeichnen. Alle Partialdrücke zusammen ergeben
den Gesamtdruck:

$$p_{\text{gesamt}} = \sum_i p_i \qquad (13.7)$$

Die **Zustandsgleichung idealer Gase für Gasgemische** lautet damit:

$$p V = \sum_i n_i R T \qquad (13.8)$$

Beispiel

Trockene Luft besteht aus einem Gemisch von 78,1 % Stickstoff, 21,0 % Sauerstoff und 0,9 % Argon. Bei einem Luftdruck auf Meereshöhe von 101,325 kPa hat der Stickstoff einen Partialdruck von 79,12 kPa. Das ist genau der Druck, den das Gas ausüben würde, wenn es ganz alleine in dem Volumen wäre, ohne Sauerstoff und Argon.   ◄

13.2 Wärme ist Bewegungsenergie der Teilchen

Tipler

Abschn. 14.2 *Druck und Teilchengeschwindigkeit* sowie Beispiele 14.5 und 14.6

Von den vier Zustandsgrößen – Druck, Volumen, Stoffmenge und Temperatur – in der allgemeinen Gasgleichung sind der Druck und die Temperatur ein wenig rätselhaft. Wieso „drückt" ein Gas überhaupt gegen seine Gefäßwände oder Objekte, die sich im gleichen Raum befinden? Und was genau meinen wir eigentlich, wenn wir von „Temperatur" sprechen?

Die **kinetische Gastheorie** bietet auf diese Fragen eine anschauliche Antwort. Sie setzt voraus, dass sich die Teilchen eines idealen Gases wie eine große Anzahl winziger Kügelchen verhalten, die durch den Raum fliegen, wobei sie miteinander kollidieren und gegen die Gefäßwände prallen. Bei jedem Zusammenstoß übertragen sie mit der Kraft des Aufpralls Impuls auf den Stoßpartner und fliegen in eine neue Richtung weiter. Der **Gasdruck** entsteht dadurch, dass durch die extrem große Anzahl von Teilchen ständig unzählige von ihnen gegen die Wände oder jede beliebige andere Fläche stoßen und auf diese Kraft ausüben. Die Summe dieser zahllosen winzigen Kräfte pro Fläche messen wir als den Druck.

Im Tipler ist gezeigt, wie wir aus den Gleichungen zu Impuls und Kraft aus der Mechanik eine Formel für die kinetische Energie der Gasteilchen gewinnen. Wir erhalten für die **mittlere kinetische Energie eines Gasteilchens** E_{kin}:

$$\langle E_{\mathrm{kin}} \rangle = \frac{1}{2}\, m\, \langle v^2 \rangle = \frac{3}{2}\, k_B\, T \tag{13.9}$$

Für n Mol von Gasteilchen brauchen wir nur die Boltzmann-Konstante k_B gegen die allgemeine Gaskonstante R auszutauschen und mit der Stoffmenge zu multiplizieren:

$$\langle E_{\mathrm{kin}} \rangle = \frac{3}{2}\, n\, R\, T \tag{13.10}$$

Wir sehen, dass die kinetische Energie alleine von der **Temperatur** des Gases abhängt. Je heißer das Gas ist, desto schneller sind seine Teilchen. Messen wir die Temperatur, bestimmen wir also eigentlich die mittlere Geschwindigkeit der Atome oder Moleküle des Gases.

Wie schnell die Gasteilchen sind, verraten uns die Gl. 13.9 und 13.10, wenn wir sie nach der quadratisch gemittelten Geschwindigkeit $\langle v^2 \rangle$ auflösen und die Wurzel ziehen. Wir erhalten dann die Wurzel aus dem mittleren Geschwindigkeitsquadrat, die nach der englischsprachigen Bezeichnung *root mean square velocity* mit v_{rms} abgekürzt wird:

$$v_{\mathrm{rms}} = \sqrt{\langle v^2 \rangle} = \sqrt{\frac{3\, k_B\, T}{m}} = \sqrt{\frac{3\, R\, T}{m_{\mathrm{Mol}}}} \tag{13.11}$$

Darin ist m die Masse eines einzelnen Gasteilchens und m_{Mol} die molare Masse des Gases.

Setzen wir ein paar Werte ein, erhalten wir erstaunlich große Geschwindigkeiten. Je nach Masse der Gasteilchen rasen sie bei Raumtemperatur mit mehreren

13

hundert bis tausend Metern pro Sekunde durch den Raum! Die Teilchen sind aber nicht alle gleich schnell. Wir haben nur einen mittleren Wert berechnet, viele sind langsamer, andere schneller. In Abb. 14.6 im Tipler sehen wir die **Verteilung der Teilchengeschwindigkeiten** bei zwei unterschiedlichen Temperaturen. Sie erinnern an leicht schräge Glockenkurven und folgen der **Maxwell-Boltzmann-Geschwindigkeitsverteilung:**

$$f(v) = \frac{4}{\sqrt{\pi}} \left(\frac{m}{2\,k_B\,T} \right)^{3/2} v^2\, e^{-\frac{m\,v^2}{2k_B\,T}} \tag{13.12}$$

Ihr Maximum hat diese Verteilung nicht bei der von uns oben ausgerechneten mittleren Geschwindigkeit v_{rms}, sondern bei dem etwas niedrigeren Tempo v_{max}. Die **wahrscheinlichste Geschwindigkeit** ist daher:

$$v_{max} = \sqrt{\frac{2\,k_B\,T}{m}} = \sqrt{\frac{2\,R\,T}{m_{Mol}}} \tag{13.13}$$

Abb. 14.6 im Tipler zeigt auch, dass bei der höheren Temperatur T_2 die Verteilung der Geschwindigkeiten flacher ist als beim kühlen T_1. Es gibt also nicht nur mehr schnellere Teilchen, die in der Spitze höhere Geschwindigkeiten erreichen, sondern weiterhin sind manche Teilchen langsam, im Extremfall stehen sie sogar für kurze Zeit still, bis sie von einem anderen Teilchen angestoßen werden.

Da wir nun eine Formel für die Verteilung der Geschwindigkeiten haben, können wir sie mit der Gleichung für die Teilchenenergie kombinieren und erhalten die **Maxwell-Boltzmann-Energieverteilung:**

$$f(E_{kin}) = \frac{2}{\sqrt{\pi}} \left(\frac{1}{k_B\,T} \right)^{3/2} \cdot \sqrt{E_{kin}} \cdot e^{-E_{kin}/k_B\,T} \tag{13.14}$$

An dieser Gleichung ist besonders der hinterste Term interessant. Der **Boltzmann-Faktor** $e^{-E_{kin}/k_B\,T}$ taucht in der Thermodynamik immer dann auf, wenn es darum geht, welcher Anteil von Teilchen es alleine durch die Wärmeenergie ($k_B\,T$) schafft, ein bestimmtes Energieniveau (hier: E_{kin}) zu erreichen. Egal, wie groß die Hürde ist, ein paar wenige Teilchen werden immer zufällig gerade so viele Stöße von ihren Nachbarn erhalten, dass sie ausreichend kinetische Energie auf sich vereinen, um das scheinbar Unmögliche doch zu realisieren. Aus diesem Grund verdunstet beispielsweise Wasser selbst bei Temperaturen weit unterhalb des Siedepunkts, weil nach und nach einzelne Moleküle von ihrer Umgebung regelrecht aus dem Verband „herausgekickt" werden und die Bindung der Wasserstoffbrücken überwinden. Auch chemische Reaktionen können häufig nur deshalb anlaufen, weil einige Teilchen genügend Energie ansammeln, um die Aktivierungsenergie für die Reaktion zu überspringen.

Beispiel

Betrachten wir nur die Bindungsenergien, dürfte sich ein Kochsalzkristall (NaCl) nicht in Wasser auflösen, weil die Ionen mit einer Gitterenergie von 778 kJ/mol zusammengehalten werden und auch die Wasserstoffbrückenbindungen der Wassercluster noch immerhin 20 kJ/mol aufbringen. Die einzige Energie, die in Richtung der Auflösung des Kristalls wirkt, ist die kinetische Energie aus der Temperatur des Ansatzes. Bei Zimmertemperatur beträgt sie jedoch lediglich 3,7 kJ/mol – viel zu wenig, um den Kristallverband oder die Wassercluster aufzubrechen.

Trotzdem löst sich der Kristall mit der Zeit auf, weil nach der Maxwell-Boltzmann-Energieverteilung einige wenige Ionen zufällig so viel

Bewegungsenergie haben, dass sie aus dem Gitter ausbrechen können. Für viele endet die Flucht, wenn sie mit den umgebenden Wassermolekülen zusammenstoßen und ihre kinetische Energie verlieren, sodass sie zurück in den Kristallverband fallen. Manche haben aber Glück und treffen auf Wassermoleküle, die gerade ebenfalls ihren Cluster aufgebrochen haben und nun das rebellische Ion umschließen. Sie sind damit dauerhaft in Lösung gegangen. Nach und nach treibt so die Zufallsverteilung der Energie im Kristall und im Wasser die Lösung des Salzes an.   ◀

13.3 Die Energie verteilt sich gleichmäßig auf alle Freiheitsgrade

Tipler
Abschn. 14.3 *Der Gleichverteilungssatz* und Übung 14.2

13

Die Bewegungsenergie der Teilchen steckt nicht nur in ihren Verschiebungen. Die Atome und Moleküle können sich auf drei verschiedene Weisen bewegen:

— Durch Translationen entlang der drei Raumrichtungen des Koordinatensystems.
— Durch Rotation um die drei senkrecht aufeinander stehenden Achsen.
— Durch Schwingungen, wenn die Bindungen innerhalb des Moleküls periodisch mal länger und mal kürzer sind.

Jede dieser Varianten von Bewegung bezeichnen wir als einen **Freiheitsgrad.** Wie viele Freiheitsgrade ein Teilchen hat, hängt von seiner Beschaffenheit ab:

— Die **punktförmigen Teilchen** eines idealen Gases, aber auch **einatomige Gase** wie Helium oder Argon haben drei Freiheitsgrade für die Translation entlang der x-, y- und z-Achse. Weil eine Rotation eine Kugel nicht verändert, kommt kein Rotationsfreiheitsgrad hinzu. Ebenso kein Freiheitsgrad für Schwingungen, da einzelne Atome keine Bindungen besitzen.
— **Lineare Moleküle** wie zweiatomige Gase haben neben den drei Freiheitsgraden für die Translationen noch zwei Freiheitsgrade der Rotationen senkrecht zur Bindungsachse. Eine Drehung um die Bindungsachse wäre ohne Folgen, weshalb einer der möglichen Freiheitsgrade fehlt. Im Prinzip könnten die Moleküle auch Schwingungsfreiheitsgrade zeigen. Bei Gasmolekülen wie Sauerstoff (O_2, N_2, H_2 usw.) reicht die Wärmeenergie bei Raumtemperatur jedoch nicht aus, um einen angeregten Zustand zu erreichen. Die Freiheitsgrade sind „eingefroren" und werden nicht gezählt. Es bleibt für lineare Moleküle somit bei fünf Freiheitsgraden.
— **Moleküle, deren Atome nicht in gerader Linie angeordnet sind,** verfügen über mindestens sechs Freiheitsgrade: drei für die Translationen und drei für die Rotationen. Häufig können sie auch verschiedene Schwingungszustände einnehmen, sodass weitere Freiheitsgrade hinzukommen.

Wie viele Freiheitsgrade und damit Bewegungsmöglichkeiten ein Teilchen hat, entscheidet darüber, wie viel Energie in seine kinetische Energie wandert. Schließlich versetzt ein schräger Zusammenprall ein Molekül in Drehung, und umgekehrt kann ein rotierendes Molekül andere Teilchen von sich weg stoßen. Die Bewegungsformen gehen also ineinander über und tauschen ihre Energien aus. Nach dem **Gleichverteilungssatz** fällt jedem Freiheitsgrad darum gleich viel Energie zu, nämlich $1/2\,k_B\,T$ (bezogen auf ein Mol sind es $1/2\,R\,T$).

Die Energie kugelförmiger Teilchen steckt damit vollständig in den drei Translationen. Pro Raumrichtung beträgt sie $1/2\,k_B\,T$, sodass bei einer dreidimensionalen Bewegung die kinetische Energie gleich $3/2\,k_B\,T$ ist, wie es in den Gl. 13.9 und 13.10 steht. Ein lineares Molekül muss seine Energie hingegen auf fünf Freiheitsgrade und damit $5/2\,k_B\,T$ aufteilen. Nur drei Anteile kommen der Translation zugute, die übrigen zwei stecken in den Rotationen. Deshalb haben Sauerstoffmoleküle (O_2) bei gleicher Temperatur eine geringere kinetische Energie als Argonatome mit annähernd der gleichen Masse.

13.4 Gasteilchen fliegen von Kollision zu Kollision

Die Wärmebewegung der Teilchen sorgt nicht nur für deren Temperatur, sie verteilt die Atome oder Moleküle auch im Raum. Die meiste Zeit fliegt jedes Teilchen dabei geradlinig. Prallt es mit einem anderen Teilchen zusammen, wechselt es durch den elastischen Stoß seine Richtung und seine Geschwindigkeit. Wie häufig solch eine Kollision stattfindet, hängt von der Anzahl der Teilchen im gegebenen Volumen (der Anzahldichte, n/V) sowie von ihrer Größe ab. Zum Zusammenstoß kommt es immer dann, wenn sich die Teilchen so nahe kommen, dass sie einander berühren (Abb. 14.7 im Tipler), mathematisch gesehen also, sobald der Abstand d zwischen ihnen der Summe der Radien r_1 und r_2 entspricht. Weil die Teilchen zufällig im Raum verteilt sind, geschieht dies manchmal sehr schnell, manchmal erst nach etwas längerer Zeit (Abb. 14.8 im Tipler). Um eine ungefähre Vorstellung zu erlangen, bilden wir wieder einen statistischen Mittelwert, dieses Mal die **mittlere freie Weglänge** λ, die den durchschnittlichen Weg zwischen zwei Kollisionen wiedergibt:

$$\lambda = \frac{1}{\sqrt{2}} \, \frac{1}{\pi \, \frac{n}{V} \, d^2} \qquad\qquad \textbf{(13.15)}$$

An dem zweiten Bruch erkennen wir, dass ein Teilchen im Schnitt umso weiter kommt, je kleiner es ist und je dünner das Gas ist.

Meistens liegen die Weglängen bis zum nächsten Zusammenstoß im Bereich weniger Nanometer. Bei den hohen mittleren Geschwindigkeiten $\langle V \rangle$ der Gasteilchen ist die **Stoßzeit** τ zwischen den Stößen entsprechend kurz:

$$\tau = \frac{\lambda}{\langle v \rangle} \approx \frac{\lambda}{v_{\mathrm{rms}}} \qquad\qquad \textbf{(13.16)}$$

Anstelle der mittleren Geschwindigkeit, die schwieriger zu bestimmen ist, können wir auch als Näherung die Wurzel aus dem mittleren Geschwindigkeitsquadrat v_{rms} einsetzen, die wir mit Gl. 13.11 berechnet haben.

Der Kehrwert der Stoßzeit ist die **Stoßhäufigkeit** oder Stoßfrequenz, die uns verrät, wie oft es im Schnitt pro Sekunde zu Kollisionen kommt.

Als Folge der Stöße bewegt sich jedes Teilchen auf einem zufälligen Zickzackkurs durch den Raum, wie im Eingangsbild zu Kap. 14 im Tipler gezeigt. Da alle Teilchen eigenen Wegen folgen, verteilen sie sich im gesamten Volumen. Wir nennen diesen Vorgang **Diffusion.** Auf kurze Distanzen ist der Prozess äußerst effektiv, sodass lebende Zellen einen Großteil ihrer kleinen Moleküle per Diffusion im Zelllumen verteilen. Auf größeren Entfernungen machen sich dagegen die kurze mittlere Weglänge und die ungerichtete Bewegung bemerkbar, sodass es Stunden dauern würde, bis ein Stoff allein durch Diffusion einen Raum ausfüllt. Andere Effekte wie Luftwirbel oder Strömungen sind auf mittlere und große Distanzen deutlich schneller.

Tipler
Abschn. 14.4 *Die mittlere freie Weglänge* und Übung 14.3

Beispiel
Bei der Brown'schen Molekularbewegung können wir die Folgen der Kollisionen direkt beobachten. Dazu geben wir winzige Kügelchen wie Pollenkörner oder Latex-Kügelchen in Wasser. Unter dem Mikroskop sehen wir dann, wie die Kügelchen unregelmäßig zittern. Die Ursache hierfür sind die unzähligen Kollisionen mit den Wassermolekülen, die bei ihrer Wärmebewegung mit den Kügelchen zusammenstoßen. Wegen des zufälligen Charakters der Wärmebewegungen treffen dabei nicht von allen Seiten gleich viele Moleküle gegen die Kügelchen, sodass diese ständig neue Impulse in wechselnde Richtungen erhalten und anfangen zu wackeln. ◀

13.5 Reale Gase verhalten sich ähnlich wie ideale Gase

Tipler
Abschn. 14.5 *Die Van-der-Waals-Gleichung und Flüssigkeits-Dampf-Isothermen* und Beispiel 14.7

Wir dürfen die bis hier aufgestellten Zusammenhänge und Gleichungen in der Regel auch auf reale Gase anwenden, solange wir uns im Bereich normalen Drucks und Temperaturen bewegen. Ist der Druck extrem hoch oder liegt die Temperatur sehr niedrig, müssen wir uns von den Annahmen eines idealen Gases verabschieden. Die allgemeine Gasgleichung $pV = nRT$ geht dann in die **Van-der-Waals'sche Gleichung** über:

$$\left(p + \frac{an^2}{V^2}\right)(V - bn) = nRT \tag{13.17}$$

Die Van-der-Waals-Gleichung nähert sich in zweierlei Hinsicht der Wirklichkeit an:

- Sie berücksichtigt mit der ersten Klammer die Anziehungskräfte der Gasteilchen untereinander. Diese bewirken einen Zusammenhalt, den wir als **Binnendruck** bezeichnen. Er steigert den Druck p des idealen Gases zu einem höheren Gesamtdruck. Der Kohäsionsdruck genannte Koeffizient a hängt von der Art des Gases ab. Er ist bei den Edelgasen besonders niedrig, da zwischen deren Atomen kaum Anziehungskräfte bestehen, und bei polaren Molekülen wie Wasser recht hoch.
- Die Gasteilchen haben nun ein **Eigenvolumen,** das von der Stoffmenge und dem Kovolumen b des jeweiligen Gases abhängt. Das Kovolumen ist ein effektives Volumen, das experimentell ermittelt werden muss und grob dem Volumen der Atome oder Moleküle entspricht. Der Raum, den diese einnehmen, steht den anderen Gasteilchen nicht zur Verfügung, weshalb das Gesamtvolumen in der zweiten Klammer um das Eigenvolumen vermindert wird.

Tab. 14.1 im Tipler listet die Van-der-Waals-Koeffizienten a und b für einige Gase auf.

Auch die Van-der-Waals-Gleichung stößt an ihre Grenzen, wenn das Gas unterhalb einer **kritischen Temperatur** beginnt zu kondensieren und wir neben der Gasphase auch eine flüssige Phase haben. In Abb. 14.9 im Tipler ist dieser Vorgang in einem p-V-Diagramm gezeigt. Wir erhalten diese Art von Grafik, wenn wir Gl. 13.17 nach dem Druck auflösen und das Volumen variieren, während die Temperatur konstant bleibt, wir also isotherme Verläufe betrachten.

- Liegt die Temperatur über der kritischen Temperatur T_k, erhalten wir eine der oberen Kurven. Je kleiner das Volumen ist, desto stärker ist der Druck des Gases. Es wird aber bei keinem noch so großen Druck flüssig.
- Unterhalb der kritischen Temperatur erleben wir beim Komprimieren des Gases, dass die Teilchen ab einem bestimmten Punkt einen anderen Weg finden, um mit dem schrumpfenden Volumen auszukommen. Statt durch immer

häufigere Kollisionen den Druck zu steigern, lagern sie sich dauerhaft zusammen und kondensieren zu einer Flüssigkeit. In der Abbildung geschieht dies beispielsweise am Punkt B, wenn die untere Linie den gestrichelt umrandeten farbigen Bereich schneidet. Je weiter wir das Volumen verkleinern, desto mehr Gas wandelt sich in Flüssigkeit. Der Druck wächst in dieser Phase nicht an. Wir bezeichnen ihn als **Sättigungsdampfdruck,** bei dem die flüssige und die gasförmige Phase miteinander im Gleichgewicht liegen. Verringern wir das Volumen weiter, ist irgendwann die gesamte Stoffmenge verflüssigt (Punkt D in der Abbildung). Die Flüssigkeit sperrt sich ab jetzt gegen eine weitere Kompression. Der Versuch, sie weiter zusammenzupressen, lässt den Druck steil ansteigen.

— Bei der kritische Temperatur berührt die Isotherme den Bereich mit der flüssigen Phase nur am **kritischen Punkt.** Das Gas kann an ihm gerade nicht flüssig werden.

Die kritische Temperatur von Wasser liegt bei $T_k = 647\,\mathrm{K} = 374\,°\mathrm{C}$.

Beispiel

Durch Kompression von Gasen unterhalb ihrer kritischen Temperatur werden Flüssiggase produziert, die in Druckbehälter abgefüllt und an Labore, Camper oder in kleinen Mengen zum Befüllen von Feuerzeugen verkauft werden.   ◄

Den Übergang von gasförmiger und flüssiger Phase können wir auch beobachten, wenn wir eine Flüssigkeit erhitzen. Mit zunehmender Temperatur verdampft immer mehr Substanz, und der Sättigungsdampfdruck nimmt zu. Beim **normalen Siedepunkt** erreicht er schließlich einen Druck von 1 bar. Die Gasblasen haben damit genügend Druck, um gegen den Luftdruck aufzusteigen, und die Flüssigkeit „kocht". Bei Wasser liegt der normale Siedepunkt bei 100 °C oder 373 K. In größeren Höhen, wie etwa im Gebirge, wo der Luftdruck niedriger ist, kann sich der Dampfdruck schon bei niedrigeren Temperaturen durchsetzen, sodass Wasser bereits bei tieferen Temperaturen siedet. Abb. 14.10 im Tipler zeigt den Zusammenhang zwischen Siedetemperatur des Wassers und Außendruck in einem Diagramm.

Verständnisfragen

39. Welches Volumen nimmt 1 mol eines idealen Gases bei einem Druck von 1 bar und einer Temperatur von 20 °C ein?
40. Welche mittlere Geschwindigkeit haben Sauerstoffmoleküle bei 20 °C in der Luft?
41. Wie viele Freiheitsgrade hat ein Heliumatom? Wie viele ein Kohlendioxidmolekül?

Wärme und der Erste Hauptsatz der Thermodynamik

© Springer-Verlag GmbH Deutschland, ein Teil von Springer Nature 2020
O. Fritsche, *Physik für Chemiker I*, https://doi.org/10.1007/978-3-662-60350-5_14

Wir kennen den Vorgang aus dem Alltag: Manche Materialien werden beim Erwärmen sehr schnell heiß, andere brauchen dafür sehr viel länger. Wärmeenergie kann offensichtlich nicht nur die Temperatur eines Körpers erhöhen, sondern auch in andere Eigenschaften einfließen. In diesem Kapitel untersuchen wir, welche Veränderungen Wärme und andere Arten von Arbeit an einem System bewirken. Wir lernen dabei eine weitere Größe kennen, von der abhängt, ob und wie chemische Reaktionen ablaufen.

14.1 Zugeführte Wärme verteilt sich auf die Freiheitsgrade

Tipler

Abschn. 15.1 *Wärmekapazität und spezifische Wärmekapazität*, 15.7 *Wärmekapazität von Festkörpern* und *15.8 Wärmekapazität von Gasen* sowie Beispiele 15.1 und 15.7

Wenn wir im Sommer ein Glas mit Wasser in die Sonne stellen, ist nach ein paar Minuten – bevor sich ein thermisches Gleichgewicht eingestellt hat – das Glas deutlich wärmer als das Wasser, obwohl beide in etwa gleich viel Sonnenstrahlung einfangen. Anscheinend kann das Wasser mit der Wärme noch etwas anderes anfangen, als nur seine Temperatur zu steigern.

Welche Wärmemenge Q 1 kg eines Materials schluckt, bis sich seine Temperatur T um 1 K erhöht, gibt seine **spezifische Wärmekapazität** c an:

$$c = \frac{Q}{m \, \Delta T} \tag{14.1}$$

Die Einheit der Wärmeenergie Q ist wie bei anderen Energien das Joule (J). Die spezifische Wärmekapazität hat damit die Einheit J/(kg · K) oder kJ/(kg · K).

In der Chemie rechnen wir häufiger mit Stoffmengen als mit Massen. Für unsere Zwecke ist darum die **molare Wärmekapazität** C meist praktischer:

$$C = \frac{Q}{n \, \Delta T} \tag{14.2}$$

Wir erhalten die molare Wärmekapazität aus der spezifischen Wärmekapazität, wenn wir diese mit der molaren Masse m_{Mol} multiplizieren:

$$C = \frac{m}{n} \cdot c = m_{\text{Mol}} \cdot c \tag{14.3}$$

Tab. 15.1 im Tipler listet die Wärmekapazitäten verschiedener Stoffe auf. Auffällig ist, dass die molare Wärmekapazität von Metallen fast immer um 25 J/(mol · K) liegt. Die Ausnahme stellt Quecksilber dar, das als einziges Metall bei Raumtemperatur flüssig ist. Flüssiges Wasser und Ethanol haben in der Tabelle die größten Wärmekapazitäten.

Der **Grund für die Unterschiede in der Wärmekapazität** sind die verschiedenen Anzahlen x an Freiheitsgraden der Teilchen in Festkörpern, Flüssigkeiten und Gasen. Nach dem Gleichverteilungssatz fällt von der zugeführten Wärmeenergie an jeden Freiheitsgrad der gleiche Anteil in Höhe von $1/2 \, R \, T$:

$$Q \sim x \cdot \frac{1}{2} \, R \, T \tag{14.4}$$

Ein Stoff mit $x = 3$ Freiheitsgraden braucht die zugeführte Wärme damit lediglich auf diese drei aufzuteilen, womit die Temperaturerhöhung vergleichsweise groß ausfallen kann. Bei $x = 5$ Freiheitsgraden erhält jeder nur ein Fünftel, weshalb T kleiner bleiben muss. Oder anders herum ausgedrückt: Für die gleiche Temperaturerhöhung muss erheblich mehr Wärmeenergie zugeführt werden. Eine geringere Temperaturerhöhung ist darum gleichbedeutend mit einer größeren Wärmekapazität.

> **Wichtig**
> Je mehr Freiheitsgrade eine Verbindung hat, desto größer ist ihre molare
> Wärmekapazität.   ◄

Die Atome eines Festkörpers sind an ihrem jeweiligen Platz fixiert. Sie können
deshalb keine Translations- oder effektive Rotationsbewegungen durchführen, sie
können lediglich um ihre Ruheposition schwingen. Im Kapitel zu Schwingungen
haben wir gelernt, dass sich die Energie jeder Schwingung aus einem kinetischen
und einem potenziellen Anteil zusammensetzt. Während die kinetische Energie in
der Bewegung steckt, entspringt die potenzielle Energie der Auslenkung aus der
Ruheposition und der Rückstellkraft, mit der das Teilchen wieder zurückgedrängt
wird. Abb. 15.12 im Tipler verdeutlicht dies an einem einfachen Modell, dessen
Teilchen durch Federn auf ihren Plätzen gehalten werden. Beide Energien – die
kinetische wie die potenzielle – gelten als Freiheitsgrade. Für die **Wärmekapazität
von Festkörpern** bedeutet dies, dass sie sechs Freiheitsgrade berücksichtigen muss:
für jede Raumrichtung zwei. Die Energie E eines Mols von Teilchen ist damit:

$$E = 6 \cdot \frac{1}{2} R T = 3 R T \tag{14.5}$$

Da die Energie aus der Wärme kommt, können wir E aus Gl. 14.5 und Q aus
Gl. 14.2 gleichsetzen und erhalten für die molare Wärmekapazität des Festkörpers
das Dreifache der universellen Gaskonstante R:

$$C = 3 R = 24{,}9 \frac{J}{mol \cdot K} \tag{14.6}$$

Tatsächlich hat sich dieser Zusammenhang auch experimentell als gute Näherung
bestätigt und wird heute als **Dulong-Petit'sche Regel** bezeichnet. Er trifft vor allem
für Festkörper aus gleichartigen Atomen zu. Komplexere Verbindungen aus Molekülen weisen dagegen meistens noch weitere Freiheitsgrade durch Molekülschwin-
gungen auf und haben deshalb zum Teil deutlich größere Wärmekapazitäten.

Wie bei den Festkörpern können wir auch die **molare Wärmekapazität von
Gasen bei festem Volumen** C_V anhand der Freiheitsgrade bestimmen. Ein einatomiges Gase wie Helium verfügt nur über die drei Freiheitsgrade der Translation,
sodass für seine Wärmekapazität gilt:

$$C_V (\text{einatomiges Gas}) = \frac{3}{2} R \tag{14.7}$$

Bei zweiatomigen Gasen wie Sauerstoff oder Stickstoff kommen zwei Freiheitsgrade
für Rotationen senkrecht zur Bindungsachse hinzu:

$$C_V (\text{zweiatomiges Gas}) = \frac{5}{2} R \tag{14.8}$$

Besonders viele Freiheitsgrade haben Flüssigkeiten. Sie können sich verschieben,
rotieren und mannigfaltig vibrieren. Die **Wärmekapazität von Flüssigkeiten** ist
deshalb besonders groß. Dementsprechend kann Wasser sehr viel Wärmeenergie
aufnehmen und speichern. Durch die Energie werden seine Moleküle zunehmend
in seitliche Bewegungen, Drehungen und Schwingungen versetzt. Wollen wir die
Energie wieder abrufen – indem wir beispielsweise unsere kalten Füße an eine
Wärmflasche halten – , beruhigt sich das Wasser langsam wieder, wenn seine
Wärme auf den kälteren Körper übergeht.

14.2 Wärme und Arbeit tragen zur inneren Energie bei

Tipler

Abschn. *15.4 Joules Experiment und der Erste Hauptsatz der Thermodynamik* sowie Beispiele 15.4 und 15.5

Um die Temperatur in unserem System zu erhöhen, können wir ihm entweder Wärme zuführen, indem wir es mit einem heißeren Körper in thermischen Kontakt bringen, oder wir stecken Arbeit in das System. Die Abb. 15.3 und 15.4 im Tipler zeigen exemplarisch, wie Wasser durch Rühren bzw. mit einer elektrischen Heizspirale erwärmt wird.

Wir haben also zwei Möglichkeiten, den Energiegehalt eines Systems zu verändern:

- Durch Zufuhr oder Abgabe von Wärme Q. Wandert die Wärme in das System hinein, hat Q ein positives Vorzeichen, gibt das System die Wärme ab, ist Q negativ.
- Durch Arbeit W. Steckt die Umgebung Arbeit in das System, indem sie es zu irgend etwas zwingt, bekommt W ein positives Vorzeichen, verändert das System die Umgebung, ist W negativ.

Alle Energie, die in das System hinein fließt oder von ihm abgegeben wird, muss einen dieser Wege nehmen. Bezeichnen wir die Energie des Systems als seine innere Energie U, entspricht diese Erkenntnis dem **Ersten Hauptsatz der Thermodynamik:**

» Die Änderung ΔU der inneren Energie eines Systems ist gleich der Summe der ihm netto zugeführten Wärme Q und der ihm netto zugeführten Arbeit W. (Tipler)

Oder mathematisch formuliert:

$$\Delta U = Q + W \tag{14.9}$$

Für sehr kleine Wärmemengen und sehr wenig Arbeit:

$$dU = dQ + dW \tag{14.10}$$

Der Erste Hauptsatz trifft damit die gleiche Aussage wie der Energieerhaltungssatz aus der Mechanik: Energie kann zwar aus einer Form in eine andere umgewandelt werden (beispielsweise von Arbeit in innere Energie und dann in Wärme), aber sie kann weder aus dem Nichts entstehen noch einfach verschwinden.

Die **innere Energie** ist eine extensive Zustandsgröße. Sie umfasst die Energie der chemischen Bindungen, die thermische Energie sowie die Kernbindungsenergien. Ihren absoluten Wert können wir nicht bestimmen, doch wenn das System zum zweiten Mal in einen bestimmten Zustand gerät, hat es wieder die gleiche innere Energie wie beim ersten Mal, egal, welche Abenteuer es zwischendurch erlebt hat. Beispielsweise ist die innere Energie eines vollen Wasserglases exakt gleich, auch wenn wir das Wasser zwischenzeitlich verdampfen lassen, es Teil einer Wolke wird, zur Erde herabregnet, in den Boden sickert, über das Grundwasser in die Wasserleitung gelangt und schließlich erneut in das Glas.

Die Wärme und die Arbeit sind hingegen Prozessgrößen. Lassen wir unser Glas einfach ruhig stehen, bleiben beide bei Null. Schicken wir das Wasser hingegen über den beschriebenen langen Weg, wandern viel Wärme und Arbeit hinein und hinaus. Wie viel genau es ist, hängt bei Prozessgrößen vom jeweiligen Weg ab. Wir werden uns dies später im Abschn. 14.4 genauer ansehen. Die Wärmemenge Q steckt somit nicht im System, sondern gibt eine Wärmemenge an, die von einem Körper auf einen anderen übertragen wird. Ebenso ist die Arbeit W eine Energie, die übertragen wird.

Wir können den absoluten Wert der inneren Energie U nicht bestimmen. Stattdessen bleibt uns nur, die Veränderung in größeren (ΔU) oder infinitesimal kleinen Schritten (dU) zu ermitteln, indem wir die ein- und ausfließende Wärmemenge und Arbeit messen.

14.3 Gase haben zwei verschiedene Wärmekapazitäten

Ideale Gase halten sich getreulich an den direkten Zusammenhang von Freiheitsgraden, Wärmekapazität und innerer Energie, wie wir ihn in den Abschn. 14.1 und 14.2 besprochen haben. Die innere Energie eines einatomigen Gases mit drei Freiheitsgraden liegt damit bei:

$$U = \frac{3}{2} n R T \tag{14.11}$$

Der Wert hängt einzig und alleine von der Temperatur ab, auf den Druck oder das Volumen kommt es nicht an. Tatsächlich konnte der britische Physiker James Prescott Joule, nach dem die Einheit für Energie benannt ist, in einem Experiment nachweisen, dass auch bei verdünnten realen Gasen nur die Temperatur wichtig ist.

Führen wir nun eine **Änderung der inneren Energie** durch, indem wir das Gas erwärmen, gibt es zwei verschiedene mögliche Reaktionen:

- Befindet sich das Gas in einem festen Behälter, kann es sich nicht ausdehnen (Abb. 15.14 im Tipler). Das **Volumen V ist konstant**. Nach der Zustandsgleichung für das ideale Gas (Gl. 13.1) $p \cdot V = n \cdot R \cdot T$ steigt stattdessen der Druck p mit der Temperatur T. Weil keine Arbeit geleistet wird, folgt die Änderung der inneren Energie vollständig der Wärme:

$$\Delta U = Q + W = Q \tag{14.12}$$

Wie wir in Abschn. 14.2 gesehen haben, hängen die Wärmemenge Q und der Temperaturanstieg ΔT über die molare Wärmekapazität C zusammen:

$$\Delta U = Q = n \, C_V \, \Delta T \tag{14.13}$$

$$C_V = \frac{\Delta U}{n \, \Delta T} \tag{14.14}$$

Der tiefgestellte Index V erinnert uns daran, dass das Volumen konstant ist. Da wir wissen, dass die Wärmekapazität von der Anzahl der Freiheitsgrade abhängt, ergibt sich für ein einatomiges Gas:

$$C_V = \frac{\Delta U_{\text{Mol}}}{n \, \Delta T} = \frac{3}{2} \, R \tag{14.15}$$

- Anders sieht es aus, wenn sich das Gas ausdehnen darf, sobald es erwärmt wird (Abb. 15.13 im Tipler). Dann verrichtet es **Volumenarbeit** W an der Umgebung:

$$W = -p \, \Delta V \tag{14.16}$$

Das Vorzeichen der Arbeit ist negativ, weil sie vom System als aktivem Part an der passiven Umgebung geleistet wird.

Die Änderung der inneren Energie setzt sich nun aus der Wärme und dieser Volumenarbeit zusammen:

$$\Delta U = Q + W = Q - p \, \Delta V \tag{14.17}$$

Auch in den Formeln für die innere Energie und die Wärmekapazität bei konstantem Druck C_p taucht die Arbeit auf:

$$\Delta U = n \, C_V \, \Delta T - p \, \Delta V \tag{14.18}$$

$$C_p = \frac{\Delta U + p \, \Delta V}{n \, \Delta T} = \frac{\Delta U_{\text{Mol}}}{n \, \Delta T} + \frac{p \, \Delta V}{n \, \Delta T} = C_V + \frac{p \, \Delta V}{n \, \Delta T} \tag{14.19}$$

Tipler
Abschn. 15.5 *Die innere Energie eines idealen Gases* und *15.8 Wärmekapazität von Gasen* sowie Beispiel 15.9

Der Bruch $(p\,\Delta V)/(n\,\Delta T)$ entspricht nach der allgemeinen Gasgleichung der allgemeinen Gaskonstante R. Ersetzen wir ihn, erhalten wir für die molare Wärmekapazität eines einatomigen Gases bei konstantem Druck:

$$C_p = C_V + R = \frac{5}{2}\,R \qquad\qquad (14.20)$$

Darf sich das Gas ausdehnen, wandert also ein Teil der zugeführten Wärmeenergie in die Expansion, weshalb die Temperatur weniger stark ansteigt. Die molare Wärmekapazität ist größer als bei einem fixierten Volumen.

Eigentlich müssten wir alle Gleichungen mit einem d für infinitesimal kleine Änderungen anstelle des Δ für messbar große Änderungen schreiben. Nur bei winzig kleinen Schritten hat das System Zeit, immer sofort einen Gleichgewichtszustand herzustellen, für den unsere Formeln gelten. Wir sprechen dann von **reversiblen Zustandsänderungen**. Betrachten wir aber lediglich den Anfangszustand A und den Endzustand E, führt uns die Summe der unzähligen mikroskopischen Veränderungen letztlich auf den makroskopischen Δ-Wert, den wir oben benutzt haben:

$$W = -\int_{V_A}^{V_E} p\,\mathrm{d}V = -p\,\Delta V \qquad\qquad (14.21)$$

Tab. 15.4 im Tipler zeigt uns einige Werte für die molaren Wärmekapazitäten von Gasen. Wie erwartet liegen sie umso höher, je mehr Freiheitsgrade das Gas hat, und C_p ist wegen der möglichen Volumenarbeit um R größer als C_V.

Genau genommen haben auch Flüssigkeiten und Festkörper zwei verschiedene molare Wärmekapazitäten C_p und C_V. Da sie sich aber bei Erwärmung nur sehr wenig ausdehnen, dürfen wir den Unterschied meistens vernachlässigen und so tun, als gäbe es nur eine Materialkonstante $C \approx C_p \approx C_V$.

14.4 Die Arbeit hängt vom Weg ab

Tipler
Abschn. 15.6 *Volumenarbeit und das p-V-Diagramm eines Gases* sowie Beispiele 15.6 und 15.8

Die Volumenarbeit, die ein Gas verrichtet, um vom Ausgangszustand A in den Endzustand E zu gelangen, ist nicht immer gleich, sondern hängt vom Weg ab. Für Arbeit gilt sozusagen wie für alle **Prozessgrößen**: Der Weg ist das Ziel.

Das wird am deutlichsten, wenn wir die Zustandsänderung in einem p-V-Diagramm verfolgen. Darin tragen wir das Volumen des Gases auf der x-Achse auf und seinen Druck auf der y-Achse. Wenn die Stoffmenge n konstant bleibt, entspricht nach dem allgemeinen Gasgesetz jeder Punkt im Diagramm einem ganz bestimmten Zustand des Gases. Zum „Einstellen" des gewünschten Zustands nutzen wir die Temperatur.

Abb. 15.8 im Tipler zeigt als Beispiel das p-V-Diagramm für ein Gas, das bei konstantem Druck komprimiert wird. Zu Beginn hatte es den Druck p_0 und das Volumen V_0. Drücken wir das Gas zusammen, muss nach der allgemeinen Gasgleichung

$$p \cdot V = n \cdot R \cdot T$$

entweder der Druck steigen, um das Schrumpfen der linken Seite der Formel auszugleichen, oder die rechte Seite muss ebenfalls kleiner werden, indem die Temperatur sinkt. Da es sich um einen isobaren Prozess handeln soll, kühlen wir das Gas so ab, dass seine Temperaturabnahme jede Volumenänderung genau kompensiert. Der Zustand des Gases rutscht im Diagramm dann auf der farbigen Geraden von rechts nach links. Die Fläche unter der Kurve können wir mit $p \cdot \Delta V$ berechnen, was der Volumenarbeit zwischen den Messpunkten entspricht.

Neben dem Druck können wir auch die beiden anderen Zustandsgrößen Volumen und Temperatur konstant halten. Wir erhalten so drei **verschiedene Typen von Prozessen**, die alle mit unterschiedlichen Beiträgen von Arbeit verbunden sind:

- Bei **isobaren Veränderungen** tauscht das Gas Volumenarbeit mit der Umgebung aus. Ihr Betrag beläuft sich auf:

$$W = p \cdot |\Delta V| \tag{14.22}$$

Das Vorzeichen bestimmen wir am besten danach, welcher Part aktiv ist: Kommt die Aktion vom Gas, wird sie von dessen innerer Energie angetrieben, die dadurch abnimmt. Das Vorzeichen ist deshalb negativ. Verrichtet die Umgebung aktiv Arbeit an dem Gas, wandert diese Arbeit in dessen innere Energie, die dadurch zunimmt, und das Vorzeichen ist positiv.

- Bei **isochoren Veränderungen** bleibt das Volumen konstant, womit keine Volumenarbeit geleistet wird.

$$W = 0 \tag{14.23}$$

- Eine **isotherme Kompression oder Expansion** verläuft bei gleichbleibender Temperatur. Die geleistete Arbeit hängt vom Verhältnis der Volumina ab:

$$W = n R T \ln \frac{V_A}{V_E} \tag{14.24}$$

In Abb. 15.9 im Tipler überführen wir auf verschiedene Weisen ein Gas aus einem Anfangszustand mit niedrigem Druck und großem Volumen (p_A, V_A) in einen Endzustand mit hohem Druck und kleinem Volumen (p_E, V_E). Die dafür notwendige Energie führen wir als Wärme und Arbeit zu oder ab. Die drei Varianten unterscheiden sich in der Reihenfolge und Art der Schritte, die wir dem System erlauben:

- In Teilabbildung (a) fixieren wir den Kolben des Behälters und zwingen das Gas damit, sein Volumen zu behalten (isobare Änderung). Damit der Druck trotzdem ansteigt, erhitzen wir es stark. Die Kurve im Diagramm geht senkrecht nach oben. Noch wurde keine Arbeit verrichtet. Anschließend lösen wir die Verriegelung und kühlen das Gas wieder ab, sodass sein Druck konstant bleibt (isobare Veränderung). Das Gas zieht den Kolben bei der Kontraktion mit sich nach innen. Bei diesem Schritt wird die Volumenarbeit verrichtet. An der Fläche im Diagramm sehen wir, dass sie sehr groß ist.
- In Teilabbildung (b) drehen wir die Schritte zur Kompression des Gases um. Erst kühlen wir es isobar ab und lassen es sich zusammenziehen, dann fixieren wir den Kolben und heben isochor durch Erhitzen den Druck an. Die Arbeit findet alleine im ersten Schritt statt und ist viel geringer als in Durchgang (a).
- Teilabbildung (c) zeigt den Prozess bei fester Temperatur. Die ganze Zeit über müssen wir Arbeit in das System hineinstecken, aber insgesamt nicht so viel wie in Durchgang (a).

Die Änderung der inneren Energie ist in allen drei Fällen gleich, da die innere Energie eine Zustandsgröße ist und nur vom Anfangs- und Endzustand abhängt, nicht aber vom Weg. Bringt die Arbeit einen großen Teil der Energiedifferenz auf, ist der Beitrag der Wärme klein. In Teilabbildung (a) gibt das Gas so viel Wärme ab, wie zuvor zugeführt wurde. Fließt wenig Arbeit in das System, muss die Wärmemenge größer sein. In Teilabbildung (b) stecken wir deshalb unterm Strich viel Wärmeenergie in das Gas.

> **Beispiel**
>
> In chemischen Reaktionen ändert sich die innere Energie weniger aufgrund der Volumenarbeit. Wichtiger sind in der Regel die Beiträge der chemischen Bindungen, die aufgebrochen und neu gebildet werden.   ◀

14.5 Ohne Wärmeaustausch ändert nur die Arbeit die innere Energie

Tipler

Abschn. 15.9 *Die reversible adiabatische Expansion eines Gases*

Bei den Prozessen im vorhergehenden Abschnitt tauschte das Gas ständig Wärme mit der Umgebung aus. Bei einem **adiabatischen Vorgang** gibt es dagegen keinen Wärmeaustausch, weil das Gas mit einer extrem guten Isolation umgeben ist oder der Prozess zu schnell abläuft, um Wärme aufzunehmen oder abzugeben. Die Volumenarbeit wandert deshalb bei einer Kompression vollständig in die innere Energie. Sowohl der Druck als auch die Temperatur steigen an, wie wir im p-V-Diagramm in Abb. 15.18 sehen können. Umgekehrt sinken der Druck und die Temperatur ab, wenn sich das Gas auf Kosten seiner inneren Energie adiabatisch ausbreitet.

Den **Zusammenhang zwischen dem Druck p und dem Volumen V während eines adiabatischen Prozesses** finden wir, wenn wir die Zustandsgleichung idealer Gase ($p \cdot V = n \cdot R \cdot T$) mit dem Ersten Hauptsatz der Thermodynamik ($dU = dQ + dW$) und den Gleichungen für die Wärmekapazitäten ($C_V = Q/(n \cdot dT)$ und $C_p = C_V + R$) wie im Tipler miteinander verknüpfen. Wir bekommen als Ergebnis:

$$p\,V^{\gamma} = konstant \tag{14.25}$$

Hierin ist γ das Verhältnis der molaren Wärmekapazitäten:

$$\gamma = \frac{C_p}{C_V} \tag{14.26}$$

Seine Werte liegen zwischen 1 und 2, wobei sich das Verhältnis umso mehr an 1 nähert, je mehr Freiheitsgrade das System besitzt. Bei einatomigen Gasen mit wenigen Freiheitsgraden liegt γ fast bei 2, und eine Halbierung des Volumens hebt den Druck beinahe um den Faktor 4. Umgekehrt fällt der Druck annähernd auf ein Viertel ab, wenn sich das Volumen adiabatisch verdoppelt. Bei komplexeren mehratomigen Gasen reagiert der Druck hingegen nur leicht stärker als das Volumen. Ihre innere Energie verfügt über weitaus mehr Möglichkeiten, den Eingriff der Volumenarbeit zu kompensieren.

Das wird auch bei der Formel für die **adiabatische Volumenarbeit** deutlich:

$$W = n\,C_V\,\Delta T \tag{14.27}$$

Ein Gas mit einer großen Wärmekapazität C_V ändert bei gleicher Volumenarbeit seine Temperatur weniger als ein Gas mit kleiner Wärmekapazität. Bei allen Gasen gilt aber:

> ❯ **Wichtig**
>
> **Bei einer adiabatischen Kompression hebt die zugeführte Arbeit die innere Energie und die Temperatur des Gases an. Bei einer adiabatischen Expansion verrichtet das Gas Arbeit am System und verliert dadurch an innerer Energie und an Temperatur.**   ◀

Beispiel

In der Realität laufen Prozesse niemals rein adiabatisch statt, weil sie immer mit der Umgebung Wärme austauschen. Manche kommen dem Ideal aber nahe. Beispielsweise wird die Luft in einer Luftpumpe so schnell komprimiert, dass sich der Kolben zunächst nicht erwärmt, während sich die zusammengedrückte Luft erhitzt. Wolken bilden sich, wenn feuchte Luft an Gebirgen schnell aufsteigt, sich in der Höhe ausdehnt und abkühlt. ◄

Beispiel

In der Chemie realisieren wir annähernd adiabatische Bedingungen mit einem massiven Bombenkalorimeter, das in einem großen temperierten Wasserbad aufgehängt ist. Die Temperatur des Wasserbads wird ständig an jene im Kalorimeter angepasst, sodass kein Nettowärmeaustausch möglich ist. ◄

14.6 Wärme kann auch in Phasenübergänge wandern

Die Wärmekapazität eines Stoffes ist nicht unter allen Bedingungen gleich, sondern variiert mit der Temperatur. Besonders deutlich wird dies im Bereich der **Phasenübergänge.** Der Begriff „Phase" hat mehrere Bedeutungen, wir benutzen ihn hier im Sinne von „Aggregatzustand". ◘ Tab. 14.1 gibt einen Überblick zu den Bezeichnungen der häufigsten Übergänge. Neben den bekannten Formen gasförmig, flüssig und fest gibt es noch exotischere Phasen wie beispielsweise suprafluid.

Wenn wir einem Festkörper **Wärmeenergie zuführen,** verstärken wir damit die Schwingungen seiner Teilchen. Ab einem bestimmten Punkt werden diese Schwingungen so heftig, dass die Bindungskräfte das Teilchen nicht mehr halten können und es sich aus dem starren Verband löst. Der Festkörper geht von der festen in die flüssige Phase über – er schmilzt. Analog verlassen Teilchen eine Flüssigkeit, die zu Gas verdampft, wenn die Wärmeenergie ausreicht, um die Anziehungskräfte zu brechen. Die zugeführte Wärmeenergie steigert während dieses Vorgangs nicht die kinetische Energie der Teilchen als Maß für die Temperatur (Abb. 15.1 im Tipler). Stattdessen erhöht sie die potenzielle Energie der herausgelösten Teilchen, denn diese könnten ja erneut Bindungen eingehen und dabei Energie abgeben.

Dies geschieht, wenn wir dem System **Wärmeenergie entziehen,** indem wir es beispielsweise in eine Kühlkammer stellen. Zunächst sinkt seine Temperatur ab.

Tipler
Abschn. 15.2 *Phasenübergänge und latente Wärme* und *15.3 Phasendiagramme* sowie Beispiel 15.3

◘ Tab. 14.1   Bezeichnungen für die häufigsten Arten von Phasenübergängen

Ausgangsphase	Endphase	Bezeichnung
Gasförmig	⟶ flüssig	Kondensieren
Gasförmig	⟶ fest	Resublimieren
Flüssig	⟶ gasförmig	Verdampfen
Flüssig	⟶ fest	Erstarren, Gefrieren oder Kristallisieren
Fest	⟶ gasförmig	Sublimieren
Fest	⟶ flüssig	Schmelzen

Im Bereich des Phasenübergangs machen sich dann die Anziehungskräfte bemerkbar. Nach und nach entstehen Bindungen, wobei die Bindungsenergie in Form von Wärme freigesetzt wird. Die Temperatur des Systems stagniert darum während ein Gas kondensiert oder eine Flüssigkeit gefriert.

In jedem Phasenübergang steckt damit eine verborgene oder **latente Wärme** Q, die das System aufnimmt oder abgibt, ohne seine Temperatur zu ändern. Ihre Menge hängt von der Masse m des Körpers und einer Stoffkonstanten ab, die wir für den Übergang von fest zu flüssig als **spezifische Schmelzwärme** λ_S bezeichnen und für den Übergang von flüssig zu gasförmig als **spezifische Verdampfungswärme** λ_D:

$$Q_S = m\,\lambda_S \tag{14.28}$$

$$Q_D = m\,\lambda_d \tag{14.29}$$

Für Wasser ist $\lambda_S = 333,5\,\text{kJ/kg}$ und $\lambda_D = 2,26\,\text{MJ/kg}$. Tab. 15.2 im Tipler führt die Daten für weitere Substanzen auf. Wir sehen an ihnen, dass die spezifischen Verdampfungswärmen deutlich höher liegen als die Schmelzwärmen. Um eine Substanz zu verflüssigen, brauchen wir eben nur einige Bindungen zwischen den Teilchen aufzubrechen, um es in Gasform zu überführen, müssen wir alle Bindungen kappen.

Die Angaben in Tabellen gelten normalerweise für den einfachen Atmosphärendruck. **Phasendiagramme** wie beispielsweise Abb. 15.2 im Tipler bieten uns den Überblick zu einem breiten Bereich von Druck und Temperatur. Die verschiedenen Aggregatzustände fest, flüssig und gasförmig erscheinen als Flächen, die von Phasengrenzlinien getrennt sind. An deren Lage können wir ablesen, bei welche Kombination aus Druck und Temperatur ein Phasenübergang stattfindet.

Die wichtigen Punkte und Linien im Phasendiagramm eines Stoffes sind:

- Der **Tripelpunkt,** an dem alle drei Aggregatzustände des Stoffs gleichzeitig miteinander im Gleichgewicht vorliegen. Wasser ist an seinem Tripelpunkt bei 0,0061 bar und 273,16 K sowohl fest als auch flüssig und gasförmig. In Abb. 15.2 ist der Punkt mit einem O gekennzeichnet.
- Der **kritische Punkt,** an dem die flüssige und die gasförmige Form die gleiche Dichte haben und nicht mehr unterscheidbar sind. Tab. 15.3 im Tipler zeigt uns die kritischen Punkte einiger Substanzen. Für Wasser liegt er bei 221 bar und 674 K. In der Abbildung ist der kritische Punkt mit einem C versehen.
- Die **Sublimationsdruckkurve** führt vom Nullpunkt zum Tripelpunkt (in der Abbildung von A nach O). Unter den Bedingungen entlang dieser Kurve geht der Stoff vom festen Zustand direkt in den gasförmigen Zustand über (und umgekehrt), ohne zwischendurch flüssig zu werden.
- Die **Schmelzdruckkurve** trennt die feste und die flüssige Phase (in der Abbildung von O nach B). Bei den meisten Substanzen ist sie nach rechts geneigt. Bei Wasser ist sie wegen dessen Anomalie nach links gebogen. Es schmilzt also bei höherem Druck schon bei leicht tieferen Temperaturen als 0 °C. Dafür sind die Wasserstoffbrückenbindungen zwischen den Wassermolekülen verantwortlich, die den Abstand im Eis größer halten als in 4 °C kaltem flüssigen Wasser. Druck quetscht die Moleküle daher in die weniger Platz einnehmende flüssige Form.
- Die **Siedepunktskurve** führt vom Tripelpunkt zum kritischen Punkt (in der Abbildung von O nach C). Sie trennt als Phasengrenzlinie den flüssigen und den gasförmigen Aggregatzustand und gibt uns damit die Parameter an, unter denen ein Stoff zu sieden beginnt.

Interessiert uns beispielsweise der Zustand von Wasser bei einem Druck von 1 bar, ziehen wir eine Linie, die auf Höhe von 1 bar auf der y-Achse parallel zur x-Achse verläuft. In Abb. 15.2 ist sie gestrichelt eingetragen. Bei niedrigen Temperaturen auf der linken Seite liegt da Wasser als festes Eis vor. Bewegen wir uns mit steigenden Temperaturen nach rechts, treffen wir bei 1 bar und 273,15 K auf die Schmelzdruckkurve. Hier liegen Eis und flüssigen Wasser im Gleichgewicht vor und gehen ineinander über. Anschließend bleibt das Wasser flüssig bis zur Siedepunktskurve bei 1 bar und 373,15 K. Es verdampft und kondensiert bei diesem Wertepaar. Steigern wir die Temperatur noch weiter, ist das Wasser immer gasförmig.

Beispiel
Kohlendioxid hat einen Tripelpunkt von 5,17 bar und 216,55 K. Seine flüssige Phase kann es nur bei einem noch höheren Druck erreichen. Deshalb ist es bei Raumtemperatur niemals flüssig, sondern geht gleich vom festen in den gasförmigen Zustand über, weshalb wir es auch als „Trockeneis" bezeichnen. ◄

Verständnisfragen
42. Die spezifische Wärmekapazität von Aluminium beträgt 0,896 kJ/(kg K. Um wie viel K steigt die Temperatur eines Zentrifugenrotors aus 3 kg Aluminium, wenn ihm in der Rotorkammer 50 kJ Wärmeenergie zugeführt werden?
43. Wir erwärmen 2 mol eines idealen einatomigen Gases um 10 K bei gleichbleibendem Druck von 1 bar. Um wie viel nimmt dabei seine innere Energie zu?
44. Setzen wir Wasser einem Druck und einer Temperatur aus, die beide größer als beim kritischen Punkt sind, liegt es in einem überkritischen Zustand vor, in dem sich Siliziumdioxid (Si_2O) lösen lässt. Was passiert mit dem Wasser, wenn wir den Druck langsam absenken, ohne die Temperatur zu verändern?

Der Zweite Hauptsatz der Thermodynamik

© Springer-Verlag GmbH Deutschland, ein Teil von Springer Nature 2020
O. Fritsche, *Physik für Chemiker I*, https://doi.org/10.1007/978-3-662-60350-5_15

Der Erste Hauptsatz der Thermodynamik erweckt den Eindruck, wir könnten Wärme und Arbeit in beliebiger Weise über die innere Energie ineinander umformen. In der Realität hat sich jedoch gezeigt, dass wir Wärme nicht vollständig wieder in Arbeit wandeln können. Der Zweite Hauptsatz widmet sich dieser Beobachtung und führt mit der Entropie eine neue Größe ein, die bei vielen chemischen Reaktionen über den Verlauf entscheidet.

15.1 Wärme kann nicht vollständig in Arbeit überführt werden

Tipler

Abschn. 16.1 *Wärmekraftmaschinen und der Zweite Hauptsatz* und 16.2 *Kältemaschinen und der Zweite Hauptsatz* sowie Beispiel 16.1

Der richtige Apparat, um Wärmeenergie in Arbeit umzuwandeln, ist eine **Wärmekraftmaschine** wie beispielsweise eine Dampfmaschine (Abb. 16.1 im Tipler) oder ein Verbrennungsmotor (Abb. 16.2 im Tipler).

Obwohl die verschiedenen Typen im Detail unterschiedlich aufgebaut sind und funktionieren, ist das **Grundprinzip der Wärmekraftmaschine** bei allen gleich: Wärmeenergie fließt in die Maschine hinein und wird von ihr nach dem Ersten Hauptsatz der Thermodynamik ($\Delta U = Q + W$) in Arbeit umgewandelt. Die übrig gebliebene Wärme wandert in ein kälteres Reservoir (Abb. 16.4 im Tipler). Bezeichnen wir die aufgenommene Wärmemenge als Q_w und die abgegebene Wärmemenge als $|Q_k|$, gibt die Differenz aus beiden an, wie viel Energie wir mathematisch als Arbeit $|W|$ entnehmen könnten:

$$|W| = Q_w - |Q_k| \tag{15.1}$$

Der **Wirkungsgrad** ε verrät uns den Anteil an, der dabei wirklich zu Arbeit wird:

$$\varepsilon = \frac{|W|}{Q_w} = 1 - \frac{|Q_k|}{Q_w} \tag{15.2}$$

Im **Idealfall** lässt sich die gesamte aufgenommene Wärme umwandeln, sodass $W = Q_w$ ist und der Wirkungsgrad bei 1 liegt. Q_k ist in diesem Fall gleich Null, da keine Wärme übrig bleibt, die in das kältere Reservoir abgegeben wird. Tatsächlich gibt es Prozesse, die theoretisch derartig effizient ablaufen. Erwärmen wir beispielsweise ein ideales Gas, wandelt es bei einer isothermen Expansion die gesamte Wärmeenergie in Volumenarbeit um. Der Wirkungsgrad beträgt 1 oder 100 %. Allerdings können wir ihn nur einmal ablaufen lassen, denn nach der Expansion befindet sich das System in einem anderen Zustand als zu Beginn. Als Wärmekraftmaschine, die über einen längeren Zeitraum Arbeit leistet, ist der Vorgang darum nicht geeignet.

Wenn wir einen ständigen Nachschub an Arbeit wünschen, benötigen wir eine **zyklisch arbeitende Wärmekraftmaschine,** die immer wieder zu ihrem Anfangszustand zurückkehrt. Zu ihrer großen Enttäuschung stellten die Physiker und Ingenieure des 19. Jahrhunderts fest, dass unter diesen Umständen der Wirkungsgrad deutlich kleiner als 1 war. Ein Teil der Wärmeenergie, die in die Maschine floss, ließ sich beim besten Willen nicht als Arbeit nutzen. Ihre Erkenntnis war ein Erfahrungssatz, da sie ihre Beobachtung nicht mit den bekannten physikalischen Gesetzen begründen konnten. Dementsprechend stellten sie keine mathematische Gleichung auf, sondern formulierten ihre Aussagen wörtlich, wie William Thomson, der später als Lord Kelvin bekannt wurde:

» Kein System kann Energie in Form von Wärme einem einzelnen Reservoir entnehmen und sie vollständig in Arbeit umsetzen, ohne dass gleichzeitig zusätzliche Veränderungen im System oder in dessen Umgebung eintreten. (nach Tipler)

Für Wärmekraftmaschinen lautet der Zweite Hauptsatz im Tipler:

» Es ist unmöglich, eine zyklisch arbeitende Wärmekraftmaschine zu konstruieren, die *keinen anderen* Effekt bewirkt, als Wärme aus einem einzigen Reservoir zu entnehmen und eine äquivalente Menge an Arbeit zu verrichten.

Diese Sätze stellen zwei der Varianten dar, in denen wir den **Zweiten Hauptsatz der Thermodynamik** ausdrücken können. Uns werden in diesem Kapitel noch weitere Formulierungen begegnen, die jeweils eine andere Sichtweise betonen, eigentlich aber stets das gleiche aussagen: Die wirre Energie der Wärmebewegungen von Teilchen lässt sich nicht vollständig in die gerichtete Energie der Arbeit umsetzen.

Beispiel
Wäre es möglich, die aufgenommene Wärmeenergie vollständig in Arbeit umzuwandeln, könnten wir eine Wärmekraftmaschine alleine dadurch antreiben, dass sie die Umgebung abkühlt. Solch eine Maschine wäre ein Perpetuum mobile zweiter Art. (Ein Perpetuum mobile erster Art würde darüber hinaus alle Energieverluste, wie sie beispielsweise durch Reibung entstehen, ausgleichen. Es würde damit neben dem Zweiten Hauptsatz der Thermodynamik auch den Energieerhaltungssatz verletzen.) In der Praxis braucht jedes Kraftwerk ein kaltes Reservoir, in welches die ungenutzte Wärmeenergie fließt. Darum stehen viele Kraftwerke an Flüssen oder haben riesige Kühltürme, in denen die Wärme an die Atmosphäre abgegeben wird.   ◄

Der Zweite Hauptsatz der Thermodynamik schränkt nicht nur Wärmekraftmaschinen ein, sondern mindert auch den Wirkungsgrad von **Kältemaschinen**. Wie in Abb. 16.5 im Tipler schematisch dargestellt, nehmen Kühlschränke und andere Kältemaschinen Wärmeenergie aus einem bereits kühleren Reservoir auf und geben diese an ein wärmeres Reservoir ab. Damit der Prozess abläuft, müssen wir Arbeit zuführen. Der **Wirkungsgrad einer Kältemaschine** ε_{KM} oder ihre **Leistungszahl** ist definiert als die Wärmemenge Q_k, die wir mit der Arbeit W dem kalten Reservoir entziehen:

$$\varepsilon_{KM} = \frac{Q_k}{W} \qquad (15.3)$$

Der Begriff *Wirkungsgrad* ist in diesem Zusammenhang etwas unglücklich, denn es wäre keineswegs optimal, wenn Q_k und W gleich groß wären und ε_{KM} bei 1 läge. Stattdessen wäre es ideal, wenn so gut wie gar keine Arbeit nötig wäre ($W \to 0$), damit möglichst viel Wärmeenergie ($Q_k \to \infty$) fließt und ε_{KM} gegen Unendlich geht. Bei realen Kältemaschinen liegt die Leistungszahl meistens zwischen 5 und 6.

Bezogen auf Kältemaschinen lautet der Zweite Hauptsatz der Thermodynamik nach Tipler:

» Es ist unmöglich, eine zyklisch arbeitende Kältemaschine zu konstruieren, die *keinen anderen* Effekt bewirkt, als eine bestimmte Wärmemenge von einem kälteren Reservoir vollständig in ein wärmeres zu übertragen.

Auch hier ist wichtig, dass der Zweite Hauptsatz nur zyklische Prozesse einschränkt. Ein einmaliger Vorgang, bei dem sich das System dauerhaft von seinem Ausgangszustand entfernt, ist davon nicht betroffen.

15.2 Ein idealisiertes Modell für den maximalen Wirkungsgrad

Tipler
Abschn. 16.3 *Der Carnot'sche Kreisprozess* und Beispiele 16.2 bis 16.4

Wenn eine Wärmekraftmaschine nicht zu 100 % effektiv sein kann, drängt sich die Frage auf, welchen Wirkungsgrad sie maximal erreichen kann. Der französische Physiker und Ingenieur Nicolas Léonard Sadi Carnot erkannte, dass eine Wärmekraftmaschine dann am effizientesten arbeitet, wenn ihre Schritte reversibel sind **(Carnot-Prinzip).** Alle Vorgänge müssen also umkehrbar sein und in beide Richtungen ablaufen können. Das ist gegeben, wenn folgende **Bedingungen für Reversibilität** erfüllt sind:

- Es darf keine mechanische Energie durch Reibung, Viskosität, elektrostatische Anziehung oder andere Prozesse in Wärme umgewandelt werden.
- Der Temperaturunterschied zwischen verschiedenen Objekten, die in thermischen Kontakt miteinander stehen, darf nur infinitesimal klein sein. Es fließen somit nur winzige Mengen Wärme.
- Der gesamte Prozess und alle Teilprozesse müssen sich ganz im oder sehr nahe am Gleichgewichtszustand befinden.

Vorgänge, die eine oder mehrere dieser Forderungen nicht erfüllen, sind **irreversibel.** Bei ihnen wird ein Teil der eingesetzten Energie **dissipiert,** also in eine nicht vollständig nutzbare Form von Energie wie Wärme umgewandelt. Beispielsweise verwandelt Reibung mechanische Energie in thermische Energie. Auch die Aktivität eines Rührers in einer Lösung ist ein dissipativer Prozess. Für eine Rückreaktion fehlt diese dissipierte Energie, sodass irreversible Reaktionen nicht rückgängig gemacht werden können.

Die Carnot-Maschine als Idealfall einer vollständig reversibel arbeitenden Maschine gibt es in der Realität nicht. Sie stellt lediglich ein theoretisches Modell dar, an dessen Effizienz sich reale Maschinen messen können. Den Arbeitszyklus einer Carnot-Maschine nennen wir **Carnot'schen Kreisprozess.** Er besteht aus vier Schritten, die jeder für sich und in ihrer Gesamtheit reversibel sind. Abb. 16.8 im Tipler stellt die Schritte grafisch dar und zeigt das dazugehörige p-V-Diagramm.

1. *Isotherme Expansion.* Führt von Zustand 1 zu Zustand 2 im p-V-Diagramm. Das Gas nimmt aus dem wärmeren Reservoir Wärmeenergie in winzigen Portionen auf, sodass es sich ständig nahe am Gleichgewicht befindet. Dadurch dehnt es sich freiwillig aus und verrichtet die Volumenarbeit $-W_{1\to2}$. Die konstante Temperatur und das steigende Volumen bewirken, dass der Druck fällt.
2. *Adiabatische Expansion.* Führt von Zustand 2 zu Zustand 3 im p-V-Diagramm. Wir trennen die thermische Verbindung und isolieren das Gas. Unter Einsatz von Energie in Form der Volumenarbeit $-W_{2\to3}$ vergrößern wir zwangsweise das Volumen weiter. Dadurch fallen der Druck und die Temperatur ab. Diese Phase dauert an, bis das Gas die Temperatur des kühlen Reservoirs erreicht hat.
3. *Isotherme Kompression.* Führt von Zustand 3 zu Zustand 4 im p-V-Diagramm. Während sich das Gas wieder zusammenzieht, überführt es die freiwerdende Energie aus der Volumenarbeit $+W_{3\to4}$ als Wärme an das kühle Reservoir.
4. *Adiabatische Kompression.* Führt von Zustand 2 zu Zustand 3 im p-V-Diagramm. Nach der thermischen Abkopplung bringen wir das Gas über die Volumenarbeit $+W_{4\to1}$ wieder so weit unter Druck, dass es die Temperatur des wärmeren Reservoirs annimmt, und der Kreislauf kann von vorne beginnen.

Während des Zyklus fließt die Wärmeenergie vom wärmeren Reservoir mit der Temperatur T_w zum kühleren Reservoir mit der Temperatur T_k. Als Transportform der Energie dient das Gasvolumen. Die „Gebühren" für den Austausch bezahlen wir mit der Arbeit, die wir während der adiabatischen Expansion und Kompression in das System stecken. Vom Betrag her sind sie gleich groß, haben aber entgegengesetzte Vorzeichen, sodass sie sich bei Rechnungen gegenseitig ausgleichen. Ernten dürfen wir die Energie, die in der Arbeit während der isothermen Expansion und Kompression steckt.

Für den **Carnot-Wirkungsgrad** $\varepsilon_{\max}$ als Anteil der gewonnenen Arbeit an der übertragenen Wärmeenergie erhalten wir:

$$\varepsilon_{\max} = \frac{W}{Q_w} = 1 - \frac{T_k}{T_w} \tag{15.4}$$

Er hängt nicht davon ab, auf welche Weise die Reservoire erwärmt oder abgekühlt wurden, sondern lediglich von der Temperaturdifferenz. Deshalb legt die Carnot-Maschine für alle Arten von Kraftwerken und Motoren, die auf der Basis von Wärmetransfer funktionieren, die gleiche Obergrenze fest. Je dichter eine reale Maschine dem Ideal von den reversiblen Schritten kommt, desto kleiner ist die **„verlorene" Arbeit,** wie wir den Unterschied zur Carnot-Maschine bezeichnen.

15.3 Entropie entwertet Energie

Wir haben gesehen, dass reversible Prozesse umkehrbar sind und sowohl vorwärts als auch rückwärts ablaufen können. Irreversiblen Prozessen ist dagegen der Rückweg versperrt, weil ein Teil der Energie in eine nicht vollständig nutzbare Form wie Wärme umgewandelt wurde. In diesem Abschnitt lernen wir nun die physikalische Größe kennen, mit der wir zwischen den beiden Prozesstypen unterscheiden und bestimmen können, wie viel Energie bei irreversiblen Vorgängen „entwertet" wird: die Entropie.

Die **Entropie** S ist eine Zustandsgröße mit der Einheit J/K. Es kommt für ihren Wert also lediglich auf den Zustand an, in dem sich das System befindet, und nicht auf den Weg, über den es dort hin gelangt ist, oder die einzelnen Zwischenstadien, die es vorübergehend eingenommen hat. Wie bei der inneren Energie interessiert uns vor allem der Unterschied zwischen dem Endzustand S_2 und dem Anfangszustand S_1:

$$\Delta S = S_2 - S_1 \tag{15.5}$$

Systeme können Entropie untereinander austauschen, indem sie beispielsweise Wärme übertragen. Entropie kann aber auch ohne Austausch entstehen, etwa wenn sich ein Gas adiabatisch in ein Vakuum ausdehnt, wie in Abb. 16.10 im Tipler gezeigt ist. Entropie kann allerdings nicht vernichtet werden oder verschwinden! Diese Aussage ist eine weitere mögliche Formulierung des **Zweiten Hauptsatzes der Thermodynamik.** Die Formulierung im Tipler lautet:

» Es gibt keinen Prozess, durch den die Entropie des Universums abnimmt.

Unter „Universum" verstehen wir strikt genommen tatsächlich das gesamte Weltall. Normalerweise dürfen wir die Grenzen aber enger ziehen, solange wir neben dem System auch all jene Teile der Umgebung einbeziehen, die irgendwie an dem Prozess beteiligt sind, indem sie Energie oder Materie aufgenommen oder abgegeben haben, oder die sich infolge des Prozesses neu strukturiert haben. Ist solch eine Ansammlung von „allem, was irgendwie beteiligt ist" von gut isolierenden Gefäßwänden umgeben, nennen wir sie ein **abgeschlossenes System.** Etwas weniger streng ausgedrückt, dürfen wir für den Zweiten Hauptsatz der Thermodynamik daher sagen:

» In einem abgeschlossenen System bleibt die Entropie bei einem Prozess gleich, oder sie nimmt zu.

Aus diesen beiden Möglichkeiten folgen für reversible und irreversible Prozesse unterschiedliche Entwicklungen der Entropie:

Tipler
Abschn. 16.5 *Irreversibilität, Unordnung und Entropie,* 16.6 *Entropie und die Verfügbarkeit der Energie* und 16.7 *Entropie und Wahrscheinlichkeit* sowie Beispiel 16.10

— Bei reversiblen Prozessen ändert sich die Entropie des Universums nicht.
— Bei irreversiblen Prozessen nimmt die Entropie des Universums zu.

Dass die Entropie des Universums bei **reversiblen Prozessen** konstant bleibt, bedeutet aber keineswegs, dass die Entropien des Systems und seiner Umgebung ebenfalls unverändert bleiben. Beispielsweise wächst die Entropie eines Gases, das sich bei gleichbleibender Temperatur ausdehnt. Während der Expansion nimmt das Gas die Energiemenge Q_{rev} in Form von Wärme auf. Diese Wärme steigert die Entropie und kann damit später nicht mehr für Arbeit genutzt werden. In infinitesimal kleinen Schritten gilt für die Änderung der Entropie:

$$dS = \frac{dQ_{rev}}{T} \tag{15.6}$$

Die Entropieänderung eines idealen Gases richtet sich nach dem Wechsel in der Temperatur und dem Volumen:

$$\Delta S_{Gas} = \int \frac{dQ_{rev}}{T} = n\,C_V \ln\frac{T_2}{T_1} + n\,R\ln\frac{V_2}{V_1} \tag{15.7}$$

Die Energie, die das Gas aufgenommen hat, stammt aber aus seiner Umgebung. Deren Energie S_{Umg} nimmt um den gleichen Betrag ab, um den die Entropie des Gases wächst. Insgesamt ändert sich die Entropie des Universums S_U damit nicht:

$$\Delta S_U = \Delta S_{Gas} + S_{Umg} = 0 \tag{15.8}$$

Innerhalb eines **offenen Systems,** das Energie und/oder Materie mit der Umgebung austauscht, darf sich die Entropie deshalb durchaus auch bei reversiblen Abläufen verändern, weil sich die Entropie der Umgebung die Änderung entsprechend kompensiert.

Irreversible Prozesse treten auf, wenn die Umgebung die Entropiezunahme in einem System nicht ausgleicht. Expandiert ein Gas ohne Wärmeaustausch in ein Vakuum (Abb. 16.10), verändert sich jenseits davon nichts. Folglich nimmt nicht nur die Entropie des Gases zu, sondern auch die Entropie des Universums. Dadurch entwertet sie die Energiemenge $W_{entw.}$, die nicht mehr als Arbeit nutzbar ist:

$$W_{entw.} = T\,\Delta S_U \tag{15.9}$$

Im Tipler sind einige weitere Beispiele mit Gasen und Wärmereservoiren für reversible und irreversible Prozesse aufgeführt. Für uns interessanter ist die **Rolle der Entropie bei chemischen Reaktionen.** Um sie zu verstehen, müssen wir uns die Hierarchie verschiedener Energieformen ansehen:
— Die **innere Energie** U kennen wir bereits. Sie umfasst die chemischen Bindungen und thermischen Bewegungen.
— Die **Enthalpie** H erweitert die innere Energie um jene Volumenarbeit, die notwendig gewesen wäre, um dem System beim herrschenden Druck p das Volumen V zu verschaffen, wenn wir das System plötzlich an einem neuen Ort entstehen lassen wollten:

$$H = U + p\,V \tag{15.10}$$

— Die **Gibbs-Energie** schließt zusätzlich die Entropie des Systems ein:

$$G = H - T\,S \tag{15.11}$$

Die Änderung der Gibbs-Energie (auch **freie Reaktionsenthalpie** genannt) ist für chemische Reaktionen die entscheidende Größe:

$$\Delta G = \Delta H - T \, \Delta S \qquad\qquad\qquad (15.12)$$

Eine Reaktion ist dann energetisch günstig, wenn die Gibbs-Energie dabei abnimmt, ΔG also negativ ist. Weil neben den Bindungsenergien auch die Entropie einfließt, kann das bedeutet, dass eine Reaktion auch dann freiwillig abläuft, wenn die Summe der Bindungsenergien für die Endstoffe ungünstiger ist als für die Ausgangsstoffe.

Beispiel

Ohne den Beitrag der Entropie wäre es für einen Kochsalzkristall energetisch ungünstig, sich in Wasser aufzulösen. Es sind $+778$ kJ/mol nötig, um ein Mol NaCl aus dem Kristallgitter zu entfernen und in Ionenform zu überführen. Die Hydratation der Natrium-ionen setzt zwar -851 kJ/mol frei, doch für die Hydratation der Chloridionen müssen wir $+77$ kJ/mol aufbringen. Unterm Strich hat der gesamte Lösungsvorgang damit einen Energiebedarf von $+4$ kJ/mol, den er seiner Umgebung in Form von Wärme entzieht. Die Entropie steigt dabei um $+12,8$ kJ/mol. Das ist ausreichend, damit die Änderung der Gibbs-Energie negativ ist. Letztlich ist es also die Entropiezunahme, die den Kristall verschwinden lässt. ◄

Leider wird die **Entropie** häufig – auch im Tipler – vereinfachend als Maß für die Unordnung eines Systems dargestellt. Diese Metapher ist verlockend, weil sie bei vielen Vorgängen auf den ersten Blick zutreffend erscheint. Dummerweise ist das Bild falsch und weist bei vielen Prozessen sogar genau in die falsche Richtung. Bringen wir beispielsweise Wasser und Öl zusammen, so entmischen sich beide spontan, bis schließlich das Öl auf dem Wasser schwimmt. Den Antrieb für diesen Vorgang finden wir nicht etwa in den Bindungskräften zwischen den Wassermolekülen, denn energetisch wäre es günstiger, wenn sich das Öl fein im Wasser verteilen würde. Stattdessen sorgt die Entropie für die Entmischung. Der für uns äußerst ordentlich erscheinende geschichtete Zustand hat eine höhere Entropie als der unordentlich wirkende Mischzustand. Auch die Bildung von Biomembranen und die Faltung von Proteinen verlaufen durch die Entropie in Richtung eines „ordentlicheren" Zustands.

Entropie ist also keineswegs ein Maß für die Unordnung eines Systems. Wenn wir eine Metapher suchen, dann passt folgende Aussage besser:

» Entropie ist ein Maß für die Vielfältigkeit eines Systems oder die Beliebigkeit seines Zustands.

Wir können das Konzept der Entropie leichter verstehen, wenn wir uns die Verhältnisse auf Ebene der einzelnen Teilchen ansehen. Der Einfachheit halber betrachten wir dafür wieder ein ideales Gas. Wir können seinen **Mikrozustand** beschreiben, indem wir für jedes einzelne Teilchen die drei Raumkoordinaten und seinen Impuls in die drei Raumrichtungen angeben. Zusammen ergeben sie den **Makrozustand** des Gases, in dem die Eigenschaften der Teilchen zu der Temperatur und dem Druck des Gases verschmelzen. Nun gibt es für einen bestimmten Makrozustand aber nicht nur einen möglichen Mikrozustand, sondern sehr viele. Es reicht aus, dass wir ein einziges Teilchen um eine Winzigkeit verschieben, und schon haben wir einen neuen Mikrozustand, der exakt den gleichen Druck und die gleiche Temperatur liefert. Tatsächlich verändert das Gas durch die Wärmebewegung seiner Teilchen ständig seinen Mikrozustand, während der Makrozustand konstant bleibt.

Nach den Regeln der statistischen Physik sind alle Mikrozustände, die ein System überhaupt nur einnehmen könnte, gleich wahrscheinlich. Füllt unser ideales Gas beispielsweise einen Raum aus, kann sich jedes Teilchen an jedem beliebigen Ort im Raum befinden, den nicht bereits ein anderes Teilchen eingenommen hat.

Jede mögliche Verteilung aller Teilchen hat dabei die gleiche Wahrscheinlichkeit. Darin eingeschlossen sind Varianten, in denen die Teilchen sehr gleichmäßig verstreut sind, solche, bei denen sie kleine Klümpchen bilden, und sogar Verteilungen, bei denen sich alle Teilchen in der linken, oberen Ecke versammelt haben und im übrigen Raum ein Vakuum herrscht.

Jeder einzelne der möglichen Mikrozustände hat die gleiche Wahrscheinlichkeit, real zu werden. Für die Frage, welcher Makrozustand sich einstellt, kommt es jedoch nicht nur auf die Einzelwahrscheinlichkeit an, sondern zusätzlich auf die Anzahl der dazugehörigen Mikrozustände. So gibt es nur sehr wenige Mikrozustände, in denen sich alle Teilchen in der linken, oberen Ecke drängen, während der übrige Raum leer bleibt. Im Gegensatz dazu ist die Zahl der Mikrozustände, in welcher die Teilchen den gesamten Raum nutzen, extrem groß. Deshalb treffen wir sehr, sehr viel häufiger einen Zustand mit einigermaßen gelungener Gleichverteilung an als eine zwar mögliche, aber ausgesprochen seltene spontane Verklumpung.

Zum Vergleich können wir kurz an die Ziehung der Lottozahlen denken. Bei „6 aus 49" gibt es 13 983 816 verschiedene Varianten für „sechs Richtige", die für unsere Mikrozustände stehen. Jede Kombination ist gleich wahrscheinlich, so könnte 1, 2, 3, 4, 5, 6 ebenso gut gewinnen wie 7, 23, 25, 31, 42, 47 oder 13, 17, 19, 23, 29, 31. Aber die Anzahl der „unordentlich" erscheinenden Zahlenkombinationen ist so viel größer, dass wir vermutlich mit der ersten Folge in 1000 Jahren nicht gewinnen würden. Nicht etwa, weil sie „ordentlich" ist, sondern weil es nur wenige Kombinationen gibt, in denen die sechs Zahlen direkt aufeinanderfolgen. Wie untauglich das Kriterium „Ordnung" ist, erkennen wir, wenn wir die dritte Beispielfolge genauer untersuchen: Die zufällig erscheinenden Zahlen bilden eine hochgradig „ordentliche" Folge, denn es sind aufeinanderfolgende Primzahlen.

Bei Systemen, die nicht in eine bestimmte Anordnung gezwungen werden, entscheidet also die Anzahl der Mikrozustände, die ein Makrozustand auf sich vereinen kann, welcher Makrozustand sich in der Regel einstellt. Je vielfältiger ein Makrozustand auf der mikroskopischen Ebene aussieht, desto wahrscheinlicher werden wir ihn antreffen. Diese Vielfalt ist die Entropie des (Makro-)Zustands. Wir können sie sogar theoretisch berechnen, indem wir mit A die Zahl seiner Mikrozustände bezeichnen und deren Logarithmus mit der Boltzmann-Konstante k_B multiplizieren:

$$S = k \cdot \ln A \tag{15.13}$$

In der Praxis ist die Anzahl der möglichen Mikrozustände natürlich astronomisch groß, sodass wir selbst bei winzigen Stoffmengen die Rechenleistung unserer Computer sprengen würden.

Mit unserem neuen Verständnis von der Entropie können wir verstehen, warum sich Wasser und Öl spontan entmischen, obwohl der Mix energetisch günstiger wäre. Entscheidend ist die Entropie des Wassers. Befänden sich die Ölmoleküle im Wasser, müssten sich die Wassermoleküle an ihnen ausrichten. Dadurch wären sie in ihrer Beweglichkeit eingeschränkt und könnten viel weniger Mikrozustände einnehmen als ohne die Störenfriede. Die Entropie des Wassers ist ohne eingemischtes Öl entscheidend größer. Weil alle Verteilungen gleich wahrscheinlich sind, treffen wir deshalb so gut wie immer eine Variante mit getrennten Schichten an.

> **Beispiel**
> Bei der Faltung von Proteinen wirken die lipophilen (fettliebenden) Bereiche der langen Molekülketten ähnlich störend auf die Vielfalt des Wassers. Die Entropie des Gesamtsystems ist darum größer, wenn sich die lipophilen Abschnitte im

Inneren des Proteins verbergen. Dieser Vorgang ist ein Teil der dreidimensionalen Faltung des Proteins, durch welche es erst seine funktionale Form erhält. ◄

Verständnisfragen

45. Welchen Wirkungsgrad könnte eine Wärmekraftmaschine maximal erreichen, wenn sie mit zwei offenen Wasserreservoiren arbeitet?
46. In welche Richtung ändert sich die Entropie einer Substanz bei den Phasenübergängen fest→flüssig und flüssig→gasförmig?
47. Die Gibbs-Energie für die Bildung von Kohlendioxid aus festem Kohlenstoff und molekularem Sauerstoff (C + O_2 ⇆ CO_2) liegt unter Standardbedingungen (1 bar, 298 K) bei $\Delta G° = -394{,}6$ kJ/mol, die Bildungsenthalpie bei $\Delta H° = -393{,}8$ kJ/mol. Wie groß ist die Entropieänderung?

Wärmeübertragung

© Springer-Verlag GmbH Deutschland, ein Teil von Springer Nature 2020
O. Fritsche, *Physik für Chemiker I*, https://doi.org/10.1007/978-3-662-60350-5_16

Wir haben in den vorhergehenden Kapitel mehrmals davon gesprochen, dass Körper in thermischem Kontakt miteinander stehen und Wärmeenergie austauschen. Hier sehen wir uns an, über welche Mechanismen dieser Wärmeaustausch geschehen kann.

16.1 Wärme wandert auf drei verschiedenen Wegen

Tipler
Abschn. *17.1 Wärmeübertragungsarten*

Wärmeenergie wird auf verschiedene Arten von einem wärmeren auf einen kühleren Körper übertragen, wobei häufig mehrere Mechanismen zugleich wirken:

- Von **Wärmeleitung** sprechen wir, wenn die Energie durch Stöße von Teilchen zu Teilchen weitergereicht wird, die Atome selbst aber an ihrem Ort verbleiben. Für diese Form der Wärmeübertragung ist deshalb direkter Kontakt notwendig. Es ist die dominierende Variante, wenn wir beispielsweise ein Reaktionsgefäß auf eine Heizplatte stellen. Die Atome in der Platte regen durch Stöße die Atome im Glasbehälter zu thermischen Bewegungen an.
- Bei **Konvektion** wandern die warmen Teilchen selbst und nehmen dabei die Wärmeenergie an einen anderen Ort mit. Daher kommt Konvektion nur in Fluiden vor. Die Flüssigkeit in dem Reaktionsgefäß auf der Heizplatte in unserem Beispiel wird zuerst unten heiß, dehnt sich dort aus und bewegt sich aufgrund der verringerten Dichte nach oben, während dichtere, kalte Flüssigkeit nach unten sackt.
- **Wärmestrahlung** kommt ohne direkten Kontakt aus, da es sich um elektromagnetische Wellen handelt, die sich sogar in einem Vakuum ausbreiten können. Die Energie der Sonne erreicht auf diese Weise die Erde. Auch Laser erhitzen Objekte durch die Energie ihrer Strahlen.

Unabhängig vom Mechanismus, über den die Wärmeenergie transportiert wird, nimmt die Temperatur eines Körpers nach dem **Newton'schen Abkühlungsgesetz** umso schneller ab, je größer das Temperaturgefälle ist. Um einen Körper möglichst schnell abzukühlen, setzen wir ihn darum am besten einer sehr kalten Umgebung aus, indem wir ihn beispielsweise in flüssigen Stickstoff tauchen. Bei dieser Behandlung bleibt nicht einmal den Wassermolekülen einer Probe ausreichend Zeit, um ihr Eiskristallmuster auszubilden.

Beispiel

Der Mpemba-Effekt stellt eine überraschende Erscheinung beim Abkühlen von Flüssigkeiten dar. Er wurde in der Vergangenheit spätestens seit Aristoteles mehrmals beobachtet und wieder vergessen, bis 1963 der tansanische Schüler Erasto Mpemba bei einem Experiment an seiner Schule den richtigen Zeitpunkt verpasste, das selbst angerührte Speiseeis in die Kühltruhe zu stellen. Als er seine Mischung endlich zum Gefrieren zu den Ansätzen seiner Mitschüler gab, waren deren Proben bereits deutlich abgekühlt. Dennoch gefror Mpembas Eis als erstes.

Heutzutage wird der Mpemba-Effekt, wonach unter bestimmten Bedingungen wärmere Flüssigkeiten schneller gefrieren als kühlere, vor allem darauf zurückgeführt, dass eine wärmere Lösung mehr Volumen durch Verdunsten verliert und letztlich weniger Flüssigkeit überhaupt gefrieren muss. Deshalb tritt das Phänomen nur bei offenen Systemen auf, die außer Wärme auch Materie mit der Umgebung austauschen. Halten wir den Behälter durch einen Deckel verschlossen, sodass keine Flüssigkeit entweichen kann, benötigt eine warme Lösung wieder länger als eine kalte, um zu gefrieren. Zum Ausgleich für die zusätzliche Wartezeit gibt es dafür ein bisschen mehr Eis als mit der Mpemba-Expresskühlung.   ◀

16.2 Wärmeleitung folgt ähnlichen Gesetzen wie elektrischer Strom

Bei der Wärmeleitung wird die Energie durch die Stöße zwischen den Teilchen weitergegeben. Der Vorgang ist damit ähnlich wie die Diffusion, die wir in ▸ Abschn. 13.4 kennengelernt haben, mit dem Unterschied, dass sich nur die Energie fortbewegt, während die Teilchen an ihrem Platz verbleiben.

Wie viel Energie bei jedem Stoß weitergereicht wird, hängt von der Temperaturdifferenz ΔT ab. Sie ist der Antrieb, der überhaupt dafür sorgt, dass Wärmeenergie übertragen wird. Je heißer ein Teilchen ist, umso schneller bewegt es sich und gibt desto stärkere Impulse weiter. Das empfangende Teilchen stößt seinerseits mit dem nächsten Nachbarn zusammen und so fort. Nehmen wir an, dass sowohl das warme als auch das kalte Reservoir so groß sind, dass sie für die Zeit unserer Messung ihre Temperatur nicht ändern, stellt sich bald ein stationärer Zustand ein. Jedes Teilchen in der Wärmebrücke erhält ständig gleich starke Stöße und gibt seinerseits konstante Stöße weiter. Im Übergangsbereich, der durchaus wie eine Wärmebrücke in Abb. 17.1 im Tipler aussehen kann, entwickelt sich ein **Temperaturgradient** $\Delta T / \Delta x$. Die Temperaturdifferenz teilt sich gleichmäßig auf den Abstand Δx zwischen den Reservoiren auf.

Bei jedem Stoß wird ein wenig Wärmeenergie übertragen. Diese unzähligen kleinen Beiträge summieren sich zur Wärmemenge ΔQ auf. Der **Wärmestrom** I gibt an, wie viel Wärme pro Zeit durch eine Fläche A wandert:

$$I = \frac{\Delta Q}{\Delta t} = k\, A\, \frac{\Delta T}{\Delta x} \tag{16.1}$$

An Gl. 16.1 sehen wir, dass wir Wärmeenergie schneller über eine große Fläche übertragen können. Wollen wir eine Lösung schnell erhitzen, sollten wir deshalb ein Gefäß mit einem breiten Boden wählen und es auf eine große Heizplatte stellen.

Die Einheit des Wärmestroms ist das Watt (W). Die **Wärmeleitfähigkeit** k fasst alle Eigenschaften einer Substanz zusammen, die sich darauf auswirken, wie gut sie Wärme weitergibt. Tab. 17.1 im Tipler zeigt einige Werte für verschiedene Materialien. Besonders leitfähig sind Metalle, weil bei ihnen auch die vielen extrem beweglichen Elektronen des „Elektronengases" Stöße weitergeben können. Wasser ist ein recht guter thermischer Isolator. Besser sind aber Gase wie Luft, in denen der Abstand zwischen den Teilchen größer ist und es deshalb seltener zu Kollisionen kommt. Deshalb können wir in einen heißen Backofen hineingreifen, ohne uns sofort zu verbrennen.

Fassen wir die Parameter im rechten Term von Gl. 16.1 mit Ausnahme der Temperaturdifferenz zusammen und nehmen wir den Kehrwert, bekommen wir den **Wärmewiderstand** R:

$$R = \frac{|\Delta x|}{k\, A} \tag{16.2}$$

Mit ihm wird Gl. 16.1 zu:

$$|\Delta T| = I\, R \tag{16.3}$$

Die Betragsstriche sind nötig, weil der Temperaturgradient vom heißeren zum kälteren Reservoir zeigt und somit eigentlich ein Vektor ist. Uns interessiert an dieser Stelle aber nur sein Betrag.

Eine Zusammenstellung aus einem Antrieb (Temperaturdifferenz), der gegen einen Widerstand (Wärmewiderstand) für einen Strom (Wärmestrom) sorgt, kennen wir bereits aus einem der früheren Kapitel: Auch der elektrische Strom I fließt nur deshalb, weil die Elektronen durch eine Spannung U durch den Leiter gedrückt werden. Die Größe des Stroms hängt neben Geometrie des Leiters ebenfalls vom Widerstand R ab. Nach dem Ohm'schen Gesetz hängen die drei Parameter auf die

Tipler
Abschn. *17.2 Wärmeleitung* sowie
Beispiele 17.1 und 17.2

◘ Tab. 16.1 Vergleich von Wärmeleitung und elektrischem Strom

	Wärmeleitung	Elektrischer Strom
Triebkraft	Temperaturdifferenz ΔT	elektrische Spannung U
Strom	Wärmestrom I	elektrischer Strom I
Widerstand	Wärmewiderstand R	elektrischer Widerstand R
Widerstände in Reihe	$R = R_1 + R_2 + \cdots$	$R = R_1 + R_2 + \cdots$
Widerstände parallel	$\dfrac{1}{R} = \dfrac{1}{R_1} + \dfrac{1}{R_2} + \cdots$	$\dfrac{1}{R} = \dfrac{1}{R_1} + \dfrac{1}{R_2} + \cdots$
Leitfähigkeit	Wärmeleitfähigkeit k	spezifische Leitfähigkeit

gleiche Weise zusammen wie die analogen Wärmegrößen in Gl. 16.3:

$$U = I\,R \tag{16.4}$$

◘ Tab. 16.1 vergleicht die Wärmeleitung und den elektrischen Strom miteinander.

Die Analogie zwischen beiden Prozessen bleibt auch bestehen, wenn wir mehrere Widerstände kombinieren, indem die Wärme unterschiedliche Materialien hintereinander durchdringen muss (Abb. 17.2 im Tipler). Jede einzelne Schicht hält ihren Teil der Energie zurück, sodass wir als Ergebnis mehrerer **Wärmewiderstände in Reihe** erhalten:

$$R = R_1 + R_2 + \cdots \tag{16.5}$$

Bieten wir der Wärme hingegen verschiedene Wege an, wird sie alle nutzen, sich aber auf den einfachsten konzentrieren. Bei **parallel angeordneten Wärmewiderständen** ist der Gesamtwiderstand darum niedriger als der kleinste Einzelwiderstand:

$$\frac{1}{R} = \frac{1}{R_1} + \frac{1}{R_2} + \cdots \tag{16.6}$$

16.3 Konvektion transportiert große Wärmemengen durch Teilchenströme

Tipler
Abschn. *17.3 Konvektion*

Konvektion kann nicht nur Wärmeenergie transportieren, sondern auch gelöste Teilchen, welche die Fluidströme mit sich reißen. Bei der thermischen Konvektion entsteht der Konvektionsstrom durch die unterschiedlichen Dichten des Fluids, wenn ein Teil von ihm erwärmt wird. Die weniger dichten Bereiche erleben einen Auftrieb und wandern nach oben. Kälteres und damit dichteres Fluid sinkt nach unten. Im Gegensatz zur Wärmeleitung bewegen sich die Teilchen mitsamt ihrer Wärmeenergie selbst von einem Ort zum anderen. Deshalb tritt in Festkörpern und im Vakuum keine Konvektion auf.

Die entgegengerichteten Konvektionsströmungen lassen sich nur schwer berechnen. Meistens wird dazu das Volumen in kleine virtuelle Zellen unterteilt und der Austausch von Material und Wärme in Bilanzgleichungen simuliert. Grob können wir uns merken, dass der Wärmetransport durch Konvektion vor allem vertikal von unten nach oben stattfindet, da die Gravitation stärker auf Fluidbereiche mit hoher Dichte wirkt. Da die kalten und warmen Teile aneinander vorbei müssen, entwickeln sich rollenartige oder sechseckige Konvektionsströme, die das Fluid und darin verteilte Partikel insgesamt durchmischen.

An der Grenzfläche zu einem Festkörper wird die Konvektion durch Reibung an der Oberfläche gebremst. Dort ist die Strömungsgeschwindigkeit gleich Null. Mit zunehmendem Abstand steigt sie bis auf den Wert im übrigen Fluid an. Den Übergangsbereich bezeichnen wir als Grenzschicht. In ihr bestimmt nicht das Fluid alleine die Temperatur, sondern je näher wir uns der Oberfläche nähern, desto stärker dominiert die Temperatur des Festkörpers. Auch bei Gasen über Flüssigkeiten tritt dieser Effekt auf. Aus diesem Grund bildet sich Nebel am ehesten über kühlen Seen, während die darüber liegende, warme Luft noch klar erscheint.

> **Beispiel**
> Flammen versorgen sich durch Konvektionsströme selbst mit Sauerstoff. Ihre heißen Gase steigen auf, und der dadurch entstehende Unterdruck saugt von der Seite kalte Luft an. Durch Wirbel, die sich bilden, gerät die frische Luft bis an den Brandherd.   ◄

16.4 Wärmestrahlung kommt ohne Kontakt aus

Elektromagnetische Strahlung ist praktisch überall. Jeder Körper nimmt durch Absorption Strahlung auf und gibt durch Emission Strahlung ab. Die damit verbundenen Leistung P_e für die Emission beträgt nach dem **Stefan-Boltzmann-Gesetz**:

Tipler
Abschn. *17.4 Wärmestrahlung* sowie Beispiel 17.3

$$P_e = e\,\sigma\,A\,T^4 \tag{16.7}$$

Eine entsprechende Gleichung ohne besonderen Namen beschreibt die absorbierte Leistung P_a:

$$P_a = a\,\sigma\,A\,T_0^4 \tag{16.8}$$

Der Unterschied zwischen den Gleichungen liegt einzig in den Proportionalitätskonstanten an der ersten Stelle: Der **Emissionsgrad** e und der **Absorptionsgrad** a geben jeweils die Fähigkeit eines Materials wieder, die betreffende Strahlung auszusenden bzw. zu schlucken. Ihre Werte reichen von 0, wenn überhaupt keine Strahlung emittiert oder absorbiert wird, bis zum Maximum bei 1.

Die **Stefan-Boltzmann-Konstante** σ bringt die Leistung der Strahlung mit der Temperatur der Materie zusammen. Dafür stecken in ihr unter anderem die Boltzmann-Konstante k_B für die thermische Energie einzelner Teilchen und das Planck'sche Wirkungsquantum für Energien im quantenphysikalischen Maßstab und elektromagnetische Wellen. Der Wert der Stefan-Boltzmann-Konstante liegt bei:

$$\sigma = 5{,}6703 \cdot 10^{-8}\,\frac{\mathrm{W}}{\mathrm{m}^2 \cdot \mathrm{K}^4} \tag{16.9}$$

An den Gleichungen sehen wir, dass die Fläche A nur einfach in die Leistung einfließt. Die Temperatur T bzw. T_0 entscheidet praktisch alleine über die Wärmestrahlung, weil sie sich gleich in der vierten Potenz bemerkbar macht. Eine Verdopplung der Temperatur bewirkt damit eine 16-mal so große Leistung. Haben der Körper und seine Umgebung die gleiche Temperatur ($T = T_0$), befinden sie sich im thermischen Gleichgewicht, und der Körper gibt genau so viel Wärme ab, wie er aufnimmt. Der Emissions- und der Absorptionsgrad sind in diesem Falle gleich ($e = a$). Unterscheiden sich die Temperaturen aber, gibt der Körper mehr Wärme ab, als er aufnimmt, und erhitzt damit die Umgebung ($T > T_0$) oder er absorbiert mehr Wärme, als er emittiert, und wärmt sich auf Kosten der Umwelt auf ($T < T_0$).

Experimente und Berechnungen lassen sich am Besten mit einem **schwarzen Körper** durchführen, der alle Strahlung, die ihn trifft, vollständig absorbiert. Weil er keine einfallende Wärme reflektiert, hat er jede Strahlung, die von ihm stammt, selbst emittiert. Auf diese Weise gibt es also keinen undefinierten Mix von Wärmestrahlen aus verschiedenen Quellen in unbekannten Anteilen. In der Praxis lässt sich solch ein schwarzer Strahler beispielsweise durch einen Hohlraum mit einer kleinen Öffnung realisieren. Alles Licht, das durch diese Öffnung in den Hohlraum fällt, wird an dessen dunklen Wänden zum größten Teil absorbiert und zum geringen Teil auf einen anderen Teil der Wand reflektiert, wo wiederum das meiste geschluckt wird. Der Vorgang wiederholt sich, bis praktisch das gesamte Licht absorbiert ist. Von außen betrachtet spiegelt das Loch somit nicht das kleinste bisschen eingestrahlte Wärme zurück. Stattdessen sendet es nur Wärmestrahlung aus, die der Temperatur der Wände des Hohlraums entspricht, weshalb wir auch von **Hohlraumstrahlung** sprechen.

Messen wir das Emissionsspektrum eines schwarzen Körpers bei verschiedenen Temperaturen, stellen wir fest, dass er über einen weiten Temperaturbereich nur für uns unsichtbare Infrarotstrahlung abgibt. Erst ab 600 °C bis 700 °C bemerken wir eine schwache Rotfärbung, die mit steigender Temperatur zunimmt und heller wird, bis sie schließlich Weißglut erreicht. Beim Erhitzen verändert sich also das Emissionsspektrum. Es reicht immer weiter in den kurzwelligen Bereich, und auch sein Maximum wandert zu kürzeren Infrarotwellen (Abb. 17.6 im Tipler). Das **Wien'sche Verschiebungsgesetz** gibt die Lage des Maximums in Abhängigkeit von der Temperatur an:

$$\lambda_{\text{max}} = \frac{2{,}898 \, \text{mm} \cdot \text{K}}{T} \tag{16.10}$$

Beispiel

Bei der Thermografie nehmen wir mit einer Wärmebildkamera die Wärmestrahlung eines Objekts auf. Die Linsen und die Sensoren sind aus speziellen Materialien, die gut mit der gewünschten Infrarotstrahlung wechselwirken.

Vorsichtig müssen wir sein, wenn wir spiegelnde Flächen vermessen. Diese haben einen besonders kleinen Emissionsgrad und ergeben deshalb stark von der wirklichen Temperatur abweichende Werte. Müssen wir trotzdem aus der Ferne messen, empfiehlt es sich, vorher ein ausreichend großes Stück der Fläche mit Farbe oder Klebeband abzudunkeln und als Messfeld anzuvisieren.   ◄

Verständnisfragen

48. über welche Mechanismen gibt eine heiße Kaffeetasse Wärme an ihre Umgebung ab?
49. Wie funktionieren eine Thermoskanne und ein Dewargefäß?
50. Welche Temperatur muss ein Körper haben, damit das Maximum seiner Wärmestrahlung bei 500 nm liegt?
51. Ein Bleigeschoss mit einer Anfangstemperatur von 30 °C kam gerade zum Schmelzen, als es unelastisch auf eine Platte aufschlug. Nehmen Sie an, die gesamte kinetische Energie des Projektils ging beim Aufprall in seine innere Energie über und bewirkte dadurch die Temperaturerhöhung, die zum Schmelzen führte. Wie hoch war die Geschwindigkeit des Projektils? (Die Schmelztemperatur von Blei liegt bei 600 K.)

(aus Tipler)

16

Zusammenfassung

- Temperatur ist eine Eigenschaft eines Körpers, die sich nicht mit dessen Größe oder Menge ändert. Damit ist sie eine intensive Zustandsgröße.
- Wir können Temperatur nicht direkt messen, sondern nur andere Größen, deren Wert von der Temperatur abhängt, sogenannte thermometrische Eigenschaften. Thermometer basieren häufig aus der Längen- oder Volumenausdehnung von Materialien beim Erwärmen. Gasthermometer geben den Druck einer festen Gasmenge an.
- Wasser ist für Temperaturmessungen nur bedingt geeignet, da es bei 4 °C die höchste Dichte erreicht und sich bei niedrigeren Temperaturen wieder ausdehnt.
- Nach dem Nullten Hauptsatz der Thermodynamik stehen alle Körper mit der gleichen Temperatur untereinander im thermischen Gleichgewicht, selbst dann, wenn sie keinen thermischen Kontakt zueinander haben.
- Im Alltag geben wir Temperaturen in der Einheit °C an. Die Skala unterteilt die Temperaturdifferenz zwischen dem Eispunkt des Wassers (0 °C) und dem Siedepunkt (100 °C) in 100 äquidistante Schritte. Sie kann über diese Punkte hinaus nach oben oder unten erweitert werden.
- Wissenschaftliche Temperaturangaben richten sich nach der Kelvin-Skala der absoluten Temperatur. Der Nullpunkt liegt bei 0 K (−273,15 °C), als zweiter Fixpunkt dient der Tripelpunkt des Wassers, dessen Temperatur als 273,16 K (0,01 °C) festgelegt ist. Da die Schrittweite ist auf der Kelvin-Skala wie auf der Celsius-Skala. Zur Umrechnung müssen wir 273,15 addieren (°C → K) bzw. subtrahieren (K → °C).
- Allgemeingültige Gesetze zum Verhalten von Gasen lassen sich am einfachsten an einem idealen Gas beobachten. Per Definition haben dessen Teilchen kein eigenes Volumen und interagieren ausschließlich durch vollkommen elastische Stöße miteinander und mit den Gefäßwänden.
- Die Zustandsgleichung für ideale Gase oder allgemeine Gasgleichung stellt fest, dass die Kombination von Druck und Volumen eines Gases von dessen Stoffmenge und Temperatur abhängen. Auf Änderungen der Temperatur muss mindestens eine der beiden Größen reagieren, es können sich aber auch beide anpassen.
- Bei isothermen Änderungen bleibt die Temperatur konstant, bei isobaren Änderungen der Druck und bei isochoren Änderungen das Volumen.
- In Gleichungen zur Thermodynamik, die einzelne Teilchen betreffen, tritt häufig die Boltzmann-Konstante k_B auf. In Formeln, die sich auf Mole einer Substanz beziehen, tritt die universelle Gaskonstante R an ihre Stelle. Beide Konstanten sind über die Avogadro-Zahl miteinander verknüpft, die angibt, wie viele Teilchen zu einem Mol gehören.
- Bei dünnen Gasgemischen verhält sich jede Gassorte, als wäre sie alleine in dem Volumen. Sie übt einen Partialdruck aus. Die Summe der Partialdrücke ergibt den Gesamtdruck.
- Die kinetische Gastheorie beschreibt makroskopische Eigenschaften von Gasen mit zufälligen Wärmebewegungen der Teilchen. Temperatur ist demnach ein Maß für deren kinetische Energie, Druck für die Kraft von Stößen gegen Hindernisse.
- Die wärmebedingten Geschwindigkeiten von Gasteilchen liegen im Bereich mehrerer hundert Meter pro Sekunde.
- Die mittlere freie Weglänge der Teilchen ist mit wenigen Nanometern sehr begrenzt. Nach dieser Strecke stoßen sie im Durchschnitt mit einem anderen Teilchen zusammen. Die Zeit zwischen den Kollisionen ist die Stoßzeit, deren Anzahl pro Sekunde die Stoßhäufigkeit.
- Sowohl die Geschwindigkeiten als auch die Energien der Teilchen sind über einen breiten Bereich gestreckt. Die Maxwell-Boltzmann-Verteilungen

beschreiben den jeweiligen Anteil der Teilchen, die eine bestimmte Geschwindigkeit oder Energie innehaben. Sie zeigen, dass stets einzelne Teilchen durch Zufall sehr große Energiemengen auf sich vereinigen können. Damit sind sie in der Lage, „unmögliche" Vorgänge zu bewältigen, indem sie sich beispielsweise aus einem Kristallgitter oder einer Flüssigkeit gegen die bindenden Kräfte herauslösen.

- Die Wärmeenergie eines Materials verteilt sich nach dem Gleichverteilungssatz nicht nur auf die Translationen seiner Teilchen im Raum, sondern auch auf deren Rotationen und ggf. Vibrationen. Jede mögliche Bewegungsrichtung bezeichnen wir als Freiheitsgrad.
- Die Wärmebewegungen der Teilchen sind der Antrieb der Diffusion, mit welcher sich eine Substanz im Raum verteilt.
- Echte Gase erfüllen bei normalen Temperaturen und Drücken annähernd die Anforderungen für ideale Gase. Ihr Verhalten kann daher mit der allgemeinen Gasgleichung hinreichend beschrieben werden. Bei tiefen Temperaturen oder hohem Druck berücksichtigt die Van-der-Waals-Gleichung das Eigenvolumen der Teilchen und ihre Anziehungskräfte untereinander.
- Auf Volumenabnahme durch Kompression reagiert ein Gas oberhalb seiner kritischen Temperatur mit Druckerhöhung. Unterhalb der kritischen Temperatur geht es beim Sättigungsdampfdruck in die flüssige Phase über.
- Die Temperatur, bei welcher der Sättigungsdampfdruck 1 bar beträgt, bezeichnen wir als den normalen Siedepunkt. Die Gasblasen, die sich in der Flüssigkeit bilden, können diese ab diesem Punkt verlassen.
- Die innere Energie ist eine extensive Zustandsgröße, welche die Energie der chemischen Bindungen, der thermischen Bewegungen und der Kernbindungen umfasst. Ihr Wert lässt sich nicht absolut bestimmen, wir können nur Änderungen messen.
- Der Erste Hauptsatz der Thermodynamik besagt, dass sich die innere Energie nur ändert, wenn dem System Wärme oder Arbeit zugeführt bzw. entnommen wird.
- Die Wärmekapazität gibt an, welche Wärmemenge erforderlich ist, um die Temperatur eines Körpers um 1 K zu erhöhen. Als spezifische Wärmekapazität ist sie auf 1 kg Material bezogen, die molare Wärmekapazität gilt für 1 mol Teilchen.
- Die Zahl der Freiheitsgrade bestimmt die Größe der Wärmekapazität. Je mehr Freiheitsgrade ein System hat, umso größer ist seine Wärmekapazität und desto weniger steigt die Temperatur bei Zufuhr von Wärmeenergie.
- Festkörper aus einatomigen Teilchen haben 6 Freiheitsgrade.
- Gase besitzen zwei verschiedene Wärmekapazitäten: eine für Änderungen mit konstantem Volumen ohne Verrichtung von Arbeit und eine für Änderungen bei konstantem Druck, wobei das System Volumenarbeit verrichtet. Die Wärmekapazität ist mit Volumenarbeit um R größer.
- Arbeit ist eine Prozessgröße, deren Wert von dem Weg abhängt, auf dem eine Zustandsänderung stattfindet.
- Prozesse, bei denen das System weder Wärme aufnimmt noch abgibt, bezeichnen wir als adiabatisch. In der Realität kommen sehr schnelle Vorgänge und Abläufe in thermisch gut isolierten Gefäßen dem Ideal nahe.
- Ein System verändert seine Temperatur trotz Wärmeaustauschs mit der Umgebung nicht, solange es sich in einem Phasenübergang befindet, also den Aggregatzustand wechselt. Von außen zugeführte Wärmeenergie wird stattdessen genutzt, um intermolekulare Bindungen aufzubrechen, bzw. die Energie, die beim Ausbilden neuer Bindungen frei wird, wird als Wärme an die Umgebung abgeführt. Die entsprechende Wärmeenergie bezeichnen wir als latente Wärme.
- Phasendiagramme geben für jede Kombination von Druck und Temperatur den Aggregatzustand eines Materials an.

16

- Wärmeenergie kann nach dem 2. Hauptsatz der Thermodynamik nicht vollständig in eine andere Energieform umgewandelt werden.
- Bei zyklisch arbeitenden Wärmekraftmaschinen gibt der Wirkungsgrad an, welcher Anteil der zugeführten Wärme als Arbeit genutzt werden kann.
- Den größten theoretisch möglichen Wirkungsgrad erreichen Wärmekraftmaschinen, die nach dem Carnot'schen Kreisprozess arbeiten (Carnot-Maschinen). In ihm wechseln sich Expansionen und Kompressionen ab, die isotherm oder adiabatisch ablaufen. Alle Schritte sind dabei reversibel.
- Die Differenz zwischen der theoretisch möglichen Arbeit aus einer Carnot-Maschine und einer realen Wärmekraftmaschine bezeichnen wir als verlorene Arbeit.
- Die nicht umwandelbare Wärmeenergie eines Prozesses trägt zur Entropie des Systems bei.
- Entropie ist ein Maß für die Vielfalt der möglichen Mikrozustände eines Systems.
- In einem abgeschlossenen System bleibt die Entropie bei reversiblen Vorgängen gleich, während sie bei irreversiblen Prozessen ansteigt. Sie nimmt niemals ab.
- Ein offenes System, das mit seiner Umgebung Energie und Materie austauschen kann, kann seine Entropie auf Kosten der Umgebung senken.
- Für chemische Reaktionen ist die Gibbs-Energie die entscheidende Größe. Sie umfasst die innere Energie, Volumenarbeit und die Entropie des Systems in einem bestimmten Zustand. Prozesse laufen freiwillig ab, wenn die Gibbs-Energie dabei abnimmt.
- Wärme kann durch Wärmeleitung (Teilchenstöße), Konvektion (Strömungen durch unterschiedliche Dichte) oder Wärmestrahlung (elektromagnetische Infrarotstrahlung) transportiert werden.
- Nach dem Newton'schen Abkühlungsgesetz verläuft der Wärmeaustausch umso schneller, je größer die Temperaturdifferenz ist.
- Die Gesetze zur Wärmeleitung sind analog zu den Gesetzen für elektrischen Strom und Gleichstromschaltungen.
- Wärmeleitung ist in Festkörpern der dominante Mechanismus.
- Konvektion findet nur in Fluiden statt. Sie transportiert Wärme vor allem vertikal von unten nach oben.
- An Oberflächen wird die Konvektion gebremst, und es bildet sich eine Grenzschicht.
- Jeder Körper nimmt Wärmestrahlung auf und gibt sie ab. Befindet er sich im thermischen Gleichgewicht, heben sich beide Prozesse auf.
- Das ideale Objekt zur Untersuchung der Wärmestrahlung ist ein schwarzer Körper, der alle auftreffende Wärmestrahlung absorbiert.
- Während Körper bei niedriger Temperatur nur im Infrarotbereich strahlen, wandert ihre Emission mit zunehmender Temperatur bis in den Bereich sichtbaren Lichts.

Serviceteil

Glossar

abgeleitete Einheit   Einheit, die aus einer Kombination von SI-Einheiten entstanden ist.

abgeschlossenes System   Begrenzter Raum, der mit seiner Umgebung weder Energie noch Materie austauscht.

absolute Temperatur   Vom tiefstmöglichen Temperaturpunkt $(-273{,}15\,°C)$ aus gemessene Temperatur, angegeben in K.

Absorptionsgrad   Faktor, der die Fähigkeit eines Materials beschreibt, Wärmestrahlung aufzunehmen.

Adhäsion   Sammelbezeichnung für Anziehungskräfte zwischen einem Fluid und einem Festkörper.

adiabatisch   Ohne Wärmeaustausch zwischen System und Umgebung.

allgemeine Gasgleichung   Gleichung, wonach die Kombination von Druck und Volumen eines Gases von dessen Stoffmenge und Temperatur abhängen.

allgemeine Gaskonstante   Konstante, welche die Wärmeenergie eines Mols an Teilchen mit dessen Temperatur verknüpft.

Amplitude   Maximale Auslenkung bei einer Schwingung.

Anomalie des Wassers   Besondere Eigenheit des Wassers, bei $4\,°C$ – und damit im flüssigen Zustand – die größte Dichte zu erreichen.

Arbeit   Das Wirken einer Kraft auf ein Objekt, sodass dieses verschoben oder verformt wird.

archimedisches Prinzip   Die Auftriebskraft entspricht betragsmäßig genau der Gewichtskraft des verdrängten Fluids.

arithmetisches Mittel   Mittelwert. Berechnet aus der Summe aller Werte, geteilt durch deren Anzahl.

Auftrieb(-skraft)   Durch den Schweredruck des Fluids entstehende Kraft, die der Schwerkraft entgegengerichtet ist.

Assoziativgesetz $a \cdot (b \cdot c) = (a \cdot b) \cdot c = (a \cdot c) \cdot b$

Basis   Zahl, deren Vielfaches bei Exponentenschreibweise angegeben wird.

Basiseinheit   International festgelegte Einheit einer Basisgröße.

Basisgröße   Grundlegende physikalische Größe, die nicht durch Kombination anderer Größen erzeugt werden kann, sondern durch eine Definition festgelegt ist.

Bernoulli-Gleichung   Bei einer stationären Strömung ist der Gesamtdruck die Summe aus dem statischen Druck, dem Schweredruck und dem Staudruck.

Beschleunigung   Veränderung der Geschwindigkeit.

Beugung   Ablenkung einer Welle an der Kante eines Körpers in den Schattenbereich hinter dem Körper, der bei geradliniger Ausbreitung nicht zu erreichen wäre.

Bezugssystem   Raumbereich mit gedachtem Koordinatensystem, auf das ortsabhängige Größen wie Lage, Geschwindigkeit und Beschleunigung eines Teilchens bezogen werden.

Bogenmaß   Winkelmaß in der Einheit rad.

Boltzmann-Faktor   Mathematischer Term, der das Wechselspiel zwischen Wärmeenergie und einer Energiehürde beschreibt.

Boltzmann-Konstante   Konstante, welche die Wärmeenergie eines durchschnittlichen Teilchens mit der Temperatur verknüpft.

Brechung   Veränderung der Ausbreitungsrichtung einer Welle beim Eintritt in ein anderes Medium.

Carnot-Prinzip   Wärmekraftmaschinen erreichen den höchstmöglichen Wirkungsgrad, wenn ihre Schritte reversibel sind.

Carnot'scher Kreisprozess   Arbeitszyklus einer optimal effizienten Wärmekraftmaschine.

Carnot-Wirkungsgrad   Maximal möglicher Wirkungsgrad einer Wärmekraftmaschine.

Dehnung   relative Längenänderung durch Zugspannung.

dekadischer Logarithmus   Logarithmus zur Basis 10.

destruktive Interferenz   Auslöschung der Amplituden gleichartiger Wellen mit einer Phasendifferenz von $180°$ (π).

Dichte   Masse pro Volumen.

Differenzialgleichung   Gleichung, in welcher eine Variable und die Ableitung der Funktion dieser Variablen enthalten sind.

Diffusion   Verteilung einer Substanz im Raum durch wärmegetriebene Zufallsbewegungen.

Dimensionsanalyse   Überprüfen von Gleichungen auf Übereinstimmung in den Basisgrößen und deren Potenzen.

Dissipation   Umwandlung von Energie in eine nicht vollständig nutzbare Form wie Wärme.

Distributivgesetz $a \cdot (b + c) = a \cdot b + a \cdot c$

Doppler-Effekt   Verschiebung der Frequenz einer Welle durch die Bewegung von Quelle und Empfänger relativ zueinander.

Drehgeschwindigkeit   Winkeländerung pro Zeit bei einer Drehbewegung.

Drehimpuls   Schwung einer Drehbewegung. Pendant zum Impuls bei Rotationsbewegungen.

Drehmoment   Pendant zur Kraft bei Drehbewegungen.

Drehpendel   An einem Draht aufgehängte Scheibe, die Teilrotationen um ihren Schwerpunkt ausführt.

Glossar

Druck Senkrecht wirkende Kraft pro Fläche.

Dulong-Petit'sche Regel Feststellung, dass die molare Wärmekapazität von Festkörpern aus einatomigen Teilchen $3R$ beträgt.

Dynamik Teilgebiet der Mechanik, das die Wirkung von Kräften behandelt.

ebene Welle Räumliche Welle, deren Wellenfronten parallele ebene Flächen sind.

Eigenfrequenz Schwingungsfrequenz eines ungestörten Oszillators.

Einheitsvektor Vektor mit der Länge genau einer Einheit.

elastische Hysterese Abweichung eines Materials bei Dehnung vom idealen elastischen Verhalten durch innere Reibung.

elastischer Stoß Kollision von Teilchen, bei der sich die kinetische Gesamtenergie nicht ändert.

Elastizitätsgrenze maximale Dehnung, bis zu welcher ein Körper noch in seinen Ausgangszustand zurückkehren kann.

Elastizitätskoeffizient Verhältnis der Relativgeschwindigkeiten von kollidierenden Teilchen nach und vor dem Zusammenstoß.

Elastizitätsmodul Maß für die Widerstandsfähigkeit eines Materials gegen Dehnung.

elektromagnetische Wechselwirkung Kraft zwischen elektrischen Ladungen, magnetischen Polen und den dazugehörigen Feldern. Eine der vier fundamentalen Wechselwirkungen.

Emissionsgrad Faktor, der die Fähigkeit eines Materials beschreibt, Wärmestrahlung abzugeben.

E-Modul Elastizitätsmodul, Maß für die Widerstandsfähigkeit eines Materials gegen Dehnung.

Energie Die Fähigkeit eines Systems, Arbeit zu verrichten. Energie kann nicht erzeugt werden oder vergehen, nur ihre Form ändern.

Energiedichte Potenzielle Energie pro Volumen.

Enthalpie Innere Energie eines Systems plus jene Volumenarbeit, die notwendig wäre, dem System seinen Raum zu schaffen.

Entropie Extensive Zustandsgröße, welche die Vielfältigkeit der Mikrozustände eines Makrozustands wiedergibt.

Erster Hauptsatz der Thermodynamik Die innere Energie eines Systems ändert sich nur durch Zufuhr oder Abfuhr von Wärme und/oder Arbeit.

erzwungene Schwingung Durch Zufuhr von Energie angeregte Oszillation.

Exponent Die Potenz oder „Hochzahl" einer Zahl in Exponentenschreibweise

Exponentialschreibweise Methode zur Darstellung sehr großer oder sehr kleiner Zahlen. Bestehend aus einem Faktor und einer Zehnerpotenz.

extensive Zustandsgröße Zustandsgröße, deren Wert von der Menge oder der Größe eines Körpers abhängt. Beispiele: Masse, Volumen.

Federkonstante Maß für die Elastizität einer Feder.

Fehlerfortpflanzung Vergrößerung der Abweichung vom wahren Wert durch Zusammenwirken der Messfehler mehrerer Größen, die in eine Rechnung einfließen.

Fehlerrechnung Abschätzung des Ausmaßes der Fehlerfortpflanzung.

Fermat'sches Prinzip Wellen wählen immer den schnellsten Weg zu einem Punkt.

Fernwirkungskräfte Kräfte, die zur Vermittlung keinen Kontakt benötigen.

Fourier-Analyse Mathematische Zerlegung einer komplexen Welle in ihre harmonischen Bestandteile.

Fourier-Synthese Konstruktion einer komplexen Welle durch Überlagerung harmonischer Wellen.

Fluid Sammelbegriff für gasförmige und flüssige Stoffe.

Frequenz Schwingungen pro Sekunde. Gemessen in Hertz (Hz).

freier Vektor Vektor ohne räumliche Bindung.

Freiheitsgrad Mögliche Bewegungsrichtung, die quadratisch in die jeweilige Energiegleichung einfließt und unter den gegebenen Bedingungen tatsächlich genutzt wird. Häufige Freiheitsgrade sind: Translationen entlang der drei Raumachsen, Rotationen um die drei Raumachsen, Schwingungen chemischer Bindungen um eine mittlere Länge.

fundamentale Wechselwirkungen Vier Wechselwirkungen, auf die sich alle Arten von Kräften zurückführen lassen: Gravitation, elektromagnetische Wechselwirkung, schwache Wechselwirkung und starke Wechselwirkung.

Gangunterschied Räumlicher Unterschied zweier Wellen durch eine Phasendifferenz.

Gasthermometer Gerät, das die Temperatur über die Änderung des Drucks (oder des Volumens) einer festen Menge Gas misst.

Gaußverteilung Anordnung zufällig vom Mittelwert abweichender Messwerte. Ergibt eine Glockenkurve.

gebundener Vektor Vektor, der an einem bestimmten Ort gilt.

gedämpfte Schwingung Oszillation, die durch Reibung Energie verliert.

Geschwindigkeit Verschiebung pro Zeit.

Geschwindigkeit-Zeit-Diagramm Grafische Auftragung der Geschwindigkeit (y-Achse) über die Zeit (x-Achse).

Gesetz von Hagen-Poiseuille Beschreibt den Zusammenhang zwischen dem Druckunterschied, dem Volumenstrom und dem Strömungswiderstand.

gleichförmige Beschleunigung Konstante Veränderung der Geschwindigkeit.

gleichförmige Bewegung Verschiebung mit konstanter Geschwindigkeit.

Gleichverteilungssatz Regel, wonach sich die wärmebedingte Energie auf alle Freiheitsgrade gleichmäßig verteilt.

Gibbs-Energie Für chemische Reaktionen entscheidende Energiegröße. Umfasst die Enthalpie und die Entropie eines Systems.

Gradmaß Winkelmaß in der Einheit Grad.

Gravitation Anziehungskraft zwischen Massen. Eine der vier fundamentalen Wechselwirkungen.

Größenordnung Sehr grobe Angabe von Werten in vollen Zehnerpotenzen.

Grundgröße Grundlegende physikalische Größe, die nicht durch Kombination anderer Größen erzeugt werden kann, sondern durch eine Definition festgelegt ist.

Grundkräfte Vier Wechselwirkungen, auf die sich alle Arten von Kräften zurückführen lassen: Gravitation, elektromagnetische Wechselwirkung, schwache Wechselwirkung und starke Wechselwirkung.

Gütefaktor Maß für die Stärke einer Dämpfung.

Halbwertsbreite Im Kurvenverlauf eines Parameters die Breite auf halber Höhe eines Maximums.

harmonische Oszillation Schwingung, bei der die Rückstellkraft proportional zur Auslenkung ist.

harmonische Welle Welle, die mit einer Sinus- oder Kosinusfunktion beschrieben werden kann.

Hertz Einheit der Frequenz. 1 Hz = 1/s

Hohlraumstrahlung Aus einem Hohlraum mit den Eigenschaften eines schwarzen Körpers emittierte elektromagnetische Strahlung.

Huygens'sches Prinzip Jeder Punkt auf der Wellenfront einer Welle ist Ausgangspunkt einer Elementarwelle. Die Summe der benachbarten Elementarwellen in Vorwärtsrichtung legt den Ort der nächsten Wellenfront fest.

hydrostatisches Paradoxon Effekt, dass ein Fluid in allen miteinander verbundenen (kommunizierenden) Röhren unabhängig von der Form oder dem Durchmesser die gleiche Höhe einnimmt.

Hypothese Eine nicht ausreichend überprüfte Erklärung für ein Phänomen.

ideales Gas Modell eines Gases, dessen Teilchen keine Ausdehnung haben und nur über vollkommen elastische Stöße wechselwirken.

Impuls Der „Schwung" eines bewegten Teilchens.

inelastischer Stoß Kollision von Teilchen, bei welcher ein Teil der kinetischen Energie in eine andere Energieform umgewandelt wird und nicht mehr für die Bewegung zur Verfügung steht.

innere Energie Extensive Zustandsgröße, in welcher die chemischen Bindungen, die thermischen Bewegungen und die Kernbindungsenergien zusammengefasst sind.

Intensität Energie einer Welle, die pro Zeit durch eine Fläche tritt.

Intensitätspegel Logarithmisches Maß der relativen Intensität in Dezibel.

intensive Zustandsgröße Zustandsgröße, deren Wert sich nicht mit der Menge oder der Größe eines Körpers ändert. Beispiele: Temperatur, Druck, Dichte.

Interferenz Überlagerung von Wellen mit Addition der Auslenkungen.

irreversibler Prozess Vorgang, der wegen der Entropiezunahme nicht umgekehrt ablaufen kann.

isobar Bei konstantem Druck.

isochor Bei konstantem Volumen.

isotherm Bei konstanter Temperatur.

Joule Einheit für Arbeit und Energie.

Kapillaraszension Aufsteigen eines Fluids in einer Kapillare, die vom Fluid benetzt wird.

Kapillardepression Tiefstand eines Fluids unterhalb der normalen Oberfläche in einer Kapillare, die nicht benetzt wird.

Kapillare Im engeren Sinne ein dünnes Röhrchen; im weiteren Sinne ein enger Zwischenraum.

Kapillareffekt Hochwandern (seltener: Herabsenken) eines Fluids in einem engen Hohlraum durch Adhäsion an den Wänden und Mitziehen des Fluids über Kohäsionskräfte.

Kelvin Einheit der absoluten Temperatur.

Kinematik Teilgebiet der Mechanik, das Bewegungen beschreibt.

kinetische Energie Bewegungsenergie.

kinetische Gastheorie Modell, das makroskopische Eigenschaften von Gasen wie Druck und Temperatur durch mikroskopische Wärmebewegungen ihrer Teilchen beschreibt.

Kleinwinkelnäherung Ersetzen von trigonometrischen Funktionen von Winkeln durch die Winkel selbst.

K-Modul Kompressionsmodul, Maß für die Widerstandskraft eines Materials gegenüber Druck.

kohärente Quellen Sender von gleichartigen Wellen mit konstanter Phasendifferenz.

Kohäsion Sammelbezeichnung für Anziehungskräfte zwischen den Teilchen eines Fluids.

kommunizierende Röhren Miteinander verbundene Röhren, zwischen denen das Fluid ungehindert hin und her fließen kann.

Kommutativgesetz Vertauschungsgesetz. $a \cdot b = b \cdot a$

Kompressibilität Kehrwert des Kompressionsmoduls. Maß für die Nachgiebigkeit eines Materials gegenüber Druck.

Kompressionsmodul Maß für die Widerstandskraft eines Materials gegenüber Druck.

konservative Kraft Sammelbegriff für Kräfte, bei denen die geleistete Arbeit nicht vom Weg abhängt, sondern nur von Anfangs- und Endpunkt.

konstruktive Interferenz Verdopplung der Amplitude bei Überlagerung gleicher Wellen ohne Phasendifferenz.

Kontaktkräfte Kräfte, die nur bei direkter Berührung übertragen werden.

Kontinuitätsgleichung Erhaltung des Volumenflusses.

Konvektion Transport von Wärmeenergie durch dichtebedingte Ströme in Fluiden.

Kraftkonstante Maß für die Stärke der Rückstellkraft.

Kraftstoß Kurzzeitiges Einwirken einer Kraft während einer Kollision.

Kreisfrequenz Maß für die Geschwindigkeit einer Schwingung mit der Einheit rad/s.

Kreiswellenzahl 2π mal Anzahl der Schwingungen pro Längeneinheit.

kritischer Punkt Kombination aus Druck und Temperatur, bei welcher die Dichte der flüssigen und der gasförmigen Phase eines Stoffs gleich sind und beide Aggregatzustände nicht mehr zu unterscheiden sind.

kritische Temperatur Temperaturgrenze, oberhalb derer ein Gas bei keinem Druck flüssig wird.

kritisch gedämpfte Schwingung Oszillation, die durch Reibung in kürzester Zeit in den Ruhezustand übergeht, ohne ihn zu überschreiten.

Kugelwelle Von einem Punkt oder einer Kugel ausgehende räumliche Welle, deren Wellenfronten Kugelschalen sind.

laminare Strömung Teilchenfluss ohne Wirbel.

Längenausdehnungskoeffizient Stoffkonstante, die angibt, um welchen Anteil sich die Länge eines Materials pro Kelvin Temperaturanstieg oder -abfall ändert.

latente Wärme Wärmeenergie, die ein System während eines Phasenübergangs aufnimmt oder abgibt, ohne seine Temperatur zu ändern.

Leistung Größe für die Geschwindigkeit, mit der Arbeit verrichtet wird.

linear gedämpfte Schwingung Gedämpfte Schwingung, bei welcher die Reibungskraft proportional zur Dämpfungskonstanten und zur Geschwindigkeit ist.

Linearer Ausdehnungskoeffizient Stoffkonstante, die angibt, um welchen Anteil sich die Länge eines Materials pro Kelvin Temperaturanstieg oder -abfall ändert.

Logarithmus Umkehrfunktion zur Exponentenschreibweise.

Longitudinalwelle Welle mit Teilchenschwingungen parallel zur Ausbreitungsrichtung der Welle.

Makrozustand Zustand, der durch die messbaren Eigenschaften eines Systems definiert ist.

mathematisches Pendel Idealisiertes Fadenpendel mit einem punktförmigen Pendelkörper und einem masselosen Faden.

Maxwell-Boltzmann-Verteilungen Beschreiben, welche Geschwindigkeiten oder kinetischen Energien Teilchen aufgrund der Temperatur besitzen und wie sie sich auf verschiedene Geschwindigkeiten oder Energien verteilen.

Mikrozustand Zustand, der durch die Eigenschaften der Atome und Moleküle eines Systems definiert ist.

mittlere freie Weglänge Durchschnittliche Flugstrecke eines Teilchens zwischen zwei Kollisionen mit anderen Teilchen.

mittlere Geschwindigkeit Durchschnittsgeschwindigkeit während einer ungleichförmigen Bewegung.

Masse Innere Eigenschaft von Materie, die ihr Trägheit verleiht.

Massenpunkt Gedachter Punkt, der für das gesamte Objekt steht. Idealerweise der Schwerpunkt oder Massenmittelpunkt des Objekts.

Momentangeschwindigkeit Tatsächliche Geschwindigkeit während eines Zeitpunkts bei einer ungleichförmigen Bewegung.

natürlicher Logarithmus Logarithmus zur Basis e.

Newton Einheit der Kraft.

Newton'sche Axiome Physikalische Gesetze zur Beschreibung von Kräften. Aufgestellt von Isaac Newton im 17. Jahrhundert.

Newton'sche Reibung Strömungswiderstand durch den Druckunterschied vor und hinter einem Körper in einer schnellen Strömung.

Newton'sches Abkühlungsgesetz Je größer das Temperaturgefälle zwischen zwei Körpern ist, desto schneller kühlt sich der wärmere Körper ab.

nichtkonservative Kraft Sammelbegriff für alle Kräfte, bei denen die geleistete Arbeit vom Weg abhängt.

Normalkraft Diejenige Kraftkomponente, die bei der Vektorzerlegung senkrecht zur Auflage steht.

Normalverteilung Anordnung zufällig vom Mittelwert abweichender Messwerte. Ergibt eine Glockenkurve.

Normbedingungen 101 325 Pa, 273,15 K

Normierungsbedingung Anforderung an eine Gleichung, dass jede Messung ein Ergebnis haben muss.

Nullter Hauptsatz der Thermodynamik Befinden sich zwei Körper im thermischen Gleichgewicht mit einem dritten, so stehen sie auch untereinander im thermischen Gleichgewicht.

Oberflächenspannung Zusammenhalt der Teilchen eines Fluids an der Oberfläche. Hervorgerufen durch die Kohäsionskräfte.

offenes System Begrenzter Raum, der mit seiner Umgebung Materie und Energie austauschen kann.

Ortsvektor Gebundener Vektor, der vom Ursprung des Koordinatensystems auf den Ort eines Punktes weist.

Oszillation Periodische Bewegung um einen Ruhezustand.

Parameter Größe, der in einer Funktion ein Wert zugewiesen wird und die danach konstant bleibt.

Partialdruck Teildruck, den ein Gas eines Gemischs ausüben würde, wenn es alleine wäre.

Pascal Einheit für den Druck. $1\,Pa = 1\,N/m^2$.

Pascal'sches Prinzip Eine Druckänderung in einem Fluid verteilt sich auf das gesamte Fluid im Behälter.

Periode Dauer eines vollen Zyklus bzw. einer vollen Umdrehung.

periodische Welle Welle, die sich über zahlreiche Schwingungen erstreckt.

Phase Fortschritt einer Schwingung.

Phasendiagramm Grafische Darstellung der Aggregatzustände (Phasen) einer Substanz in Abhängigkeit von Druck (y-Achse) und Temperatur (x-Achse).

Phasenkonstante Phase einer Schwingung zum Zeitpunkt $t = 0$.

Phasensprung Sprunghafte Veränderung der Phase an einer Grenzfläche.

Phasenübergang Änderung des Aggregatzustands.

Poisson'sche Zahl Verhältnis von Querkontraktion zu relativer Längenänderung bei Zugspannung.

Prozessgröße Parameter, der die Veränderung des Zustands eines Objekts beschreibt. Beispiel: Arbeit.

physikalisches Pendel Beliebig geformter Körper, der um eine beliebig positionierte Drehachse schwingt.

potenzielle Energie Lageenergie.

quadratischer Mittelwert Wurzel aus dem quadratischen Mittel.

quadratisches Mittel Quadrat aller Messwerte, geteilt durch deren Anzahl.

Querkontraktion Dickenabnahme bei Zugspannung.

Reflexion Zurückwerfen eines Teils einer Welle an der Grenze zu einem anderen Medium.

Reflexionskoeffizient Amplitudenverhältnis der reflektierten zur einlaufenden Welle.

relative Dichte Auf eine Vergleichsdichte bezogene Dichte, indem durch diese Vergleichsdichte geteilt wird.

Relativgeschwindigkeit Geschwindigkeit eines Teilchens aus Sicht eines anderen Teilchens, das als ruhend angenommen wird.

Resonanz Übertragung von Schwingungsenergie zwischen Oszillatoren.

Resonanzfrequenz Frequenz für eine erfolgreiche Energieübertragung zwischen Oszillatoren. Entspricht der Eigenfrequenz.

reversibler Prozess Vorgang, der in beide Richtungen ablaufen kann.

reversible Zustandsänderung Veränderung in kleinen Schritten, sodass das System ständig im Gleichgewichtszustand ist.

Rückstellkraft Kraft, die bei einer Schwingung in Richtung Ruhelage wirkt.

Sättigungsdampfdruck Druck, bei dem die flüssige und die gasförmige Phase eines Stoffs miteinander im Gleichgewicht liegen.

Scherkraft Tangential zur Oberfläche eines Körpers wirkende Kraft.

Scherspannung Scherkraft pro Fläche.

Scherung Tangens des Winkels, zu dem ein Objekt unter Einwirkung einer Scherkraft verzerrt wird.

Schmelzdruckkurve Phasengrenzlinie zwischen festem und flüssigem Aggregatzustand im Phasendiagramm.

Schubmodul Maß für die Widerstandskraft eines Materials gegenüber Scherkräften.

schwache Wechselwirkung Eine der vier fundamentalen Wechselwirkungen. Nur innerhalb des Atomkerns aktiv, wo sie die Umwandlung von Nukleonen bestimmt.

schwach gedämpfte Schwingung Oszillation, die durch Reibung langsam abklingt.

schwarzer Körper Objekt, das einfallende elektromagnetische Strahlung, vor allem im Infrarotbereich, vollständig absorbiert.

Schwebung Periodische Änderung der Intensität einer Welle, die durch Überlagerung von Wellen mit leicht unterschiedlichen Frequenzen entstanden ist.

Schwebungsfrequenz Frequenz der Intensitätsänderung bei einer Schwebung.

Schwingung Periodische Bewegung um einen Ruhezustand.

Schwingungsbauch Bereich maximaler Auslenkungen in einer stehenden Welle.

Schwingungsdauer Zeit für eine volle Schwingung.

Schwingungsknoten Bereich ohne Auslenkungen aus der Ruheposition in einer stehenden Welle.

Schwingungsperiode Zeit für eine volle Schwingung.

SI-Basisgröße Sieben fundamentale physikalische Größen, die sich nicht auf andere Größen oder Kombinationen aus diesen zurückführen lassen: Länge, Masse, Zeit, elektrischer Strom, Temperatur, Stoffmenge, Lichtstärke.

Siedepunkt Temperatur, bei welcher die flüssige und die gasförmige Phase eines Stoffs miteinander im Gleichgewicht liegen.

Siedepunktskurve Phasengrenzlinie zwischen flüssigem und gasförmigem Aggregatzustand im Phasendiagramm.

SI-Einheit Einheit für Größen nach dem SI-System.

signifikante Stelle Jede Ziffer innerhalb einer Zahl mit Ausnahme randständiger Nullen, die lediglich die Position des Kommas anzeigen.

SI-System Internationale Vereinbarung von Maßen, physikalischen Größen und Einheiten.

Skalar Angabe aus einer Zahl und ggf. einer Einheit.

Skalarprodukt Ergebnis des Zusammenwirkens zweier Vektoren in Form eines Skalars.

Spaltenvektor Vektor mit übereinander angeordneten Komponenten.

Spannung Zugkraft pro Fläche.

Standardabweichung Maß für die Streuung von Messwerten bei der Normalverteilung.

starke Wechselwirkung Eine der vier fundamentalen Wechselwirkungen. Sorgt innerhalb von Atomkernen für den Zusammenhalt der Quarks und Nukleonen.

statistischer Fehler Zufallsbedingte Abweichung eines Messwerts vom wahren Wert.

stehende Welle Überlagerung einer Welle und ihrer Reflexion, sodass es zu dauerhafter konstruktiver Interferenz kommt. Erzeugt eine zeitlich und räumlich feste Abfolge von Schwingungsbäuchen und Schwingungsknoten.

Standardbedingungen 100 kPa, 298,15 K

stark gedämpfte Schwingung Oszillation mit so starker Reibung, dass auch der Weg in den Ruhezustand verlangsamt erfolgt. Die Ruheposition wird nicht überschritten.

stationäre Strömung Gleichmäßiger Fluss von Fluid, der an allen Stellen gleich ist und sich mit der Zeit nicht ändert.

Stefan-Boltzmann-Gesetz Regel, wonach die emittierte Wärmeleistung eines Körpers von der vierten Potenz seiner Temperatur abhängt.

Stefan-Boltzmann-Konstante Kombination von anderen Naturkonstanten, die einen Zusammenhang zwischen Strahlungsleistung und Temperatur herstellt.

Stokes'sche Reibung Widerstandskräfte an den Seiten eines Objekts. Hauptverantwortlich für den Strömungswiderstand bei langsamen Strömungen.

Stoßhäufigkeit Anzahl der Kollisionen pro Sekunde für ein durchschnittliches Teilchen.

Stoßzeit Zeitdauer zwischen zwei Kollisionen eines durchschnittlichen Teilchens.

Strömung Fluss von Fluidteilchen in eine gemeinsame Richtung.

Strömungswiderstand Umwandlung eines Teils der Energie einer Strömung in Wärme. Hervorgerufen durch Kohäsions- und Adhäsionskräfte.

Sublimationsdruckkurve Phasengrenzlinie zwischen festem und gasförmigem Aggregatzustand im Phasendiagramm.

Superpositionsprinzip Bei Überlagerung von Wellen addieren sich ihre Auslenkungen.

systematischer Fehler Abweichung eines Messwertes vom tatsächlichen Wert durch Fehler in der Messapparatur oder in der Messdurchführung.

Temperatur Zustandsgröße eines Körpers. Nach der kinetischen Gastheorie ein Maß für die Wärmebewegungen seiner Teilchen.

Temperaturgradient Temperaturunterschied pro Strecke.

Theorie Ein Erklärungsmodell für Beobachtungen und/oder Phänomene, das durch Experimente überprüft wurde und widerspruchsfrei geblieben ist.

thermischer Kontakt Der Austausch von Wärmeenergie ist möglich.

thermisches Gleichgewicht Es findet kein Nettofluss von Wärmeenergie mehr statt.

thermometrische Eigenschaft Von der Temperatur abhängige Größe.

Torsionsmodul Maß für die Widerstandskraft eines Materials gegenüber verdrillenden Kräften.

Totalreflexion Vollständige Reflexion einer Welle am Übergang von einem dichteren zu einem dünneren Medium bei Überschreiten des kritischen Winkels.

Trägheit Tendenz eines massebehafteten Körpers, seinen Bewegungszustand beizubehalten.

Trägheitsmoment Pendant zur Trägheit bei Drehbewegungen.

Transmission Überwechseln eines Teils einer Welle in ein anderes Medium an einer Grenzfläche.

Transmissionskoeffizient Amplitudenverhältnis der transmittierten zur einlaufenden Welle.

Transversalwelle Welle mit Teilchenschwingungen senkrecht zur Ausbreitungsrichtung der Welle.

Tripelpunkt Kombination aus Druck und Temperatur, bei welcher eine Substanz im Gleichgewicht sowohl fest als auch flüssig und gasförmig vorliegt. Der Tripelpunkt des Wassers liegt bei 6,105 mbar und 273,16 K (0,01 °C).

turbulente Strömung Teilchenfluss mit Wirbeln.

überdämpfte Schwingung Oszillation mit so starker Reibung, dass auch der Weg in den Ruhezustand verlangsamt erfolgt. Die Ruheposition wird nicht überschritten.

ungleichförmige Beschleunigung Sich ändernde Veränderung der Geschwindigkeit.

ungleichförmige Bewegung Verschiebung mit sich ändernder Geschwindigkeit.

universelle Gaskonstante Konstante, welche die Wärmeenergie eines Mols an Teilchen mit dessen Temperatur verknüpft.

unterdämpfte Schwingung Oszillation, die durch Reibung langsam abklingt.

Van-der-Waals-Gleichung Gleichung für den Zusammenhang der Zustandsgrößen Druck, Volumen, Stoffmenge und Temperatur eines Gases, welche das Eigenvolumen der Gasteilchen und ihre Anziehungskräfte untereinander berücksichtigt.

Variable Veränderliche Größe in einer Funktion.

Varianz Maß für die Streuung von Messwerten bei der Normalverteilung.

Vektor Größe mit einem Zahlwert, ggf. einer Einheit und einer Richtung.

Vektorprodukt Ergebnis des Zusammenwirkens zweier Vektoren in Form eines neuen Vektors, der senkrecht auf den Ausgangsvektoren steht. Erzeugt geometrisch ein Rechtssystem wie beispielsweise das Koordinatensystem.

Venturi-Effekt Je schneller ein Fluid strömt, umso geringer ist sein Druck zu den Seiten.

Verschiebung Veränderung des Ortes während einer Bewegung.

Verschiebungsvektor Vektor, der vom Anfangspunkt einer Bewegung zum Endpunkt weist.

Verteilungsfunktion Gleichung zur Beschreibung der Lage von Messwerten.

Viskosität Zähigkeit eines Fluids.

vollständig inelastischer Stoß Kollision, nach welcher die Teilchen miteinander verbunden bleiben und sich gemeinsam weiterbewegen.

Volumenarbeit Arbeit durch Änderung des Volumens. Produkt aus Druck und Volumenänderung.

Volumenausdehnungskoeffizient Stoffkonstante, die angibt, um welchen Anteil sich das Volumen eines Materials pro Kelvin Temperaturanstieg oder -abfall ändert.

Wärmekapazität Notwendige Wärmemenge, um die Temperatur eines Materials um 1 K zu erhöhen.

Wärmekraftmaschine Apparat, der Wärmeenergie aus einem warmen Reservoir aufnimmt, einen Teil davon in Arbeit umsetzt und den Rest an ein kaltes Reservoir abgibt. Motoren und Kraftwerke sind Wärmekraftmaschinen.

Wärmeleitfähigkeit Maß für die Fähigkeit eines Materials, Wärmeenergie intern weiterzugeben.

Wärmeleitung Transport von Wärmeenergie durch Teilchenstöße.

Wärmestrahlung Transport von Wärmeenergie durch elektromagnetische Strahlung.

Wärmestrom Transportierte Wärmemenge pro Zeit.

Wärmewiderstand Maß für die Eigenschaft eines Materials, den internen Transport von Wärmeenergie zu behindern.

Watt Einheit der Leistung.

Weg-Zeit-Diagramm Grafische Auftragung des zurückgelegten Wegs (y-Achse) über die Zeit (x-Achse).

Welle Schwingung, die sich räumlich ausbreitet.

Wellenfront Alle Punkte einer Welle mit der gleichen Laufzeit von der Quelle.

Wellenfunktion Lösung einer Wellengleichung. Beschreibt die Eigenschaften einer Welle.

Wellengleichung Differenzialgleichung zur mathematischen Beschreibung einer Welle aufgrund physikalischer Gesetze.

Wellenlänge Abstand zwischen zwei benachbarten Punkten in identischem Zustand auf einer Welle.

Wellenzahl Anzahl der Schwingungen pro Längeneinheit. Kehrwert der Wellenlänge.

Wien'sches Verschiebungsgesetz Das Maximum des Emissionsspektrums eines Körpers bewegt sich mit zunehmender Temperatur des Körpers in Richtung kürzerer Wellenlängen.

Winkelbeschleunigung Änderung der Drehgeschwindigkeit.

Winkelgeschwindigkeit Winkeländerung pro Zeit bei einer Drehbewegung.

Wirkungsgrad Anteil der aufgenommenen Energie, der in nutzbare Arbeit umgesetzt wird.

Zeilenvektor Vektor mit hintereinander angeordneten Komponenten.

zentripetal Auf den Drehpunkt einer Rotation oder den Mittelpunkt eines Kreises, bzw Kreisabschnitts gerichtet.

Zerfallszeit Zeitabschnitt, innerhalb dessen eine Größe auf 1/e-tel ihres vorherigen Werts abfällt.

Zeitkonstante Zeitabschnitt, innerhalb dessen eine Größe auf 1/e-tel ihres vorherigen Werts abfällt.

Zugspannung Zugkraft pro Fläche.

Zustandsgleichung für das ideale Gas Gleichung, wonach die Kombination von Druck und Volumen eines Gases von dessen Stoffmenge und Temperatur abhängen.

Zustandsgröße Parameter, der den Zustand eines Objekts beschreibt.

Zweiter Hauptsatz der Thermodynamik Erfahrungssatz, der durch verschiedene, untereinander äquivalente Formulierungen ausgedrückt werden kann: Wärmeenergie lässt sich nicht vollständig in nutzbare Arbeit umwandeln. In einem abgeschlossenen System nimmt die Entropie bei irreversiblen Prozessen zu und bleibt bei reversiblen Prozessen gleich.

Antworten

A.1 Physikalische und mathematische Grundlagen

1. Wir müssen eine der beiden Angaben umrechnen, sodass beide die gleiche Einheit haben.
2. Basiseinheiten sind definierte Grundeinheiten zu den international festgelegten Basisgrößen des SI-Systems. Abgeleitete Einheiten entstehen, wenn wir Basiseinheiten miteinander kombinieren.
3. Nein! Die Größenordnung des Gewichts von Menschen liegt bei 10^2 kg, bei Elefanten sind es 10^3 kg, also eine Größenordnung mehr.
4. Wir ersetzen den natürlichen Logarithmus nach Gl. 2.13 durch den dekadischen Logarithmus und erhalten:

$$E = E_0 + \frac{RT}{zF} \cdot 2{,}3 \log \frac{\text{[oxidierte Form]}}{\text{[reduzierte Form]}}$$
$$= E_0 + 2{,}3 \frac{RT}{zF} \cdot \log \frac{\text{[oxidierte Form]}}{\text{[reduzierte Form]}}$$

5. Wir schreiben die Vektoren als Spaltenvektoren mit übereinander stehenden Komponenten und berechnen das Vektorprodukt nach Gl. 2.38:

$$c = a \times b = \begin{pmatrix} 2 \\ 3 \\ 7 \end{pmatrix} \times \begin{pmatrix} 4 \\ 2 \\ 4 \end{pmatrix} = \begin{pmatrix} 3 \cdot 4 - 7 \cdot 2 \\ 7 \cdot 4 - 2 \cdot 4 \\ 2 \cdot 2 - 3 \cdot 4 \end{pmatrix} = \begin{pmatrix} -2 \\ 20 \\ -8 \end{pmatrix}$$

Die Länge des Vektors c entspricht seinem Betrag, den wir laut Gl. 2.22 erhalten nach:

$$|c| = \sqrt{x^2 + y^2 + z^2} = \sqrt{(-2)^2 + 20^2 + (-8)^2} = 21{,}6$$

6. Im ersten Schritt rechnen wir die 10 h und 25 min in eine Stundenangabe im Dezimalformat um:

$$10\,\text{h} + 25\,\text{min} = 10\,\text{h} + \frac{25\,\text{min}}{\frac{60\,\text{min}}{1\,\text{h}}} = 10\,\text{h} + 0{,}417\,\text{h} = 10{,}417\,\text{h}$$

Der Zeiger legt in einer Stunde $360°/24\,\text{h} = 15°/\text{h}$ zurück. Damit hat er seit dem letzten Überqueren der 24/0-Marke als Winkel überstrichen:

$$10{,}417\,\text{h} \cdot 15°/\text{h} = 156{,}3°$$

Mit Gl. 2.42 können wir diesen Winkel in Bogenmaß umrechnen:

$$\frac{156{,}3°}{360°} \cdot 2\pi\,\text{rad} = 0{,}87\,\pi\,\text{rad} = 2{,}7\,\text{rad}$$

7. 1. Abstände vom Ursprung:

$$r_A = \left| \begin{pmatrix} 1{,}5 \\ 2{,}5 \\ 0 \end{pmatrix}\,\text{m} \right| = \sqrt{1{,}5^2 + 2{,}5^2 + 0^2}\,\text{m} = 2{,}915\,\text{m}$$

$$r_B = \sqrt{7{,}5^2 + 2{,}5^2}\,\text{m} = 7{,}906\,\text{m}$$

$$r_C = \sqrt{7{,}5^2 + 6{,}5^2}\,\text{m} = 9{,}925\,\text{m}$$

$$r_D = \sqrt{7{,}5^2 + 6{,}5^2 + 3^2}\,\text{m} = 10{,}368\,\text{m}$$

2. Differenzvektoren:

$$r_A + l = r_B \rightarrow l = AB = r_D - r_A$$
$$= \begin{pmatrix} 7{,}5 \\ 2{,}5 \\ 0 \end{pmatrix}\,\text{m} - \begin{pmatrix} 1{,}5 \\ 2{,}5 \\ 0 \end{pmatrix}\,\text{m} = \begin{pmatrix} 7{,}5 - 1{,}5 \\ 2{,}5 - 2{,}5 \\ 0 \end{pmatrix}\,\text{m} = \begin{pmatrix} 6 \\ 0 \\ 0 \end{pmatrix}\,\text{m}$$

$$r_B + b = r_C \Rightarrow b = BC = r_C - r_B$$
$$= \begin{pmatrix} 7{,}5 \\ 6{,}5 \\ 0 \end{pmatrix}\,\text{m} - \begin{pmatrix} 7{,}5 \\ 2{,}5 \\ 0 \end{pmatrix}\,\text{m} = \begin{pmatrix} 7{,}5 - 7{,}5 \\ 6{,}5 - 2{,}5 \\ 0 \end{pmatrix}\,\text{m} = \begin{pmatrix} 0 \\ 4 \\ 0 \end{pmatrix}\,\text{m}$$

$$r_C + h = r_D \Rightarrow h = CD = r_D - r_C$$
$$= \begin{pmatrix} 7{,}5 \\ 6{,}5 \\ 3 \end{pmatrix}\,\text{m} - \begin{pmatrix} 7{,}5 \\ 6{,}5 \\ 0 \end{pmatrix}\,\text{m} = \begin{pmatrix} 7{,}5 - 7{,}5 \\ 6{,}5 - 6{,}5 \\ 3 - 0 \end{pmatrix}\,\text{m} = \begin{pmatrix} 0 \\ 0 \\ 3 \end{pmatrix}\,\text{m}$$

$$r_A + d = r_C \Rightarrow d = AC = r_C - r_A$$
$$= \begin{pmatrix} 7{,}5 \\ 6{,}5 \\ 0 \end{pmatrix}\,\text{m} - \begin{pmatrix} 1{,}5 \\ 2{,}5 \\ 0 \end{pmatrix}\,\text{m} = \begin{pmatrix} 7{,}5 - 1{,}5 \\ 6{,}5 - 2{,}5 \\ 0 \end{pmatrix}\,\text{m} = \begin{pmatrix} 6 \\ 4 \\ 0 \end{pmatrix}\,\text{m}$$

$$r_A + s = r_D \Rightarrow s = AD = r_D - r_A$$
$$= \begin{pmatrix} 7{,}5 \\ 6{,}5 \\ 3 \end{pmatrix}\,\text{m} - \begin{pmatrix} 1{,}5 \\ 2{,}5 \\ 0 \end{pmatrix}\,\text{m} = \begin{pmatrix} 7{,}5 - 1{,}5 \\ 6{,}5 - 2{,}5 \\ 3 - 0 \end{pmatrix}\,\text{m} = \begin{pmatrix} 6 \\ 4 \\ 3 \end{pmatrix}\,\text{m}$$

3. Abstände zwischen den Punkten:

$$l = AB = \begin{pmatrix} 6 \\ 0 \\ 0 \end{pmatrix}\,\text{m} \Rightarrow |l|$$
$$= \left| \begin{pmatrix} 6 \\ 0 \\ 0 \end{pmatrix}\,\text{m} \right| = \sqrt{6^2 + 0^2 + 0^2}\,\text{m} = 6\,\text{m}$$

$$b = BC = \begin{pmatrix} 0 \\ 4 \\ 0 \end{pmatrix}\,\text{m} \Rightarrow |b| = \sqrt{0^2 + 4^2 + 0^2}\,\text{m} = 4\,\text{m}$$

$$h = CD = \begin{pmatrix} 0 \\ 0 \\ 3 \end{pmatrix}\,\text{m} \Rightarrow |h| = \sqrt{0^2 + 0^2 + 3^2}\,\text{m} = 3\,\text{m}$$

$$d = AC = \begin{pmatrix} 6 \\ 4 \\ 0 \end{pmatrix}\,\text{m} \Rightarrow |d| = \sqrt{6^2 + 4^2 + 0^2}\,\text{m} = 7{,}211\,\text{m}$$

$$s = AD = \begin{pmatrix} 6 \\ 4 \\ 3 \end{pmatrix}\,\text{m} \Rightarrow |s| = \sqrt{6^2 + 4^2 + 3^2}\,\text{m} = 7{,}81\,\text{m}$$

4. Winkel:

$$r_A \cdot r_B = \begin{pmatrix} 1,5 \\ 2,5 \\ 0 \end{pmatrix} \cdot \begin{pmatrix} 7,5 \\ 2,5 \\ 0 \end{pmatrix} \, \text{m}^2 = (1,5 \cdot 7,5 + 2,5 \cdot 2,5) \, \text{m}^2 = 17,5 \, \text{m}^2$$

Beträge berechnen:

$$r_A = \sqrt{1,5^2 + 2,5^2} \, \text{m} = 2,915 \, \text{m}$$

$$r_B = \sqrt{7,5^2 + 2,5^2} \, \text{m} = 7,906 \, \text{m}$$

$$\cos \phi_{AB} = \frac{r_A \cdot r_B}{r_A \, r_B} = \frac{17,5 \, \text{m}^2}{2,915 \, \text{m} \cdot 7,906 \, \text{m}} = 0,7594$$

$$\phi_{AB} = 40,6°$$

$$r_C \cdot r_D = \begin{pmatrix} 7,5 \\ 6,5 \\ 0 \end{pmatrix} \cdot \begin{pmatrix} 7,5 \\ 6,5 \\ 3 \end{pmatrix} \, \text{m}^2 = (7,5 \cdot 7,5 + 6,5 \cdot 6,5 + 0 \cdot 3) \, \text{m}^2 = 98,5 \, \text{m}^2$$

Beträge berechnen:

$$r_C = \sqrt{7,5^2 + 6,5^2} \, \text{m} = 9,925 \, \text{m}$$

$$r_D = \sqrt{7,5^2 + 6,5^2 + 3^2} \, \text{m} = 10,368 \, \text{m}$$

$$\cos \phi_{CD} = \frac{r_C \cdot r_D}{r_C \, r_D} = \frac{98,5 \, \text{m}^2}{9,925 \, \text{m} \cdot 10,368 \, \text{m}} = 0,9572$$

$$\phi_{CD} = 16,8°$$

5. Flächeninhalt:

$$s = AD = r_D - r_A = \begin{pmatrix} 6 \\ 4 \\ 3 \end{pmatrix} \, \text{m}$$

$$d = AC = r_C - r_A = \begin{pmatrix} 6 \\ 4 \\ 0 \end{pmatrix} \, \text{m}$$

$$A_{sd} = \frac{1}{2} s \times d = \frac{1}{2} \begin{pmatrix} 6 \\ 4 \\ 3 \end{pmatrix} \, \text{m}$$

$$\times \begin{pmatrix} 6 \\ 4 \\ 0 \end{pmatrix} \, \text{m} = \frac{1}{2} \begin{pmatrix} 6 \\ 4 \\ 3 \end{pmatrix} \times \begin{pmatrix} 6 \\ 4 \\ 0 \end{pmatrix} \, \text{m}^2$$

Schema:

$$\begin{pmatrix} c_1 \\ c_2 \\ c_3 \end{pmatrix} = \begin{pmatrix} a_2 b_3 - a_3 b_2 \\ a_3 b_1 - a_1 b_3 \\ a_1 b_2 - a_2 b_1 \end{pmatrix}$$

$$A_{sd} = \begin{pmatrix} 6 \\ 4 \\ 3 \end{pmatrix} \times \begin{pmatrix} 6 \\ 4 \\ 0 \end{pmatrix} \frac{\text{m}^2}{2} = \begin{pmatrix} 4 \cdot 0 - 3 \cdot 4 \\ 3 \cdot 6 - 6 \cdot 0 \\ 6 \cdot 4 - 4 \cdot 6 \end{pmatrix} \frac{\text{m}^2}{2}$$

$$= \begin{pmatrix} -12 \\ 18 \\ 0 \end{pmatrix} \frac{\text{m}^2}{2} = \begin{pmatrix} -6 \\ 9 \\ 0 \end{pmatrix} \text{m}^2$$

Betrag:

$$A_{sd} = |A_{sd}| = \left| \begin{pmatrix} -6 \\ 9 \\ 0 \end{pmatrix} \text{m}^2 \right| = \sqrt{(-6)^2 + 9^2} \, \text{m}^2 = 10,817 \, \text{m}^2$$

A.2 Mechanik

8. Entscheidend ist die Geschwindigkeit. Bei einer gleichförmigen Bewegung ist sie die ganze Zeit über konstant, bei einer ungleichförmigen Bewegung verändert sie sich.
   Nur für gleichförmige Bewegungen reichen zwei Messpunkte aus, um die Geschwindigkeit zu ermitteln. Bei ungleichförmigen Bewegungen können wir damit nur die mittlere Geschwindigkeit für die Zeit zwischen den Messungen errechnen, ohne zu erfahren, welche Geschwindigkeiten das Teilchen in diesem Zeitraum tatsächlich hatte.

9. Wenn die Geschwindigkeit und die Beschleunigung unterschiedliche Vorzeichen haben, wird das Teilchen langsamer. Da in diesem Beispiel die Geschwindigkeit positiv und die Beschleunigung negativ sein sollen, bremst das Teilchen ab.

10. Um ein Teilchen auf eine Kreisbahn zu lenken, muss es ständig in Richtung Mittelpunkt des Kreises beschleunigt werden.

11. Es behält seinen Bewegungszustand bei. Ein ruhendes Teilchen bleibt also in Ruhe, ein bewegtes setzt seinen Weg mit gleichbleibender Geschwindigkeit und Richtung fort.

12. Die Masse verleiht einem Teilchen seine Trägheit. Je größer sie ist, umso weniger reagiert es auf eine äußere Kraft.

13. In der Chemie dominiert die elektromagnetische Wechselwirkung. Daneben macht sich die Gravitation bemerkbar, beispielsweise bei Fällungsreaktionen.

14. Da beide keine Verschiebung zustande bringen, leisten sie bei grober Betrachtung keine physikalische Arbeit.

15. Die Arbeit ist in beiden Fällen gleich, da sie nicht von der Zeit abhängt, in der sie verrichtet wird. Die Leistung ist hingegen umso größer, je kürzer die Zeit bei gleicher Arbeit ist. Die schnelle Volumenänderung findet daher mit mehr Leistung statt.

16. Vor dem Start ist die Energie in den Bindungen der Moleküle als chemische Arbeit gespeichert. Während des Flugs wird diese umgesetzt in kinetische Energie und Wärmeenergie. Die kinetische Energie wandelt sich bei Erreichen der Umlaufbahn in potenzielle Energie.

17. In beiden Fällen findet ein vollständig elastischer Stoß statt.

18. Das Sauerstoffmolekül hat die größere Masse und damit den größeren Impuls.

19. Der Betrag des Impulses bleibt gleich, aber da Impuls eine Vektorgröße ist, ändert sich seine Richtung – und damit der Impuls.

20. Ein Winkel von 45° entspricht in Bogenmaß 0,79 rad.

21. Der Schwerpunkt liegt bei einem Erlenmeyerkolben mit seiner Verbreiterung nach unten niedriger als bei einem schmalen Standzylinder mit gleichbleibendem Durchmesser.

22. Die Proben müssen an den Ecken eines gleichseitigen Dreiecks liegen. Dann heben sich die Fliehkräfte gegenseitig auf, und es wirkt keine Nettokraft auf die Drehachse.

23. Die anfangs locker in alle Richtungen weisenden Molekülfäden des Polymers richten sich durch die Zugspannung in Längsrichtung aus. Dadurch erstrecken sie sich weniger in Querrichtung, und die Dicke des Materials nimmt ab.

24. Wasser hat ein großes Kompressionsmodul und lässt sich kaum zusammendrücken. Daher benötigen wir fast keine Spannungsenergie, um Kraft auf das System zu bringen.

25.
   1.

$$v = 30 \cdot \frac{1000\,\text{m}}{3600\,\text{s}} = 8,\bar{3}\,\text{m/s}$$

$$E_{\text{kin}} = \frac{1}{2}\,m\,v^2 = 34,72 \cdot 10^3\,\text{N\,m}$$

$$\frac{1}{2}\,m\,v^2 = \mu\,m\,g \cdot s \Rightarrow s = \frac{v^2}{2\,\mu\,g} = 5,44\,\text{m}$$

   2.

$$r = 12\,\text{m}$$

$$F = \frac{m\,v^2}{r} = 5787\,\text{N}$$

$$a = \frac{F}{m} = 5,787\,\frac{\text{m}}{\text{s}^2}$$

   3.

$$\frac{m\,v^2}{r} = \mu\,m\,g \Rightarrow r = \frac{m\,v^2}{\mu m\,g} = \frac{v^2}{\mu\,g} = 10,89\,\text{m}$$

$$m\,a = \mu\,m\,g \Rightarrow a = \mu\,g = 0,65 \cdot g = 6,376\,\frac{\text{m}}{\text{s}^2}$$

26. Die Gravitationskraft zieht die Moleküle nach unten. Wie wir bereits gesehen haben, ist sie umso stärker, je größer die Masse des Teilchens ist. Wenn sich bei verschiedenen Flüssigkeiten in etwa die gleiche Anzahl von Molekülen in einem Volumen befindet, ist die Dichte des Fluids mit den massereicheren Molekülen größer. Daher wirkt die Schwerkraft stärker auf die dichtere Flüssigkeit.

27. Der Druck beträgt 16,5 MPa, also rund das 160-Fache des Luftdrucks am Boden.

28. Indem wir den Stopfen aufsetzen, komprimieren wir in dieser Röhre die Luft über dem Wasser. Einen Teil des Drucks gibt die Luft an das Wasser weiter, und nach dem Pascal'schen Prinzip wird diese Druckänderung auf alle Röhren verteilt. Im Ergebnis steht das Wasser in der Röhre mit dem Stopfen ein klein wenig tiefer als in den anderen Röhren, die alle den gleichen Wasserstand haben, weil nur die Luftsäule in der verstopften Röhre einen erhöhten Druck hat. Die Luftsäulen in den anderen Röhren können den zusätzlichen Druck an die Atmosphäre weitergeben.

29. Die Schwingungsperiode ist der Kehrwert der Frequenz. Sie beträgt daher beim Quarzkristall 30,5 μs.

30. Durch eine Dämpfung nimmt die Frequenz ab, ebenso die Amplitude und die Energie.

31. Wird der Rotor einer Zentrifuge ungleichmäßig bestückt, sodass der Schwerpunkt nicht genau mit der Drehachse zusammenfällt, erhalten wir eine Unwucht. Sobald die Zentrifuge läuft, zieht diese den Rotor ein kleines Stück aus der Gleichgewichtslage. Die Bewegung überträgt sich auf das Gehäuse, das in der Regel nicht in alle Richtungen gleich beweglich ist. Die Zentrifuge fängt deshalb eine erzwungene Schwingung an, wenn die Rotordrehung ihre Resonanzfrequenz trifft. Trotz der kleinen Anregungsamplitude kann dies nach einiger Zeit zu heftigen Ausschlägen führen, bis die Zentrifuge durch den Raum wandert.

32. Wir rechnen die Angaben in SI-Einheiten um und setzen sie in Gl. 11.4 ein. Für 0° C (273 K) erhalten wir eine Schallgeschwindigkeit von 331 m/s. Bei 20° C (293,15 K) sind es 343 m/s.

33. An der Oberfläche der Glasscheibe wird ein Teil des Sonnenlichts reflektiert. Weil Glas optisch dichter ist als Luft, erfahren die Wellen dabei einen Phasensprung. Der Rest des Lichts tritt in das Glas ein, wobei die Strahlen auf das Einfallslot zu gebrochen werden. Auf der anderen Seite der Glasscheibe wird erneut ein Teil reflektiert, dieses Mal aber ohne Phasensprung. Der größere Teil des Lichts verlässt das Glas. Die Brechung lenkt die Strahlen nun vom Einfallslot weg.

34. Wir können einen Lichtstrahl, der nur aus gleichartigen Wellen besteht, die parallel zueinander verlaufen (beispielsweise Laserlicht), mit destruktiver Interferenz auslöschen, indem wir ihn mit einem identischen Strahl, der einen Gangunterschied von 180° (π) aufweist, überlagern.

35. 1.

$$r_S = \begin{pmatrix} 0 \\ 0 \\ 0 \end{pmatrix}$$

$$r_E(t) = \begin{pmatrix} x_0 \\ v_B\,t + y_0 \\ 0 \end{pmatrix}$$

   2. $|r_E - r_S| = \sqrt{x_0^2 + (v_B\,t + y_0)^2}$

   3. $v_{ES} = \dfrac{\mathrm{d}r_{ES}}{\mathrm{d}t} = \dfrac{\mathrm{d}}{\mathrm{d}t}\left[x_0^2 + (v_B\,t + y_0)^2\right]^{0,5}$
   Mit Kettenregel (2-mal) folgt:

$$v_{ES} = \frac{1}{2}\left[x_0^2 + (v_B\,t + y_0)^2\right]^{0,5} \cdot 2\,(v_B\,t + y_0) \cdot$$

$$v_B = \frac{v_B^2\,t + v_B\,y_0}{\sqrt{x_0^2 + (v_B\,t + y_0)^2}}$$

4. $f_E = \left(1 + \dfrac{v}{c}\right) f_S = \left(1 - \dfrac{v_{ES}}{c}\right) f_S$

$v_{ES} < 0$ für abnehmenden Abstand.

5.

$$v_{ES} = 0 \quad \text{für} \quad v_B^2 \, t_1 + v_B \, v_0 = 0$$

$$\Rightarrow v_B \, t_1 + v_0 = 0$$

$$\Rightarrow t_1 = -\frac{y_0}{v_B} = -\frac{-50\,\text{m}}{120 \cdot \frac{1000\,\text{m}}{3600\,\text{s}}} = 1{,}5\,\text{s}$$

$$y(t_1) = v_B \, t + y_0 = 33{,}\bar{3}\,\text{m/s} \cdot 1{,}5\,\text{s} - 50\,\text{m} = 0$$

$$f_E(t_1) = \left(1 - \frac{v_{ES}}{c}\right) f_S = \left(1 - \frac{0}{c}\right) f_S = f_S$$

6. Die Bestimmung der Grenzwerte erfolgt für positive und negative t-Werte getrennt.

Für positive t-Werte folgt:

$$v_{ES} = \frac{v_B^2 \, t + v_B \, y_0}{\sqrt{x_0^2 + (v_B \, t + y_0)^2}}$$

$$= \frac{v_B \, (v_B \, t + y_0)}{\sqrt{x_0^2 + (v_B \, t + y_0)^2}}$$

$$= \frac{v_B}{\frac{1}{v_B \, t + y_0}\sqrt{x_0^2 + (v_B \, t + y_0)^2}}$$

Für $t \to +\infty$ ist

$$\frac{1}{v_B \, t + y_0} > 0 \quad \text{und} \quad \frac{1}{v_B \, t + y_0} = \frac{1}{\sqrt{(v_B \, t + y_0)^2}}$$

$$\lim_{t \to +\infty} v_{ES} = \lim_{t \to +\infty} \frac{v_B}{\sqrt{\frac{x_0^2}{(v_B \, t + y_0)^2} + \frac{(v_B \, t + y_0)^2}{(v_B \, t + y_0)^2}}}$$

$$= \lim_{t \to +\infty} \frac{v_B}{\sqrt{\frac{x_0^2}{(v_B \, t + y_0)^2} + 1}} = v_B$$

$$\lim_{t \to +\infty} f_E(t) = \left(1 - \frac{\displaystyle\lim_{t \to +\infty} v_{ES}}{c}\right)$$

$$f_S = \left(1 - \frac{v_B}{c}\right)$$

$$f_S = \left(1 - \frac{33{,}\bar{3}\,\text{m/s}}{333\,\text{m/s}}\right) \cdot 500\,\text{Hz}$$

$$= 449{,}9\overline{499}\,\text{Hz}$$

Für negative t-Werte folgt:

$$v_{ES} = \frac{v_B}{\frac{1}{v_B \, t + y_0}\sqrt{x_0^2 + (v_B \, t + y_0)^2}}$$

Für $t \to -\infty$ ist

$$\frac{1}{v_B \, t + y_0} < 0 \quad \text{und} \quad \frac{1}{v_B \, t + y_0} = \frac{-1}{\sqrt{(v_B \, t + y_0)^2}}$$

$$\lim_{t \to -\infty} v_{ES} = \lim_{t \to -\infty} \frac{-v_B}{\sqrt{\frac{x_0^2}{(v_B \, t + y_0)^2} + \frac{(v_B \, t + y_0)^2}{(v_B \, t + y_0)^2}}}$$

$$= \lim_{t \to -\infty} \frac{-v_B}{\sqrt{\frac{x_0^2}{(v_B \, t + y_0)^2} + 1}} = -v_B$$

$$\lim_{t \to -\infty} f_E(t) = \left(1 - \frac{\displaystyle\lim_{t \to -\infty} v_{ES}}{c}\right)$$

$$f_S = \left(1 - \frac{-v_B}{c}\right)$$

$$f_S = \left(1 + \frac{33{,}\bar{3}\,\text{m/s}}{333\,\text{m/s}}\right) \cdot 500\,\text{Hz}$$

$$= 500{,}0\overline{500}\,\text{Hz}$$

A.3   Thermodynamik

36. Da die Dichte nicht von der Menge des Körpers abhängt, handelt es sich um eine intensive Zustandsgröße.

37. 298 K entsprechen 25 °C.

38. Wir stellen Gl. 12.6 nach der Längenänderung Δl um und setzen die gegebenen Werte ein. Den Längenausdehnungskoeffizient von Stahl entnehmen wir Tabelle 13.2 im Tipler. Als Ergebnis erhalten wir eine Längenänderung von 0,013 m oder 1,3 cm. Der Reaktor dehnt sich also auf eine Länge von 2,513 m aus.

39. Mit der allgemeinen Gasgleichung kommen wir auf 0,0244 m³ oder 24,4 l. Den Wert sollten wir uns als Orientierung zum Abschätzen des Volumens realer Gase merken.

40. Nach Gl. 13.11 für die Wurzel aus dem mittleren Geschwindigkeitsquadrat v_{rms} bewegen sich die Sauerstoffmoleküle (O_2) mit rund 478 m/s.

41. Das kugelförmige Heliumatom hat lediglich die drei Freiheitsgrade für die Translationen in Richtung der Raumachsen. Kohlendioxid ist ein lineares Molekül und hat zusätzlich zwei Rotationsfreiheitsgrade für Drehungen um die beiden Achsen, die nicht entlang der Bindungen verlaufen. Insgesamt sind es damit 5 Freiheitsgrade.

42. Mit Gl. 14.1 kommen wir auf einen Temperaturanstieg von 18,6 K.

43. Die molare Wärmekapazität eines idealen einatomigen Gases bei konstantem Druck ist nach Gl. 14.20 $C_p = 5/2\,R = 20{,}79\,\text{J/(mol K)}$. Diesen Wert, die Stoffmenge und die Temperaturänderung setzen wir in Gl. 14.2 ein und erhalten für die zugeführte Wärmemenge $Q = 415{,}7\,\text{J}$. Für die Änderung der inneren Energie gemäß Gl. 14.17 benötigen wir noch die Volumenzunahme. Wir errechnen sie mit der Zustandsgleichung für das ideale Gas $p \cdot \Delta V = n \cdot R \cdot \Delta T$ zu $0{,}0017\,m^3$. Einsetzen in Gl. 14.17 ergibt eine Änderung der inneren Energie von 249,4 J.

44. Beim Unterschreiten des kritischen Drucks von 221 bar geht das Wasser vom überkritischen Zustand in die Gasform über und verdampft.

45. Die niedrigste Temperatur, die das Wasser einnehmen kann, beträgt $T_k = 273$ K, die höchste $T_w = 373$ K. Der Carnot-Wirkungsgrad als Maß für die maximale Effizienz liegt dann bei 0,268, also rund 27 %.

46. Bei beiden Übergängen nimmt die Beweglichkeit der Teilchen zu. Dadurch erhöht sich die Zahl der verschiedenen Anordnungsmöglichkeiten und Bewegungsmöglichkeiten. Die Entropie steigt stark an.

47. Wir lösen Gl. 15.12 für die Änderung der Gibbs-Energie bei einer chemischen Reaktion nach der Entropieänderung auf und setzen die Werte ein. Als Ergebnis erhalten wir $\Delta S° = +2,7$ J/(mol K). Die Entropie nimmt also leicht zu.

48. Die Kaffeetasse nutzt alle drei Arten der Wärmeweitergabe. An der Oberfläche stoßen Luftmoleküle mit Teilchen des Kaffees und des Tassenkörpers zusammen und nehmen bei den Stößen Energie in Form von Wärme auf (Wärmeleitung). Durch Konvektion verteilt sich diese Wärme im Raum. Ein größerer Teil der Energie gelangt aber als Infrarotstrahlung in die Umgebung.

49. Das Dewargefäß behindert alle drei Wege der Wärmeübertragung. Seine Innenwand steht zwar im thermischen Kontakt zum Inhalt und stellt mit diesem ein thermisches Gleichgewicht her. Sie besteht aber aus Glas mit einer geringen Wärmeleitfähigkeit und ist nur über den Rand aus dünnem Material mit der Außenwand verbunden. Die Querschnittsfläche für den Transport ist damit klein. Außerdem ist der Weg für die Kette der Teilchenstöße sehr lang. Alles zusammen ergibt einen großen Wärmewiderstand für die Wärmeleitung. Ein Vakuum zwischen der inneren und der äußeren Wand verhindert, dass die Wärme über Konvektion eine Abkürzung nimmt. Die Wärmestrahlung wird schließlich mit einer spiegelnden Innenseite des Behälters reduziert.

50. Nach dem Wien'schen Verschiebungsgesetz muss der Körper 5796 K heiß sein, also über 5500 °C.

51. Gemäß dem Ersten Hauptsatz der Thermodynamik entspricht die Zunahme der inneren Energie ΔU der Änderung der kinetischen Energie E_{kin}, weil keine Wärme aufgenommen oder abgegeben wurde. Also ist $\Delta U = W = E_{kin} = -(E_{kin,\,E} - E_{kin,\,A})$. Dabei bezeichnen die Indices E und A den Endzustand bzw. den Anfangszustand. Die Energie ΔE_{kin} führte zur Erwärmung des Projektils von 303 K auf die Schmelztemperatur 600 K sowie zum Schmelzen. Also ist $m\,c_{Pb}\,\Delta T_{Pb} + m\,\lambda_{S,Pb} = -(0 - \frac{1}{2}\,m\,v^2) = \frac{1}{2}\,m\,v^2$.

Umformen ergibt $m\,c_{Pb}\,(T_{Smp,Pb} - T_A) + m\,\lambda_{S,Pb} = \frac{1}{2}\,m\,v^2$. Wir lösen nach der Geschwindigkeit auf und erhalten:

$$v = \sqrt{2\left[c_{Pb}\,(T_{Smp,Pb} - T_A) + \lambda_{S,Pb}\right]}$$

Mit $\lambda_{S,Pb} = 0,128$ kJ/(kg K) sowie $T_{Smp,Pb} = 600$ K und $T_A = 303$ K ergibt sich für die Geschwindigkeit $v = 354$ m/s.

Literatur

Cerbe G und Wilhelms G (2013) Technische Thermodynamik. Carl Hanser, München

Demtröder W (2012) Experimentalphysik 1: Mechanik und Wärme. Springer, Heidelberg

Fritsche O (2013) Physik für Biologen und Mediziner. Springer, Heidelberg

Glaeser G (2014) Der mathematische Werkzeugkasten. Springer, Heidelberg

Gross D, Hauger W, Schröder J und Wall W A (2013) Technische Mechanik 1: Statik. Springer, Heidelberg

Gross D, Hauger W, Schröder J und Wall W A (2014) Technische Mechanik 2: Elastostatik. Springer, Heidelberg

Lautenschläger H (2013) Kompakt-Wissen Gymnasium/Physik 1 – Abitur: Mechanik, Wärmelehre, Relativitätstheorie. Stark, Hallbergmoos

Lehmann E und Schmidt F (2010) Abitur-Training Physik: Wechselstromwiderstände, Mechanische Schwingungen, Impuls. Stark, Hallbergmoss

Ruderich R (2012) Thermodynamik für Dummis. Wiley-VCH, Weinheim

Simonyi K (2001) Kulturgeschichte der Physik. Wissenschaftlicher Verlag Harri Deutsch, Frankfurt am Main

Tipler Paul A (2019) Physik. Springer, Heidelberg

Weigand B, Köhler J und von Wolfersdorf J (2013) Thermodynamik kompakt. Springer, Heidelberg

Weidl E (2006) Mechanik: Bewegung, Arbeit, Schwingungen und Wellen. Langenscheidt, München

Zeidler E (Hrsg.) et al. (2012) Springer-Taschenbuch der Mathematik. Springer, Heidelberg

Stichwortverzeichnis

Stichwortverzeichnis

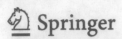 Springer

springer.com

Willkommen zu den Springer Alerts

- Unser Neuerscheinungs-Service für Sie:
  aktuell *** kostenlos *** passgenau *** flexibel

Jetzt anmelden!

Springer veröffentlicht mehr als 5.500 wissenschaftliche Bücher jährlich in gedruckter Form. Mehr als 2.200 englischsprachige Zeitschriften und mehr als 120.000 eBooks und Referenzwerke sind auf unserer Online Plattform SpringerLink verfügbar. Seit seiner Gründung 1842 arbeitet Springer weltweit mit den hervorragendsten und anerkanntesten Wissenschaftlern zusammen, eine Partnerschaft, die auf Offenheit und gegenseitigem Vertrauen beruht.

Die SpringerAlerts sind der beste Weg, um über Neuentwicklungen im eigenen Fachgebiet auf dem Laufenden zu sein. Sie sind der/die Erste, der/die über neu erschienene Bücher informiert ist oder das Inhaltsverzeichnis des neuesten Zeitschriftenheftes erhält. Unser Service ist kostenlos, schnell und vor allem flexibel. Passen Sie die SpringerAlerts genau an Ihre Interessen und Ihren Bedarf an, um nur diejenigen Information zu erhalten, die Sie wirklich benötigen.

Mehr Infos unter: springer.com/alert

A14445 | image: Tashatuvango/iStock

Printed in the United States
By Bookmasters